# 综合能源系统
# 供需协同调控理论与方法

周开乐　著

科学出版社

北京

# 内 容 简 介

　　本书从多类型能源资源的协同互补优化、不同用能主体的能耗优化、需求响应与供需互动、基于区块链的点对点电力交易等方面，较为全面深入地介绍了综合能源系统供需协同调控理论与方法。全书共分为十章，分别从供给侧、需求侧和供需互动等多个视角，介绍了冷热电联供系统负荷优化调度、电动汽车有序充电调度、数据中心多能互补优化调度、基于价格和激励的需求响应策略、基于需求响应的虚拟电厂运行优化调度，以及点对点电力交易相关的方法、策略和模型等。

　　本书可作为管理科学、系统工程、能源动力、自动控制等领域的科技工作者、工程技术人员、管理人员以及相关专业高年级本科生和研究生的参考书，也可供从事能源电力系统调度、规划、运营和服务等工作的相关人员参考阅读。

**图书在版编目（CIP）数据**

综合能源系统供需协同调控理论与方法 / 周开乐著. -- 北京：科学出版社, 2025. 1. -- ISBN 978-7-03-080215-6

Ⅰ. TK018

中国国家版本馆 CIP 数据核字第 2024T5S052 号

责任编辑：陶　璇 / 责任校对：贾娜娜
责任印制：张　伟 / 封面设计：有道设计

**斜 学 出 版 社** 出版
北京东黄城根北街 16 号
邮政编码：100717
http://www.sciencep.com
北京建宏印刷有限公司印刷
科学出版社发行　各地新华书店经销
\*
2025 年 1 月第 一 版　开本：720×1000　1/16
2025 年 1 月第一次印刷　印张：17
字数：340 000
**定价：208.00 元**
（如有印装质量问题，我社负责调换）

# 前　　言

　　能源系统形态正在发生深刻变革。一方面，随着新一代信息技术与能源系统全过程的深度融合，以及分布式能源资源的大规模接入，能源系统加快向数字化、智能化、绿色化、分布式转型，形成能源互联网。另一方面，传统单一能源系统正逐步向综合能源系统转变，旨在实现能源类型的互补、能源系统的互联以及能源服务的集成与定制，促进电、气、冷、热等多类型能源的高效转化、协同互补与梯级利用，实现横向多能源的互补协调优化，纵向源-网-荷-储的分层有序梯级优化。能源互联网环境下的综合能源系统是多要素耦合、多主体协同、多尺度关联的复杂系统，其中电、气、冷、热各类形态能源，源-网-荷-储全过程资源，以及系统外部环境交织耦合。综合能源系统中资源类型更加多样、形态日趋复杂、规模不断增长，时空波动性、异质性、耦合性凸显，全过程、多主体交互更加频繁，交互作用更加显著。

　　首先，综合能源系统中供给侧能源资源形态更加多样，多类型能源资源协同互补是综合能源系统清洁低碳、安全可靠、经济高效运行的迫切需要。光伏、风电等分布式可再生能源是综合能源系统的重要组成部分，而可再生能源具有间歇性、随机性、波动性等特点，且类型多、分散广、涉网特性差异明显，易受外部环境影响。因此，平抑可再生能源的波动性，降低其随机性和不确定性的影响，实现不同时空尺度下多类型能源资源的协同优化运行是实现综合能源服务的基础。综合能源系统中，电、气、冷、热等多种不同类型的能源之间要高效转化和综合利用，但不同类型能源具有不同的输出特性、存在形态和转换条件，必须通过多能互补协同优化以支撑多类型能源的综合高效利用，满足综合能源服务需求。其次，综合能源系统中需求侧多元异构负荷规模不断增长，负荷时空波动性不断增强、负荷峰谷差持续加大成为综合能源系统高效稳定运行面临的重大挑战。智能互联时代，智能终端、智能应用和智能服务等更加丰富多样，特别是随着新基建的加快推进和数字经济的蓬勃发展，数据中心、新一代通信基站、电动汽车，以及各类智能机器等成为综合能源系统中重要的新兴负荷，这使得负荷特性更加复杂多样，负荷规模持续增长，也导致负荷峰谷差不断加大。在需求侧，具有显著规模性、高度随机性和瞬时冲击性的大量新兴负荷不断加入，使得综合能源系统优化运行面临更加严峻的挑战。最后，综合能源系统供需双向作用和交互影响更为显著，而且供需两侧多重不确定性深度耦合，使得供需双向友好互动和实时动态平衡更加困难。随着供给侧能源资源和需求侧负荷资源的日益多元化，综合能源系统中多元异质资源相互关联、相互耦合、相互作用，不同时空尺度下的供需互动更加频繁多变，互动方式更加灵活多样，单域、跨域、全域资源匹配、协同与交互面临许多新的挑战。面向综合能源服务的供需交互面临更多波动性、随机性和不确定性因素的影响，供需双向交互作用和多重不确定性深度耦合给综合能源系统供需平衡控制和稳定运行带来巨大挑战。促进综合能源系统中"源随荷动"向"源荷互动"转变，必须建立多元异质供需资源的双向交互机制，实现供需资源的动态匹配和协同优化，设计更加有效的供需交互策略，保障综合能源系统供需动态平衡和稳定高效运行。

本书面向建设能源强国、保障能源安全以及实现"双碳"目标等重大战略需求，聚焦能源转型和构建新型能源体系的现实需要，从多类型能源资源的协同互补优化、不同用能主体的能耗优化、需求响应与供需互动、基于区块链的点对点电力交易等方面，较为全面深入地介绍了综合能源系统供需协同调控理论与方法。包括冷热电联供系统负荷优化调度、电动汽车有序充电调度、数据中心多能互补优化调度、基于价格的需求响应策略、基于激励的需求响应策略、基于需求响应的虚拟电厂运行优化调度、基于联盟区块链的点对点电力交易方法、点对点电力交易的信用管理策略，以及考虑用户偏好的点对点电力交易模型等。上述研究对于丰富和完善智慧能源系统优化理论与方法，以及结合能源互联网环境下的综合能源系统这一典型的复杂系统，创新和发展复杂系统智能管理理论体系具有重要的理论意义；对于提升综合能源系统供需双向交互响应能力，保障清洁低碳、安全可靠、经济高效的综合能源服务需求，促进能源系统绿色低碳转型具有重要的现实意义。

本书是作者及其科研团队在综合能源系统供需协同调控领域研究工作的阶段性总结，是在相关科研成果基础上整理而成的。周开乐教授主持了本书相关课题的研究工作，提出了本书的主要学术思想和学术观点，制定了本书的详细大纲，组织了本书的整理和撰写工作，负责全书的统稿、修改和定稿。本书部分内容取材于团队所培养研究生的学位论文和团队成员合作发表的学术论文，参与相关课题研究和书稿整理工作的有虎蓉、温露露、程乐鑫、刘璐、郑望、种杰、郭金环、费志能、彭宁、邢恒恒、陆信辉、丁涛、杨静娜、褚一博、高雅萱等。本书参考和借鉴了国内外同行的大量成果、观点和经验，查阅了许多相关文献和资料，得到了许多启发，在此向所有参考文献的作者表示衷心的感谢。

本书的部分研究工作先后得到了国家自然科学基金项目（72242103、72271071、71822104、71501056）、安徽省科技重大专项项目（17030901024）、安徽省自然科学基金项目（2008085UD05、1608085QG165）、中央高校基本科研业务费专项资金项目（JZ2022HGPB0305、JZ2018HGPA0271、JZ2016HGTB0728）等的资助，特此致谢。合肥工业大学管理学院以及依托的平台基地——过程优化与智能决策教育部重点实验室、能源环境智慧管理与绿色低碳发展重点实验室（安徽省哲学社会科学重点实验室）、数据科学与智慧社会治理实验室（教育部哲学社会科学实验室）为相关研究和本书撰写提供了良好的条件和环境，在此一并表示感谢。

　　在构建新型能源体系过程中，综合能源系统处于快速发展阶段，其系统形态、服务模式、应用范式等仍在不断丰富和拓展。希望本书对综合能源系统供需协同调控研究和应用起到抛砖引玉的作用，期待与相关领域专家学者共同推动我国能源高质量发展。尽管本书在结构安排、内容呈现、文字表述等方面尽可能做到精益求精，但由于作者水平有限，书中难免存在不足之处，真诚期待广大读者批评指正。

周开乐

2024 年 5 月 18 日于合肥

# 目　　录

# 第1章 绪 论

## 1.1 综合能源系统概述

### 1.1.1 综合能源系统的概念

能源是人类文明进步的基础和动力，攸关国计民生和国家安全，关系人类生存和发展，对于促进社会经济发展、增进人民福祉至关重要[1]。建设新型能源体系，既是推动能源绿色低碳转型、实现碳达峰碳中和的重要支撑，也是保障国家能源安全的必然选择[2]。互联网、大数据、人工智能、区块链等新一代信息技术与能源系统全过程深度融合，加快了能源系统数字化、网络化、智能化转型[3, 4]。建设清洁低碳、安全可靠、泛在互联、高效互动、智能开放的智慧能源系统，即能源互联网，能够支撑清洁能源的高效利用、多种能源的优化配置以及能源服务的智能创新，从而提高能源利用效率和能源管理水平。综合能源系统是在能源互联网环境下，满足终端用户灵活化、多样化、低碳化、智能化能源服务需求，提高能源综合利用效率的新型能源服务模式，旨在实现电、气、冷、热等多类型能源资源的综合利用，支撑能源类型的互补、能源系统的互联以及能源服务的集成与定制，促进多类型能源资源的高效转化、协同互补与梯级利用，实现横向多种能源的互补协调优化，纵向源-网-荷-储的分层有序梯级优化[5, 6]。建设综合能源系统对于提高能源综合利用效率，促进能源系统清洁低碳、协同互补、安全可靠、经济高效运行，实现碳达峰碳中和目标具有重要意义。

综合能源系统的概念最初源于热电联产（combined heat and power，CHP）领域，重点在于优化热电系统的协同运作[7]。随后，综合能源系统的内涵逐渐丰富，涵盖了电力、热能、冷能、天然气等多种能源子系统。国内外学者一般将综合能源系统定义为：在国家、区域、社区甚至单独建筑层面上，通过协调各类能源的生产、运输、分配、存储、转换和消费等环节，实现电力系统、天然气管网、供热系统等能源系统的规划、设计和运行优化的能源产销一体化系统[8, 9]。综合能源系统的基本结构如图 1.1 所示。

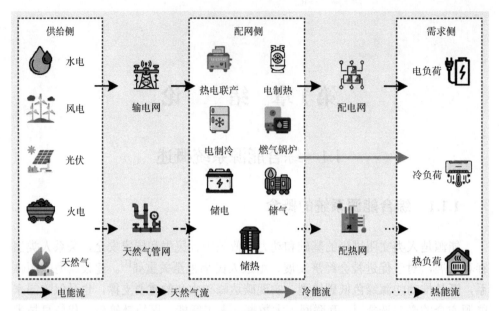

图 1.1　综合能源系统的基本结构

综合能源系统一般是以电力为核心，提供电力、热能、冷能、天然气、水等多种能源的一体化解决方案。在综合能源系统规划、设计、建设和运行等各个阶段，通过中央智能控制服务中心，实现各种能源之间的协同作用和互动，以及"源、网、荷、储、用"等各个环节的协同运作。综合能源系统是能源革命的一种实现形式，对于提高能源利用效率、促进能源可持续发展具有重要意义。

根据地理分布以及能源自身的供应、输配和需求特性，可以将综合能源系统分为区域级、城市级和园区级。区域综合能源系统覆盖了特定地理区域内的能源供应和需求，包括多个能源站，并使用多种能源网络进行能源共享，可以优化区域内各种能源的利用，提高能源系统基础设施的利用率[10]。城市综合能源系统是城市系统的重要组成部分，与城市的各个子系统密切相关[11]。城市综合能源系统通过清洁能源开发利用、分布式储能、联防联控等技术手段帮助解决城市发展面临的能源短缺和环境污染问题[12]。园区综合能源系统关注个体用户或者建筑内的能源供应和需求[13]，通过智慧能源管理技术从能源的生产、转换、储存和消费等方面提高能源的利用效率[14]。

## 1.1.2　综合能源系统的构成

随着新一代信息技术的迅速发展，综合能源系统实现了能源信息物理系统的深度融合，同时也有效地将网络信息流与能源流结合起来[15]。这种结合在提高综合能源系统自动化程度的同时也使得能源网络与信息网络的交互机制变得日益复杂[16]。这种自动化程度的提高和信息技术的应用，使得综合能源系统能够更加智能地管理能源供给、转换、存储和使用。图 1.2 为信息物理融合背景下的综合能源系统[17, 18]。

图 1.2　信息物理融合背景下的综合能源系统

### 1. 物理系统

综合能源系统的物理系统由电力子系统、天然气子系统和热力子系统等能源子系统耦合而成[14]。综合能源系统中的转换元件包括耦合型元件和独立型元件。耦合型元件是综合能源系统中实现能量转换的关键单元，是不同能源系统之间的耦合节点，包括电气耦合、电热耦合、气热耦合以及气电热耦合等多种形式。在综合能源系统中，不同类型的能源子系统通过热电联供机组、电转气设备、电锅炉等耦合型元件连接。耦合型元件使得综合能源系统中的不同子系统之间能够发生双向甚至多向的能量流动[19]。

独立型元件包括产能元件和储能元件。综合能源系统中的能量生产单元被称为产能元件，是将一次能源转化成可利用的二次能源，或直接将一次能源进行可利用化、可传输化处理的单元，主要包括发电设备和制热/制冷设备等。储能元件是系统的能量存储单元，能够实现能量在一定时间尺度和规模上的储存，包括储电、储热、储气等[20]。

综合能源系统中的耦合型元件的作用是将某种形式的能源转换成另一种形式的能源，以实现能源的灵活利用，包括燃气发电机、电转气设备、电锅炉、燃气锅炉等[19]。燃气发电机以天然气或其他可燃气体作为燃料，通过内燃机等方式将化学能转换为机械能，再转换为电能[21]。燃气发电机在综合能源系统中可以提供电力，同时产生的余热可用于供热或其他用途。电转气设备将电能转换为气能，通常是通过电解水产生氢气，再结合其他反应制造其他气体，如氢气或合成气等，以满足天然气需求或其他气体需求[22]。电锅炉利用电能将水加热为蒸汽或热水，从而提供供热或者制冷所需的热能[23]。在综合能源系统中，电锅炉可以作为热力子系统的一部分，与其他能源转换设备共同为综合能源系统提供热能。燃气锅炉利用天然气等燃气燃烧产生的热能，将水加热为蒸汽或热水。燃气锅炉通常用于供热或工业用途，可以与其他能源转换设备共同组成综合能源系统的热力子系统[24]。通过这些耦合型元件的组合和协调，综合能源系统可以实现不同形式能源之间的高效转换和利用[25]。耦合型元件的使用实现了能源相互转化和梯级利用，提高了能源的利用效率，降低了污染物的排放量[26]。实际综合能源系统还包括很多的元件和耦合设备，如电池、电动汽车（electric vehicle，EV）、储气罐、储热装置、智能楼宇等。

## 2. 信息系统

综合能源系统中，信息系统能够为物理系统提供信息支撑，其作用是通过建立全覆盖的信息系统，利用信息通信技术实现能量流与信息流的融合。综合能源系统中的信息交流主要通过传感器、路由器、交换机、控制器、通信设备实现综合能源系统的感知、通信、计算和控制[27, 28]。综合能源系统的信息源包括能源信息、环境气象信息、能源生产信息、能源输配信息、负荷及需求信息、业务交易信息、相关行为信息等多种类型[19]。传感器用于感知物理世界的各种参数和数据。传感器可以监测能源系统的运行状态、环境条件、用户需求等，将感知到的数据转换为数字信号，并通过通信设备传输给信息系统进行处理和分析。通信设备的通信方式包括有线和无线。这些通信设备将传感器获取的数据传输到信息系统中，以及将信息系统处理后的指令传输给控制设备和执行单元，实现对能源系统的实时监控、调度和控制。通过信息源、传感器和通信设备的协同作用，可以实现对综合能源系统的全面感知、智能控制和优化管理。

综合能源系统中根据能源子系统的功能特性安装了相应的信息收集设备以检测系统运行状态。在电力子系统中，需要实时采集一系列与能源生产、输配、消费环节相关的参数和信息，包括交直流电压、电流、功率、频率、电能质量等能量参数，温度、风速、风向、辐照度等环境参数，以及个体交易行为、组织交易行为、交易互动、交易评价等交易信息。在天然气子系统中，需要设立天然气管道采集点，设置采集压力、流量、温度等参数。为确保天然气系统的安全性，还需加装安全报警和检测系统,如天然气泄漏、储存设施越界闯入等报警装置,全面检测天然气储存区的周边环境参数。在热力子系统中,需要采集热源和管网的供水和回水的压力、温度、热功率、补水瞬时流量、累积流量等参数。中继泵站需要采集进出口母管压力、除污器前后压力、水泵吸入和泵出压力、设备运行状态等参数状态。在蒸汽供热时,还要采集凝结水系统的凝结水温度、凝结水回收量、二次蒸发器和汽水换热器的压力、温度、流量等信息。同时,不同能源子系统所属运营商或部门不同,需要通过协调各个子系统以达到最佳的运行状态[29]。

在综合能源系统中,许多传感器都位于自然环境中,这对传感器的稳定性和抗干扰性提出了更高的要求。随着技术的发展,一些新型传感器不断涌现,如分布式光纤传感器、热红外成像传感器等,它们具有体积小、灵敏度高、稳定性强等优点,为综合能源系统的信息系统建设提供了更好的选择。综合能源系统面临着诸多挑战,其中包括条件环境复杂、信息采集量众多且位置不稳定等特点。因此,通信方式必须具备自适应性、易扩展性、抗干扰性等特点。此外,针对不同的能源主体,选择合适的通信方式至关重要。光纤通信具有传输频带宽、抗干扰性强、信号衰减小等优势。这种通信方式具有容量大、距离远、抗电磁干扰性强、保密性好、传输质量高、尺寸小、重量轻、无辐射、材料丰富、环境保护好、适应性强、寿命长等优点,特别适用于城市范围内的能源骨干通信网。通过光纤通信技术,可以有效解决综合能源系统中信息传输的问题,提高系统的稳定性和可靠性[30]。

### 1.1.3 综合能源系统的特点

综合能源系统通过整合区域内石油、煤炭、天然气和电力等多种能源资源,实现多异质能源子系统之间的协调规划、优化运行、协同管理、交互响应和互补互济。综合能源系统有助于打通多种能源子系统间的技术壁垒、体制壁垒和市场壁垒,促进多种能源互补互济和多系统协调优化。在保障能源安全的基础上,利用综合能源系统促进能效提升和新能源消纳,大力推动能源生产和消费革命,综合能源系统的核心理念是通过各级、各类能源网络的互联互通、供给设施的共享和消费过程的综合利用,实现信息驱动的综合能源系统资源优化配置,促进各类能源消费的零碳化。综合能源系统的特点主要体现在以下方面。

#### 1. 多能互补

相较于传统的消费形式与消费用途一一对应的能源消费体系,综合能源系统将各种能源资源综合性输入,根据其品质高低进行综合互补利用。通过设定的能量配合关系,实现不同能源形式的转换,以达到最佳的能源利用效率。

在传统能源利用模式下，大部分能源在价格高昂的时段，用能成本会大幅增加。在基于多能协同管理的综合能源系统中，用户需求响应可以实现用能种类转换与时间转移相结合。因此，充分利用通信、分布式储能、分布式能源转换技术，能够有效激发负荷柔性[31]。在终端消费时，用户也能通过选择不同种类的能源达到同样的效果，打破了传统能源消费形式与消费用途之间一一对应的关系，实现了能源综合利用和用户侧选择性消费。不同类型能源相互耦合与相互替代的特点为需求侧多能互补提供了重要支撑，有助于实现综合能源系统的供需双向互动，促进能源消费者转换为产消者。

因此，在能源综合利用模式下，综合能源系统可以发挥传输便捷、传输损耗小、清洁能源消纳能力强的优势。这有助于打破不同能源品类之间的壁垒，充分调动各类异质能源子系统参与资源优化配置。推动能源系统由单一化供应模式转变为多元化供应模式，有助于实现各种能源的高效利用，降低用能成本，达到经济、环境、社会效益的总体最优效果。

## 2. 深度融合

由于不同类型能源系统发展的差异，能源供应往往都是单独规划、单独设计、独立运行的，彼此间缺乏协调，进而造成了能源利用效率低、供能系统整体安全性和自愈能力不强等问题。为了解决这些问题，需要从协同规划理念出发，将多种类型的能源系统有机耦合，提供一个多种能源综合利用的平台。通过充分发挥不同能源的互补特性和协同效应，在更大范围内实现能源系统资源优化配置，提升系统灵活性，提高可再生能源消纳能力和系统综合能效。

综合能源系统涵盖了供电、供气、供暖、供冷、供氢和电气化交通等能源系统。深度融合是在综合能源系统"源-网-荷-储"纵向优化的基础上，充分利用各类能源系统中能源终端消费需求的不同时空分布特性和互补耦合特征，对多种供能系统进行横向的协调优化，实现能源的梯级利用和协同调度，从而实现多类型能源供应与需求的整体平衡[32]。

同时，综合能源系统可高效利用光电转换、光热转换、风电转换、地热转换等集中或分布式能源转换手段，满足用户侧电、冷、热、气多元化负荷需求[33]。综合能源系统实现了多种可再生能源的互补利用和优化匹配，促进了风、光等强间歇性可再生能源的消纳，也推动了向能源结构的低碳化、能源利用的集约化以及能源服务智能互动的转变。

## 3. 优化共享

优化共享是综合能源系统互联互通、综合利用的必然路径。综合能源系统具有能源流、信息流、价值流三者合一的开放与共享特征[30]。能源共享方面,综合能源系统依托多能源传输耦合网络将各类能源设备和负荷资源实现聚合与优化配置[34]。在能源生产、消费、传输、储存的全产业链中,实现能源层面的互补互济、共享交互,推动了传统能源单项模式向互联、共享发展模式转变。信息共享方面,借鉴互联网思维,构建面向系统内部与外部用户的业务应用与管理信息平台。依托信息通信技术,综合能源系统提升了信息流领域的信息传输、存储与处理能力,对内支撑综合能源传输网络运行,对外提供综合型服务[35]。同时,开展多行业合作,共享资源,打破业务边界,为能源管理提供多种信息资源与决策支撑。价值共享方面,借鉴平台经济与共享经济思维,建设互惠共赢的综合能源生态圈。综合能源系统通过去中心化的新机制与新模式,打通各领域、各节点、各主体的能源流、信息流、价值流,推动实现综合能源系统优化运行和分散决策、主网与分布式微网双向互动及高附加值综合能源服务,有效提升资源要素在大范围的配置能力与效率,为区域协同发展提供支撑[32, 36]。

综合能源系统可以实现不同能源子系统之间的有机协调,从而提高社会能源供给的安全性、灵活性和可靠性。利用不同供用能系统之间的互动能力实现能源的优化调度,有助于提升社会功能系统基础设施的利用率。此外,综合能源系统能够实现各类能源系统的优化利用,从而提高综合能源利用率,有效应对全球气候变化问题,推动人类社会能源的可持续发展。

## 1.2 综合能源系统管理面临的挑战

综合能源系统是源、网、荷、储各类资源及其与外部要素和环境等交织耦合形成的复杂能源信息物理系统,各类资源和要素的高效协同、优化配置与友好互动是实现综合能源服务的基础支撑[15]。然而,综合能源系统中供需资源类型更加多样、形态日趋复杂、规模不断增长,时空波动性、异质性、耦合性凸显,供需双向作用更加显著,供需交互更加频繁,供需互动的多重不确定性深度耦合。综合能源系统的优化运行在供给侧、需求侧以及供需互动等方面面临着资源多样性、时空随机性、机理模糊性、交互耦合性和演化动态性等一系列挑战。

首先,综合能源系统中供给侧能源资源形态更加多样,多类型能源资源协同互补是综合能源系统清洁低碳、安全可靠、经济高效运行的迫切需要。光伏(photovoltaic,PV)、风电等分布式可再生能源是综合能源系统的重要组成部分。然而,可再生能源通常具有间歇性、随机性、波动性等特点,而且类型多、分散广、涉网特性差异明显、易受外部环境影响[37]。因此,平抑可再生能源的波动性,降低其随机性和不确定性的影响,实现不同时空尺度下多类型能源资源的协同优化运行是实现综合能源服务的基础。此外，储能在综合能源系统中发挥重要的调节作用，促进可再生能源消纳，支撑供需动态平衡，而多类型储能资源的协同优化配置是发挥其灵活调节潜力的前提条件[38]。同时，综合能源系统中，电、气、冷、热等多种不同类型的能源之间也要高效转化和综合利用，但不同类型能源具有不同的输出特性、存在形态和转换条件，必须通过多能互补协同优化以支撑多类型能源的综合高效利用，满足综合能源服务需求。因此，对综合能源系统中多类型能源资源的不确定性进行建模，建立有效的协同优化方法，是实现多能协同互补与综合高效利用，满足综合能源服务多样化、定制化、智能化需求的根本前提。

其次，综合能源系统中需求侧多元异构负荷规模不断增长，负荷时空波动性不断增强、负荷峰谷差持续加大成为综合能源系统高效稳定运行面临的重大挑战。智能互联时代，智能终端、智能应用和智能服务等更加丰富多样，特别是随着新基建步伐加快和数字经济的蓬勃发展，数据中心、云中心、5G（5th-generation mobile communication technology，第五代移动通信技术）基站、电动汽车、边缘计算终端和各类智能机器等成为综合能源系统中重要的新兴负荷，这使得负荷特性更加复杂多样，负荷规模持续增长，也导致负荷峰谷差不断加大。例如，作为人工智能的基础支撑和数字经济的重要载体，数据中心的能耗水平很高，据测算，2018 年我国数据中心的总用电量为 1608.89 亿 kW·h，已经超过当年上海市全社会用电量，预计到 2030 年全球大数据中心用电量将占电力消费总量的 30%左右[39]；5G 基站是又一个典型的高能耗新兴负荷，2020 年我国 5G 基站耗电量达 3500 亿 kW·h。需求侧具有显著规模性、高度随机性和瞬时冲击性的大量新兴负荷不断加入，使得综合能源系统优化运行面临更加严峻的挑战。因此，基于有效的负荷建模，实现负荷特征精准辨识和有序智能调控，促进源、网、荷、储协同优化运行，是保障各类主体用能服务需求和综合能源系统稳定高效运行的迫切需要。

最后，综合能源系统供需双向作用和交互影响更为显著，而且供需两侧多重不确定性深度耦合，使得供需双向友好互动和实时动态平衡更加困难。随着供给侧能源资源和需求侧负荷资源的日益多元化，综合能源系统中多元异质资源相互关联、相互耦合、相互作用，不同时空尺度下的供需互动更加频繁多变，互动方式更加灵活多样，单域、跨域、全域资源匹配、协同与交互面临许多新的挑战。面向综合能源服务的供需交互受更多波动性、随机性和不确定性因素的影响，供需双向交互作用和多重不确定性深度耦合给综合能源系统供需平衡控制和稳定运行带来巨大挑战[40]。例如，2020 年 8 月中旬，持续极端高温天气导致美国加利福尼亚州电力需求激增，而新能源发电量受天气影响波动较大，同时新冠疫情肆虐带来不可预知的电力需求模式快速变化，这些供需交互多重不确定性耦合给加利福尼亚州能源系统带来极大冲击，导致数百万人被轮流断电，这是加利福尼亚州

2000 年以来首次连续性停电[41, 42]。因此，促进综合能源系统中"源随荷动"或"荷随源动"向"源荷互动"转变，必须建立多元异质供需资源的双向交互机制，实现供需资源的动态匹配和协同优化，设计更加有效的供需交互策略，保障综合能源系统供需动态平衡和稳定高效运行。

能源互联网环境下，综合能源系统具有多状态变量耦合、多时间尺度交织、多重不确定性叠加和非线性动态演化等复杂特征，在供给侧、需求侧和供需交互等方面面临诸多挑战[19]。建立能源互联网环境下综合能源系统供需资源交互机制与协同优化方法是应对上述挑战，实现清洁低碳、安全可靠、经济高效综合能源服务的重要方式。为此，本书拟从多类型能源资源的协同互补优化、不同用能主体的能耗优化、需求响应与供需互动、基于区块链的点对点（peer to peer，P2P）电力交易等方面，较为系统深入地介绍综合能源系统供需协同调控理论与方法及相关研究。

对于丰富和完善智慧能源系统，优化理论与方法，以及结合能源互联网环境下的综合能源系统这一典型的复杂系统，创新和发展复杂系统智能管理理论体系具有重要的理论意义；对于提升综合能源系统供需双向交互响应能力，保障清洁低碳、安全可靠、经济高效的综合能源服务需求，促进能源系统绿色低碳转型具有重要的现实意义。

## 1.3　相关领域研究进展

综合能源系统中，发、输、变、配、用全过程资源，源、网、荷、储各环节资源，电、气、冷、热多类型资源等相互关联、深度耦合、协同互动，生产和消费之间、各类能源资源之间的边界愈加模糊，促进了综合能源服务的灵活化、多样化和智能化。建立供需资源交互机制与形成协同优化方法是实现能源互联网环境下综合能源服务目标的基础支撑，其主要包括供需资源特征建模、供需资源互动机制构建和多能资源优化调度等过程，以下从上述三个方面介绍国内外相关领域研究进展。

### 1.3.1　综合能源系统供需资源特征建模

供需资源特征建模是理解多元异质综合能源资源的多维度特征，进而平抑其波动和削减其不确定性，是保障综合能源系统清洁低碳、安全可靠、经济高效运行的重要前提和基础，是实现供需资源双向交互和协同优化的关键。在供给侧，以可再生能源为代表的分布式能源发展迅速，但其呈现出很强的波动性、随机性和不确定性，同时需求侧负荷类型更加多元，负荷特性更加复杂，供需之间的互动也逐渐增强，供需网络不断动态演化，这为供需资源特征建模带来了诸多挑战，为此学术界和产业界开展了相关理论研究和实践探索。现有研究主要集中在以下三个方面。

### 1. 分布式能源物理特征建模

分布式能源是指分布在用户侧的能量供给单元，研究分布式能源物理特征建模有利于增强对分布式能源物理特性的认知，降低分布式能源出力的随机性和间歇性对能源系统运行的影响[43, 44]。通过对光伏[45]、风电[46]、燃气轮机[47]、储能[48]等分布式能源的准确建模，能够有效刻画分布式能源的运行状态，提高综合能源系统的可靠性。对于不同类型的分布式能源系统要依据其运行特征采用合适的方法进行建模[46]。例如，光伏出力要考虑光照强度、光照入射角度、温度、太阳能电池板面积和效率等影响因素[45]；对于分布式燃气轮机要考虑系统内部的复杂耦合特性[47]；对于分布式储能要考虑储能电池的荷电状态（state of charge，SOC）以保护储能系统的安全[48]。在耦合型分布式能源供给系统的物理特征建模方面，国内外也已有一些相关研究，对热电联产系统[49]和 CCHP 系统[50]等多能耦合的系统进行建模。

### 2. 负荷特征分析与建模

电力负荷作为重要的需求侧资源，具有很强的时空随机性、波动性和不确定性，为了对负荷进行精准调控，进而提高需求侧管理水平和优化电力系统运行效率，国内外学者围绕负荷特性分析与建模方法开展了相关研究[51, 52]。在负荷特性分析方面，人们的生活水平、生活习惯、气候条件、资源情况等都被考虑其中[53]，分析了各类影响负荷变化的因素的重要性[54, 55]。在负荷预测方面，深度学习方法得到了广泛应用，以解决梯度消失和过拟合等问题[56]。在负荷模式识别方面，数据降维技术和聚类分析方法得到了应用，多种方法结合可以提高负荷模式识别的效率[57]。为了获取负荷内部组成成分，负荷辨识也成为负荷特性分析与建模的热点研究方向，形成了基于高频电流电压特性的快速在线负荷辨识模型[58]、基于模板滤波的负荷非侵入式快速辨识模型[59]、基于机器学习的负荷辨识模型[60-62]等研究成果。

### 3. 供需网络不确定性建模

受天气、地理环境以及用户需求等因素的影响，能源供需网络呈现出很强的不确定性，从而影响到能源系统的稳定性和可靠性[63]。因此，综合能源系统的供需不确定性建模逐渐成为学术界关注的焦点。在可再生能源发电并网研究中，可以利用随机规划对可再生能源进行不确定性建模[64]。在可再生能源不确定性建模的基础上采用需求响应项目来应对这种不确定性，能够降低能源供需网络的运行成本[40]。此外，为了解决传统不确定性建模方法的不足，数据驱动的供需网络不确定性建模方法也相继被提出，并获得了较好的验证效果[65, 66]。

## 1.3.2　综合能源系统供需资源互动机制

综合能源系统供需两侧频繁交互、关联耦合，使得参与综合能源服务的资源要素在一定时间和空间范围内流动和配置，形成以资源统一管理为基础的综合能源系统，进而促进了供需资源的协同开发与综合利用，支撑综合能源系统协同优化运行。随着能源互联网技术的快速发展，面对能源供需资源多主体、多尺度、跨时空交互关联日益复杂，有关供给侧资源调控、需求响应模型和供需双向交互的研究得到了国内外学者的广泛关注。现有研究主要集中在以下三个方面。

### 1. 供给侧资源调控

在负荷不断增长的条件下，能源供给难以持续稳定满足用户需求，供给侧"源随荷动"的调控方式难以有效应对需求侧负荷的持续增长。近年来，以风电、光伏为代表的可再生能源快速发展，其间歇性与随机性增加了能源供给侧的不确定性，进而导致能源供需的不平衡、不匹配、不协调[67, 68]。为实现供给侧可再生能源的有序调控，以更加稳定地满足负荷需求，国内外学者开展了广泛的研究。周孝信等[69]指出通过供给侧可再生能源与传统化石能源之间的协调配合，可以促进不同类型能源之间的有效协调配合与资源优化配置。利用可再生能源的调度提供高峰调节服务，可以提高短期能源供给的灵活性[70]，降低能源供给侧风电系统的波动性，并提高可再生能源的消纳水平[71]。协调抽水蓄能和储能电池混合储能系统的供给侧能源管理策略，可以提高可再生能源消纳水平[72]。从供给侧资源调控的角度进行综合储能系统管理，可以提高可再生能源消纳与用户负荷需求的匹配能力[73]。

### 2. 需求响应模型与策略

需求响应是指通过价格或激励手段，引导用户改变其原有电力消费模式，从而达到削峰填谷、提高电力系统安全性和可靠性等目的[74, 75]。常见的需求响应项目主要可以分为两类：基于价格[76]和基于激励[77]的需求响应。通过引入接受度指数度量用户的满意度，建立基于价格的居民微网混合需求响应模型，能够实现供需双方利益的最大化[78]。基于激励的人工智能需求响应模型，能够针对客户的多样性需求，通过设定不同的激励率来提升用户参与度[79]。在对供需不确定性进行预测的基础上构建激励型需求响应模型能够提高激励策略的灵活性和有效性[80]。在设置需求响应策略时考虑用户满意度能够提高用户参与需求响应的积极性[51]。用户积极参与需求响应可以有效平抑电网波动性，增进电网平稳性，同时降低电力供应成本[81]。

### 3. 供需双向交互

随着风、光、储、电动汽车等多元异质资源的广泛接入，能源供需两侧的不确定性持续增加，综合能源系统调控亟须从以往的单侧调控模式向源网荷储智能双向互动模式转变，同时也需要建立多尺度、多主体、多目标的能源供需互动机制[25, 82]。博弈论模型在多主体参与的供需互动场景下得到了广泛应用。通过电网与用户间的斯塔克尔伯格（Stackelberg）博弈，能够实现供需双方利益最大化的同时降低电网波动性[76]。运营商、用户和电动汽车管理商的非合作博弈互动模型能够实现综合能源系统的供需资源互动[83]。采用包含风电、电储热系统等的综合能源系统双向交互机制，实现了风能和热能耦合，提高了能源的利用效率[84]。针对主电网、微网和用户之间的电力交互问题，构建三级管理框架能够实现各方利益的最大化并保护参与供需互动主体的隐私[85]。区块链在支撑 P2P 能源交易和供需交互方面能够发挥重要作用。通过构建区块链环境下基于信用管理的 P2P 电力交易模型，能够提高供需交互的经济性和稳定性[86]。基于区块链技术的电力供需交互机制，能够提高能源供需网络的安全性同时降低综合能源系统的运营成本[87]。

## 1.3.3　综合能源系统多能资源优化调度

传统能源系统中电气冷热系统往往独立运行与管理，导致整体能源利用效率较低。在综合能源系统中，打破了各类资源之间的物理壁垒，实现了多能资源生产、转换、存储和消费等环节的有机协同。多能资源协同的目标是将电、气、冷、热等多类型能源有机耦合，满足综合能源服务需求，推动经济高效、稳定可靠、智能友好的能源管理体系构建。在多能资源优化调度方面，国内外学者主要从微网多能资源优化调度、多能互补协同优化调度、供需联合优化调度等方面开展了研究。

### 1. 微网多能资源优化调度

微网是由分布式电源、负荷、配电设施、负荷监测装置等组成的小型或微型配电系统，是能源互联网的重要组成部分。在满足系统各种约束条件和负荷需求的情况下，对微网中的多能资源进行优化，可以有效地促进可再生能源消纳，降低微网的运行成本，并提高微网的安全性和可靠性[88]。针对多重不确定性问题，利用三层两阶段混合整数鲁棒优化模型，能够求解源荷不确定性的微网资源优化调度问题[89]。利用兼顾光伏出力、电动汽车充放电功率、实时电价以及储能状态的微网多能资源调度模型，有望降低微网运行成本[90, 91]。除了经济效益，微网多能资源优化的环境效益也得到广泛关注。通过构建基于双层预测控制的微网多能资源优化模型，实现用能成本、二氧化碳和其他污染物排放的最小化[92]；考虑电动汽车随机接入的微网多目标负荷优化调度模型能够实现微网运行成本和污染物处理成本的优化目标[93]。此外，降低可再生能源不确定性[94]、降低需求不确定性[95]、提高供给可靠性[96]等都是微网多能资源优化的目标。

### 2. 多能互补协同优化调度

多能互补是指通过综合能源系统中多类型能源资源的综合互补和梯级利用，获得最合理的能源利用效果与效益[97]。通过定义能源耦合度对综合能源系统中的电、气、热之间的耦合性进行定量分析，评估了多能耦合带来的经济效益[98]。通过解耦刚性运行策略，热电联产电厂可以以更高的灵活性参与电、热、冷的调度，并实现成本降低[99]。通过优化发电设备、能量转换设备以及能量存储单元的运行，实现了多能互补和能量的梯级利用，提高了工厂的经济效益[100]。此外，鲁棒优化方法被用来处理用电负荷不确定性以及多能互补协同优化中电价和分布式能源的不确定性问题[101]。例如，一种基于鲁棒协同优化的电、气互补能源系统协同优化模型被用于实现系统运行成本的最小化的目标[102, 103]。近年来，储氢、电转气（power-to-gas，P2G）等技术的快速发展，为多能互补提供了新的手段。集风电、储氢、煤化工为一体的综合能源系统，利用风机和光伏发电生产氢气，能够有效降低可再生能源的随机性、间歇性对电网可靠性的影响[104]。

### 3. 供需联合优化调度

随着能源互联网的发展，先进智能量测和控制设备被广泛部署，供需资源交互更加频繁，这为面向综合能源服务的供需资源联合优化调度提供了基础[103, 105]。供需两侧的不确定性问题，可以通过对负荷和光伏出力进行预测，在此基础上构建社区微网负荷优化调度模型很好地解决[106]。综合考虑可再生能源的不确定性、供给侧多能转换耦合和需求侧的设备耦合等问题建立考虑综合需求响应的双层随机规划模型，能够实现对供需两侧资源的联合优化。利用发电侧、输电侧和负荷侧的可用资源，将传统的发电扩容规划和输电扩容规划结合起来建立的源-网-荷协调规划模型，能够降低综合能源系统的运行成本[107]。相关研究涉及对可中断负荷与能源站的联合优化调度[108]、新能源场站的能源互补性评价[109]、供需资源的联合优化[110]等，实现了多能互补的综合能源系统的"源-荷"低碳运行。

## 1.4　主要内容与结构安排

本书面向建设能源强国、保障能源安全以及实现"双碳"目标等重大战略需求，从能源转型和新型能源系统构建的需求出发，从多类型能源资源的协同互补优化、不同用能主体的能耗优化、需求响应与供需互动、基于区块链的 P2P 电力交易等方面，较为全面深入地介绍了综合能源系统供需协同调控理论与方法。

全书共分为 10 章，各章的主要内容如下。

第 1 章为绪论，先简要介绍了综合能源系统的概念、构成和特点，进而分析了综合能源系统管理面临的挑战，接着从综合能源系统供需资源特征建模、综合能源系统供需资源互动机制，以及综合能源系统多能资源优化调度等方面介绍了国内外相关领域研究进展，最后简要介绍了本书的主要内容与结构安排，从而为后续各章节内容奠定了基础。

第 2 章主要研究了 CCHP 系统的负荷优化调度问题，先简要介绍了 CCHP 型多微网系统基本架构，包括其基本概念和系统构成，进而设计了基于非合作博弈的多微网系统负荷优化调度模型，包括 CCHP（combined cooling heating and power，冷热电联供）型多微网调度成本模型、多微网需求响应模型和多微网与主电网的非合作博弈模型，最后进行实验结果分析与讨论，验证了提出模型的合理性和有效性。

第 3 章聚焦于考虑不同充电需求的电动汽车有序充电调度问题，先对电动汽车有序充电调度的场景进行了描述，包括有序充电调度场景界定、场景分析和场景关键指标计算等，然后对电动汽车有序充电调度问题进行建模，最后进行了实验结果分析与讨论，验证了提出模型的合理性和有效性。

第 4 章主要研究可再生能源接入的数据中心多能互补优化调度问题，先介绍了数据中心能效指标、能耗建模和不确定性优化方法等数据中心能耗优化基础，进而给出了基于分布鲁棒的数据中心能耗优化模型和方法，最后通过多组实验对比分析，验证了所提模型的有效性和优越性。

第 5 章和第 6 章分别聚焦基于价格的需求响应策略和基于激励的需求响应策略，探究了综合能源系统中的需求响应模型构建问题，在第 5 章，构建了动态电价条件下的价格需求响应模型，给出了模型的求解方法，并进行了实验分析；在第 6 章，构建了基于强化学习的激励需求响应模型，并设计了相应的求解方法，最后进行了实验验证。

在第 5 章和第 6 章的基础上，第 7 章介绍了基于需求响应的虚拟电厂运行优化调度，构建了面向虚拟电厂供需交互的需求响应模型，进而设计了基于需求响应的虚拟电厂供需交互策略，并通过实验验证了模型和策略的有效性。

第 8～10 章主要围绕能源区块链环境下的 P2P 电力交易开展研究，第 8 章提出了基于联盟区块链的 P2P 电力交易方法，设计了基于联盟区块链的 P2P 电力交易框架，提出了相应的 P2P 电力交易方法，最后进行了实验验证；第 9 章给出了多微网 P2P 电力交易的信用管理策略，在介绍了基于区块链的多微网 P2P 电力交易架构基础上，构建了区块链环境下面向电力交易的微网负荷优化调度模型，设计了区块链环境下的 P2P 电力交易信用管理模型，并进行了实验验证；第 10 章进一步考虑用户偏好的差异性，建立了考虑用户偏好的 P2P 电力交易模型，介绍了模型构成和交易过程，并进行了实验验证。

全书综合运用了优化建模、仿真建模、数据分析、博弈分析、决策分析、案例分析等方法，从冷热电联供系统负荷优化调度、电动汽车有序充电调度、数据中心多能互补优化调度、基于价格的需求响应策略、基于激励的需求响应策略、基于需求响应的虚拟电厂运行优化调度、基于联盟区块链的 P2P 电力交易方法、P2P 电力交易的信用管理策略和考虑用户偏好的 P2P 电力交易模型方面，较为全面深入地研究了综合能源系统供需协同调控问题，相关工作对于丰富和完善综合能源系统管理理论与方法体系，支撑构建新型能源体系和实现碳达峰、碳中和目标具有重要的理论和现实意义。

# 参 考 文 献

[1] 王轶辰. 新型能源体系建设提速[N/OL]. 经济日报, (2024-01-05) [2024-03-10]. http://paper. ce.cn/pc/content/202401/05/content_287435.html.

[2] 程志强. 加快建设新型能源体系（新知新觉）[N/OL]. 人民日报, (2024-01-02) [2024-03-10]. http://opinion. people.com.cn/n1/2024/0102/c1003-40150615.html.

[3] Zhou K, Wen L. Smart Energy Management: Data-driven Methods for Energy Service Innovation [M]. Berlin: Springer, 2022.

[4] Zhou K, Yang S, Shao Z. Energy internet: the business perspective[J]. Applied Energy, 2016, 178: 212-222.

[5] Arabzadeh V, Mikkola J, Jasiūnas J, et al. Deep decarbonization of urban energy systems through renewable energy and sector-coupling flexibility strategies[J]. Journal of Environmental Management, 2020, 260: 110090.

[6] Kumar D. Urban energy system management for enhanced energy potential for upcoming smart cities[J]. Energy Exploration & Exploitation, 2020, 38(5): 1968-1982.

[7] Yang X, Liu K, Leng Z, et al. Multi-dimensions analysis of solar hybrid CCHP systems with

redundant design[J]. Energy, 2022, 253: 124003.

[8] Rustemli S, Dincer F. Economic analysis and modeling process of photovoltaic power systems[J]. Przeglad Elektrotechniczny, 2011, 87(9): 243-247.

[9] Hu J, Wang Y, Dong L. Low carbon-oriented planning of shared energy storage station for multiple integrated energy systems considering energy-carbon flow and carbon emission reduction[J]. Energy, 2024, 290: 130139.

[10] Wu D, Liu A, Ma L, et al. Multi-parameter cooperative optimization and solution method for regional integrated energy system[J]. Sustainable Cities and Society, 2023, 95: 104622.

[11] Horak D, Hainoun A, Neugebauer G, et al. A review of spatio-temporal urban energy system modeling for urban decarbonization strategy formulation[J]. Renewable and Sustainable Energy Reviews, 2022, 162: 112426.

[12] Huang H, Li Q, Yang Y, et al. Research on urban comprehensive energy planning system based on hierarchical framework and CAS theory[J]. Energy Reports, 2022, 8: 73-83.

[13] Siqin Z, Niu D, Li M, et al. Distributionally robust dispatching of multi-community integrated energy system considering energy sharing and profit allocation[J]. Applied Energy, 2022, 321: 119202.

[14] Wang D, Wang C, Lei Y, et al. Prospects for key technologies of new-type urban integrated energy system[J]. Global Energy Interconnection, 2019, 2(5): 402-412.

[15] Liu X, Chen B, Chen C, et al. Electric power grid resilience with interdependencies between power and communication networks - a review[J]. IET Smart Grid, 2020, 3(2): 182-193.

[16] Zhu N, Jiang D, Hu P, et al. Honeycomb active distribution network: A novel structure of distribution network and its stochastic optimization[C]. Proceedings of the 2020 15th IEEE Conference on Industrial Electronics and Applications (ICIEA), Kristiansand: IEEE, 2020: 455-462.

[17] Browning T R. Process integration using the design structure matrix[J]. Systems Engineering, 2002, 5(3): 180-193.

[18] Sharifi A. Resilience of urban social-ecological-technological systems (SETS): a review[J]. Sustainable Cities and Society, 2023, 99: 104910.

[19] Wang F, Yan J, Xu J, et al. Physical-cyber-human framework-based resilience evaluation toward urban power system: case study from China[J]. Risk Analysis, 2023, 43(4): 800-819.

[20] Koohi-Fayegh S, Rosen M A. A review of energy storage types, applications and recent developments[J]. Journal of Energy Storage, 2020, 27: 101047.

[21] Ding T, Xu Y, Wei W, et al. Energy flow optimization for integrated power-gas generation and transmission systems[J]. IEEE Transactions on Industrial Informatics, 2020, 16(3): 1677-1687.

[22] Zeng Z, Ding T, Xu Y, et al. Reliability evaluation for integrated power-gas systems with power-to-gas and gas storages[J]. IEEE Transactions on Power Systems, 2020, 35(1): 571-583.

[23] Mitterrutzner B, Callegher C Z, Fraboni R, et al. Review of heating and cooling technologies for buildings: a techno-economic case study of eleven European countries[J]. Energy, 2023, 284: 129252.

[24] Jin D, Yan J, Liu X, et al. Prediction of tube temperature distribution of boiler platen superheater

by a coupled combustion and hydrodynamic model[J]. Energy, 2023, 279: 128116.

[25] 杨经纬, 张宁, 王毅, 等. 面向可再生能源消纳的多能源系统: 述评与展望[J]. 电力系统自动化, 2018, 42(4): 11-24.

[26] 张儒峰, 李雪, 姜涛, 等. 城市综合能源系统韧性评估与提升综述[J]. 全球能源互联网, 2021, 4(2): 122-132.

[27] Huang Z, Wang C, Stojmenovic M, et al. Characterization of cascading failures in interdependent cyber-physical systems[J]. IEEE Transactions on Computers, 2015, 64(8): 2158-2168.

[28] 胡怡霜, 丁一, 朱忆宁, 等. 基于状态依存矩阵的电力信息物理系统风险传播分析[J]. 电力系统自动化, 2021, 45(15): 1-10.

[29] 瞿小斌, 文云峰, 叶希, 等. 基于串行和并行 ADMM 算法的电—气能量流分布式协同优化[J]. 电力系统自动化, 2017, 41(4): 12-19.

[30] 何泽家, 李德智. 综合能源系统关键技术与典型案例[M]. 北京: 电子工业出版社, 2021.

[31] Han D M, Lim J H. Design and implementation of smart home energy management systems based on ZigBee[J]. IEEE Transactions on Consumer Electronics, 2010, 56(3): 1417-1425.

[32] Yang J, Xu W, Ma K, et al. A three-stage multi-energy trading strategy based on P2P trading mode[J]. IEEE Transactions on Sustainable Energy, 2023, 14(1): 233-241.

[33] Kang L, Wang J, Yuan X, et al. Research on energy management of integrated energy system coupled with organic Rankine cycle and power to gas[J]. Energy Conversion and Management, 2023, 287: 117117.

[34] Chen C, Zhu Y, Zhang T, et al. Two-stage multiple cooperative games-based joint planning for shared energy storage provider and local integrated energy systems[J]. Energy, 2023, 284: 129114.

[35] Wang S, Meng Z, Yuan S. IEC 61970 standard based common information model extension of electricity-gas-heat integrated energy system[J]. International Journal of Electrical Power & Energy Systems, 2020, 118: 105846.

[36] Ge S, Li J, He X, et al. Joint energy market design for local integrated energy system service procurement considering demand flexibility[J]. Applied Energy, 2021, 297: 117060.

[37] Wang Y, Zhang L, Song Y, et al. State-of-the-art review on evaluation indicators of integrated intelligent energy from different perspectives[J]. Renewable and Sustainable Energy Reviews, 2024, 189: 113835.

[38] Wang W, Yuan B, Sun Q, et al. Application of energy storage in integrated energy systems - a solution to fluctuation and uncertainty of renewable energy[J]. Journal of Energy Storage, 2022, 52: 104812.

[39] 张文佺, 张素芳, 王晓烨, 等. 点亮绿色云端: 中国数据中心能耗与可再生能源使用潜力研究[R]. 保定: 华北电力大学, 2020.

[40] Mehrjerdi H, Hemmati R. Energy and uncertainty management through domestic demand response in the residential building[J]. Energy, 2020, 192: 116647.

[41] California Energy Commission. CAISO, CPUC, CEC issue final report on causes of August 2020 rotating outages[EB/OL]. (2021-01-13) [2023-10-20]. https://www.energy.ca.gov/news/

2021-01/caiso-cpuc-cec-issue-final-report-causes-august-2020-rotating-outages.

[42] 多地为何"拉闸限电"？后续电力供应能否保障？[EB/OL]. (2021-09-28) [2023-10-20]. http://www.news.cn/2021-09/29/c_1127914464.htm.

[43] Harder N, Qussous R, Weidlich A. The cost of providing operational flexibility from distributed energy resources[J]. Applied Energy, 2020, 279: 115784.

[44] Li P, Zhou K, Lu X, et al. A hybrid deep learning model for short-term PV power forecasting[J]. Applied Energy, 2020, 259: 114216.

[45] 潘学萍, 张源, 鞠平, 等. 太阳能光伏电站等效建模[J]. 电网技术, 2015, 39(5): 1173-1178.

[46] Soroudi A, Aien M, Ehsan M. A probabilistic modeling of photo voltaic modules and wind power generation impact on distribution networks[J]. IEEE Systems Journal, 2012, 6(2): 254-259.

[47] Hou G, Gong L, Huang C, et al. Fuzzy modeling and fast model predictive control of gas turbine system[J]. Energy, 2020, 200: 117465.

[48] Li C, Zhou H, Li J, et al. Economic dispatching strategy of distributed energy storage for deferring substation expansion in the distribution network with distributed generation and electric vehicle[J]. Journal of Cleaner Production, 2020, 253: 119862.

[49] Monie S, Nilsson A M, Widén J, et al. A residential community-level virtual power plant to balance variable renewable power generation in Sweden[J]. Energy Conversion and Management, 2021, 228: 113597.

[50] Zhu X, Zhan X, Liang H, et al. The optimal design and operation strategy of renewable energy-CCHP coupled system applied in five building objects[J]. Renewable Energy, 2020, 146: 2700-2715.

[51] Arif A, Wang Z, Wang J, et al. Load modeling: a review[J]. IEEE Transactions on Smart Grid, 2018, 9(6): 5986-5999.

[52] Lees M, Ellen R, Brodie P, et al. An online utilities consumption model for real-time load identification[J]. International Journal of Production Research, 2015, 53(5): 1337-1357.

[53] Sideratos G, Ikonomopoulos A, Hatziargyriou N D. A novel fuzzy-based ensemble model for load forecasting using hybrid deep neural networks[J]. Electric Power Systems Research, 2020, 178: 106025.

[54] Guo Z, Zhou K, Zhang X, et al. A deep learning model for short-term power load and probability density forecasting[J]. Energy, 2018, 160: 1186-1200.

[55] 何耀耀, 秦杨, 杨善林. 基于 LASSO 分位数回归的中期电力负荷概率密度预测方法[J]. 系统工程理论与实践, 2019, 39(7): 1845-1854.

[56] Li Z, Li Y, Liu Y, et al. Deep learning based densely connected network for load forecasting[J]. IEEE Transactions on Power Systems, 2021, 36(4): 2829-2840.

[57] Ryu S, Choi H, Lee H, et al. Convolutional autoencoder based feature extraction and clustering for customer load analysis[J]. IEEE Transactions on Power Systems, 2020, 35(2): 1048-1060.

[58] Wu X, Jiao D, Liang K, et al. A fast online load identification algorithm based on VI characteristics of high-frequency data under user operational constraints[J]. Energy, 2019, 188: 116012.

[59] 武昕, 祁兵, 韩璐, 等. 基于模板滤波的居民负荷非侵入式快速辨识算法[J]. 电力系统自动化, 2017, 41(2): 135-141.

[60] 王守相, 郭陆阳, 陈海文, 等. 基于特征融合与深度学习的非侵入式负荷辨识算法[J]. 电力系统自动化, 2020, 44(9): 103-110.

[61] 李想, 王鹏, 刘洋, 等. 考虑类别不平衡的海量负荷用电模式辨识方法[J]. 中国电机工程学报, 2020, 40(1): 128-137, 380.

[62] Iqbal H K, Malik F H, Muhammad A, et al. A critical review of state-of-the-art non-intrusive load monitoring datasets[J]. Electric Power Systems Research, 2021, 192: 106921.

[63] Papavasiliou A, Oren S S. Multiarea stochastic unit commitment for high wind penetration in a transmission constrained network[J]. Operations Research, 2013, 61(3): 578-592.

[64] Zakaria A, Ismail F B, Lipu M H, et al. Uncertainty models for stochastic optimization in renewable energy applications[J]. Renewable Energy, 2020, 145: 1543-1571.

[65] Zhao C, Guan Y. Data-driven stochastic unit commitment for integrating wind generation[J]. IEEE Transactions on Power Systems, 2016, 31(4): 2587-2596.

[66] Zhang H, Hu Z, Munsing E, et al. Data-driven chance-constrained regulation capacity offering for distributed energy resources[J]. IEEE Transactions on Smart Grid, 2019, 10(3): 2713-2725.

[67] 刘畅, 卓建坤, 赵东明, 等. 利用储能系统实现可再生能源微电网灵活安全运行的研究综述[J]. 中国电机工程学报, 2020, 40(1): 1-18, 369.

[68] Hansen K, Breyer C, Lund H. Status and perspectives on 100% renewable energy systems[J]. Energy, 2019, 175: 471-480.

[69] 周孝信, 陈树勇, 鲁宗相, 等. 能源转型中我国新一代电力系统的技术特征[J]. 中国电机工程学报, 2018, 38(7): 1893-1904, 2205.

[70] Yin S, Zhang S, Andrews-Speed P, et al. Economic and environmental effects of peak regulation using coal-fired power for the priority dispatch of wind power in China[J]. Journal of Cleaner Production, 2017, 162: 361-370.

[71] Sun K, Li K, Pan J, et al. An optimal combined operation scheme for pumped storage and hybrid wind-photovoltaic complementary power generation system[J]. Applied Energy, 2019, 242: 1155-1163.

[72] Guezgouz M, Jurasz J, Bekkouche B, et al. Optimal hybrid pumped hydro-battery storage scheme for off-grid renewable energy systems[J]. Energy Conversion and Management, 2019, 199: 112046.

[73] Jiang Y, Kang L, Liu Y. A unified model to optimize configuration of battery energy storage systems with multiple types of batteries[J]. Energy, 2019, 176: 552-560.

[74] White L V, Sintov N D. Inaccurate consumer perceptions of monetary savings in a demand-side response programme predict programme acceptance[J]. Nature Energy, 2018, 3(12): 1101-1108.

[75] Parrish B, Heptonstall P, Gross R, et al. A systematic review of motivations, enablers and barriers for consumer engagement with residential demand response[J]. Energy Policy, 2020, 138: 111221.

[76] Tang R, Wang S, Li H. Game theory based interactive demand side management responding to dynamic pricing in price-based demand response of smart grids[J]. Applied Energy, 2019, 250:

118-130.

[77] Wang F, Xiang B, Li K, et al. Smart households' aggregated capacity forecasting for load aggregators under incentive-based demand response programs[J]. IEEE Transactions on Industry Applications, 2020, 56(2): 1086-1097.

[78] Monfared H J, Ghasemi A, Loni A, et al. A hybrid price-based demand response program for the residential micro-grid[J]. Energy, 2019, 185: 274-285.

[79] Lu R，Hong S H. Incentive-based demand response for smart grid with reinforcement learning and deep neural network[J]. Applied Energy，2019, 236: 937-949.

[80] Wen L, Zhou K, Li J, et al. Modified deep learning and reinforcement learning for an incentive-based demand response model[J]. Energy, 2020, 205: 118019.

[81] Amrollahi M H, Bathaee S M T. Techno-economic optimization of hybrid photovoltaic/wind generation together with energy storage system in a stand-alone micro-grid subjected to demand response[J]. Applied Energy, 2017, 202: 66-77.

[82] Chen J, Qi B, Rong Z, et al. Multi-energy coordinated microgrid scheduling with integrated demand response for flexibility improvement[J]. Energy, 2021, 217: 119387.

[83] 杨铮, 彭思成, 廖清芬, 等. 面向综合能源园区的三方市场主体非合作交易方法[J]. 电力系统自动化, 2018, 42(14): 32-39, 47.

[84] Vahid-Pakdel M, Nojavan S, Mohammadi-Ivatloo B, et al. Stochastic optimization of energy hub operation with consideration of thermal energy market and demand response[J]. Energy Conversion and Management, 2017, 145: 117-128.

[85] Li L. Coordination between smart distribution networks and multi-microgrids considering demand side management: a trilevel framework[J]. Omega, 2021, 102: 102326.

[86] Zhou K, Chong J, Lu X, et al. Credit-based peer-to-peer electricity trading in energy blockchain environment[J]. IEEE Transactions on Smart Grid, 2022, 13(1): 678-687.

[87] Wang B, Dabbaghjamanesh M, Kavousi-Fard A, et al. Cybersecurity enhancement of power trading within the networked microgrids based on blockchain and directed acyclic graph approach[J]. IEEE Transactions on Industry Applications, 2019, 55(6): 7300-7309.

[88] Lu X，Zhou K，Zhang X，et al. A systematic review of supply and demand side optimal load scheduling in a smart grid environment[J]. Journal of Cleaner Production，2018，203: 757-768.

[89] Qiu H, Gu W, Xu Y, et al. Tri-level mixed-integer optimization for two-stage microgrid dispatch with multi-uncertainties[J]. IEEE Transactions on Power Systems, 2020, 35(5): 3636-3647.

[90] 苏粟, 蒋小超, 王玮, 等. 计及电动汽车和光伏—储能的微网能量优化管理[J]. 电力系统自动化, 2015, 39(9): 164-171.

[91] Kamankesh H, Agelidis V G, Kavousi-Fard A. Optimal scheduling of renewable micro-grids considering plug-in hybrid electric vehicle charging demand[J]. Energy, 2016, 100: 285-297.

[92] Clarke W C, Brear M J, Manzie C. Control of an isolated microgrid using hierarchical economic model predictive control[J]. Applied Energy, 2020, 280: 115960.

[93] Lu X, Zhou K, Yang S, et al. Multi-objective optimal load dispatch of microgrid with stochastic access of electric vehicles[J]. Journal of Cleaner Production, 2018, 195: 187-199.

[94] Gao H, Xu S, Liu Y, et al. Decentralized optimal operation model for cooperative microgrids

considering renewable energy uncertainties[J]. Applied Energy, 2020, 262: 114579.

[95] Tsao Y-C, Thanh V-V. Toward blockchain-based renewable energy microgrid design considering default risk and demand uncertainty[J]. Renewable Energy, 2021, 163: 870-881.

[96] Coelho V N, Cohen M W, Coelho I M, et al. Multi-agent systems applied for energy systems integration: state-of-the-art applications and trends in microgrids[J]. Applied Energy, 2017, 187: 820-832.

[97] 陆信辉, 周开乐, 杨善林. 能源互联网环境下基于分布鲁棒优化的能量枢纽负荷优化调度[J]. 系统工程理论与实践, 2021, 41(11): 2850-2864.

[98] 宋晨辉, 冯健, 杨东升, 等. 考虑系统耦合性的综合能源协同优化[J]. 电力系统自动化, 2018, 42(10): 38-45, 86

[99] Li Z, Xu Y. Optimal coordinated energy dispatch of a multi-energy microgrid in grid-connected and islanded modes[J]. Applied Energy, 2018, 210: 974-986.

[100] 徐航, 董树锋, 何仲潇, 等. 考虑能量梯级利用的工厂综合能源系统多能协同优化[J]. 电力系统自动化, 2018, 42(14): 123-130.

[101] Lu X, Liu Z, Ma L, et al. A robust optimization approach for coordinated operation of multiple energy hubs[J]. Energy, 2020, 197: 117171.

[102] He C, Wu L, Liu T, et al. Robust co-optimization scheduling of electricity and natural gas systems via ADMM[J]. IEEE Transactions on Sustainable Energy, 2017, 8(2): 658-670.

[103] 曾鸣, 韩旭, 李冉, 等. 能源互联微网系统供需双侧多能协同优化策略及其求解算法[J]. 电网技术, 2017, 41(2): 409-417.

[104] Fan X, Wang W, Shi R, et al. Hybrid pluripotent coupling system with wind and photovoltaic-hydrogen energy storage and the coal chemical industry in Hami, Xinjiang[J]. Renewable and Sustainable Energy Reviews, 2017, 72: 950-960.

[105] 周开乐, 陆信辉. 能源互联网系统中的负荷优化调度[M]. 北京: 科学出版社, 2021.

[106] Wen L, Zhou K, Yang S, et al. Optimal load dispatch of community microgrid with deep learning based solar power and load forecasting[J]. Energy, 2019, 171: 1053-1065.

[107] Zhang N, Hu Z, Shen B, et al. An integrated source-grid-load planning model at the macro level: case study for China's power sector[J]. Energy, 2017, 126: 231-246.

[108] 黄伟, 柳思岐, 叶波. 考虑源-荷互动的园区综合能源系统站-网协同优化[J]. 电力系统自动化, 2020, 44(14): 44-53.

[109] 万家豪, 苏浩, 冯冬涵, 等. 计及源荷匹配的风光互补特性分析与评价[J]. 电网技术, 2020, 44(9): 3219-3226.

[110] 田丰, 贾燕冰, 任海泉, 等. 考虑碳捕集系统的综合能源系统"源-荷"低碳经济调度[J]. 电网技术, 2020, 44(9): 3346-3355.

# 第2章　CCHP 系统负荷优化调度

传统能源系统中，用户的电力需求主要由火力发电厂提供，用户的冷、热负荷分别由空调机组和锅炉满足[1]。传统火力发电厂只能将不足 40%的可用燃料能量转化为电能，造成大量的能源浪费。CCHP 系统采用余热回收技术能够同时产生电能和可用的冷/热能，将 75%~80%的燃料转化为用户可用的能量[2]。

CCHP 系统通过对外供应多种形式的能量，实现能源的梯级利用，提高整个微网系统的能源利用效率并降低污染排放，逐渐成为提高能源利用效率的重要手段[3-5]。以分布式可再生能源为代表的多能互补分布式能源系统与传统集中式供能系统结合的形式，正逐渐成为未来能源系统的发展方向。CCHP 型微网系统作为分布式能源系统的主要形式，能有效缓解能源生产和利用过程中所面临的众多问题[6]。典型的 CCHP 系统一般由燃气轮机、余热回收装置、能量存储单元等几个部分组成[7-9]。微网是由分布式电源、负荷以及储能装置等组成的一个小型发配电系统[10, 11]，通过一定的优化配置和运行策略，能实现微网的孤岛和并网运行，并有效实现可再生能源的就地消纳[12]。由 CCHP 系统与微网组成的 CCHP 型微网系统，可将具有各种用户负荷的 CCHP 系统和微网中的分布式发电结合起来，实现微网系统中冷、热、电负荷的供需平衡，以及微网系统的经济平稳运行[13-15]。

关于 CCHP 型微网系统优化调度问题的研究主要是各微网系统根据主电网发布的实时或分时电价，通过调整 CCHP 型微网系统的运行策略和优化配置来促进微网系统的经济平稳运行[16]。对于微网系统而言，多数情况下只能被动地根据电网公司发布的电价来确定自身与主电网的电能交易量。微网系统难以通过调整自身与主电网的电能交易量来有效影响电网公司所发布的电价，不利于提升各微网系统与主电网进行电能交易的自主性[17]。当处于用电高峰期时，多个微网同时向主电网购电也会增加电网系统的供电压力和主电网的运行波动风险。由于主电网无法根据各微网系统的实际购电情况及时有效地调整与各微网系统的交互电价，不利于主电网与各个微网系统的动态交互，并在一定程度上也影响了电网系统的稳定运行[18]。各 CCHP 型微网系统与主电网均可通过自己的决策行为来影响其他决策主体，并都希望通过理性决策来实现自身利益的最大化[19, 20]。

近年来，随着微网技术的快速发展和普及，在同一分布区域内逐渐形成了多个相邻的微网系统[21-24]。由于可再生能源发电的波动性以及各微网系统差异化的负荷需求[25, 26]，在某一调度周期内可能会发生富电微网系统和缺电微网系统并存于某一特定区域内的情况，当多个不同微网系统间存在着电能交互时，会增加 CCHP 型多微网系统负荷优化调度的难度。因此，对于考虑多微网系统间电能交互的 CCHP 型多微网系统负荷优化调度具有重要意义。

博弈论作为研究不同利益主体解决利益冲突问题的有效理论，已被广泛应用于多个不同领域[27]。考虑同一配网系统区域内存在多个微网系统的情况，将多个 CCHP 型微网系统和主电网分别作为不同的利益主体。提出了一种 CCHP 型多微网系统负荷优化调度方法，构建了 CCHP 型多微网系统与主电网的动态非合作博弈模型。基于各 CCHP 型微网系统中可再生能源发电与负荷需求的差异性，CCHP 型多微网系统负荷优化调度方法中充分考虑了多微网系统间的剩余电能共享，这有助于促进 CCHP 型多微网系统的协同运行，提升能源利用效率及促进可再生能源的就地消纳。所提出的多微网系统优化调度模型中考虑了 CCHP 型微网系统的需求响应策略，这能进一步降低多微网系统的总运行成本，并有利于促进多微网系统的经济平稳运行。相比于固定电价下多微网系统与主电网的电能交互模型，构建的 CCHP 型多微网系统与主电网之间的非合作博弈模型，能在兼顾各 CCHP 型微网系统与主电网效用的同时促进 CCHP 型微网系统与主电网进行电能交互的自主性，能有效降低多微网系统在用电高峰期对电网系统造成的供电压力以及波动性压力，进而实现电网系统的安全稳定运行。

# 2.1　CCHP 型多微网系统基本架构

CCHP 型微网系统作为分布式能源发展的主要方向和形式，能够同时对外提供冷、热、电三种不同形式的能量，已被广泛应用于多个场景。为满足某一特定区域环境内的不同能量需求，同一配网系统内可能存在多种不同的 CCHP 型微网系统，而为了提升可再生能源的消纳水平，各 CCHP 型微网系统间可通过能量交互的方式来实现能量的更高效利用，进而提高能源的利用效率。以同一配网系统内存在的多个 CCHP 型微网系统为例，先对 CCHP 型微网系统的概念及特点进行介绍，然后对典型 CCHP 型微网系统中各组成单元原理进行阐述，并基于设备原理建立组成单元对应的输入输出模型。

## 2.1.1　CCHP 型微网系统概念

CCHP 型微网系统属于分布式能源系统，可将不同形式的能源集中于一个系统中，主要包含分布式电源装置、储能装置、能量转换装置等，根据不同微网系统中能源实际需求和可用资源情况，CCHP 型微网系统的组成方式多样且结构关系较为复杂。以文献[28-30]中介绍的 CCHP 型微网系统架构为基础，构建同属一个配电网系统的 CCHP 型多微网系统，CCHP 型微网系统中涉及的能量流形式主要为电、热、冷、气四种，所考虑的微网系统中负荷需求主要为冷、热、电三种类型，如图 2.1 所示。

如图 2.1 所示，CCHP 型微网系统内各设备通过相互协调运行来满足整个系统内的各种负荷需求，进而实现系统的正常运转。假设同一区域内的多微网系统中每个 CCHP 型微网系统组成结构相同，其包含的设备主要有燃气轮机、燃气锅炉、换热装置、余热回收装置、吸收式制冷机、储能装置、光伏、风电等。每个 CCHP 型微网系统可通过电能传输线与主电网或其他相邻微网进行电能交互。微网系统内的电负荷需求主要通过光伏、风电以及燃气轮机等分布式电源供给，当由分布式电源所产生的电能无法满足整个微网系统内的负荷需求时，可通过其他微网系统的能量共享或向主电网购电的方式进行补足。微网系统中燃气轮机和燃气锅炉可通过消耗燃气分别产生电能和热能，且燃气轮机发电过程中所产生的余热可由余热回收装置进行回收，所回收的余热可进一步被用于吸收式制冷机进行制冷来满足微网系统内用户的冷负荷需求，若吸收式制冷机制冷无法满足系统内用户的冷负荷需求，不足部分可由电制冷机制冷进行供给。同理，换热装置可将余热回收装置回收的余热进行转换来供给微网系统的热负荷需求，不足部分可通过燃气锅炉产热来进行供应。下面对 CCHP 型微网系统中典型设备的原理进行阐述并根据设备原理对各设备输入输出进行建模。

## 2.1.2　CCHP 型多微网系统构成

### 1. 燃气轮机

燃气轮机作为 CCHP 型多微网系统中的核心设备，具有热效率高、污染较小、耗水较少等优点，能持续提供清洁、高效的动力。燃气轮机的工作原理大致可以描述为先通过燃烧将燃料的化学能转化为热能，接着通过透平叶片高速转动将热能转换为透平叶片的机械能，最后借助传动轴带动发电机发电将传动轴的机械能转换为电能，且燃气轮机在产生电能的同时所产生的余热可被余热回收装置进行回收，并被换热装置和吸收式制冷机进行转化利用，燃气轮机的发电量和发电功率分别如式（2.1）和式（2.2）所示[31]。

$$Q_{\mathrm{gt}}^{n}(t) = F_{\mathrm{gt}}^{n}(t) L_{\mathrm{gas}} \eta_{\mathrm{gt}} \tag{2.1}$$

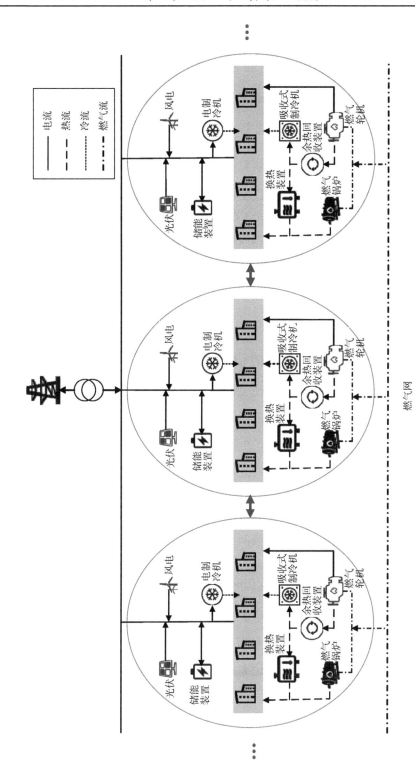

图 2.1　冷热电联供多微网结构图

$$P_{\mathrm{gt}}^{n}(t) = Q_{\mathrm{gt}}^{n}(t)/\Delta t \qquad (2.2)$$

其中，$Q_{\mathrm{gt}}^{n}(t)$ 为 CCHP 型微网系统 $n$ 在 $t$ 时段的输出电能；$F_{\mathrm{gt}}^{n}(t)$ 为燃气轮机消耗的燃气量；$L_{\mathrm{gas}}$ 为燃气热值；$\eta_{\mathrm{gt}}$ 为燃气轮机的发电效率；$P_{\mathrm{gt}}^{n}(t)$ 为 CCHP 型微网系统 $n$ 中燃气轮机在 $t$ 时段的发电功率；$\Delta t$ 为第 $t$ 时段的时间间隔。

### 2. 燃气锅炉

燃气锅炉以燃气作为燃料，通过燃烧将燃气的化学能转化为热能，并通过与换热装置的相互协调运行来满足整个 CCHP 型微网系统内用户的热负荷需求。且当 CCHP 型微网系统热负荷需求较大而被余热回收装置回收利用后经换热装置转换产生的热量无法满足 CCHP 型微网系统的热负荷需求时，将由燃气锅炉燃烧燃气来进行补充，燃气锅炉的产热量和输出功率表达式分别如式（2.3）和式（2.4）所示[32]。

$$Q_{\mathrm{gb}}^{n}(t) = F_{\mathrm{gb}}^{n}(t) L_{\mathrm{gas}} \eta_{\mathrm{gb}} \qquad (2.3)$$

$$P_{\mathrm{gb}}^{n}(t) = Q_{\mathrm{gb}}^{n}(t) / \Delta t \qquad (2.4)$$

其中，$Q_{\mathrm{gb}}^{n}(t)$ 为 CCHP 型微网系统 $n$ 中燃气锅炉在 $t$ 时段的输出热量；$F_{\mathrm{gb}}^{n}(t)$ 为燃气锅炉所消耗的燃气量；$\eta_{\mathrm{gb}}$ 为燃气锅炉的产热效率；$P_{\mathrm{gb}}^{n}(t)$ 为 CCHP 型微网 $n$ 中燃气锅炉在 $t$ 时段的输出功率。

### 3. 换热装置

换热装置能将余热回收装置中的热蒸汽转化为热能以供给 CCHP 型微网系统的热负荷需求，进而提升 CCHP 型微网系统的能量利用效率，换热装置的输出功率表达式如式（2.5）所示[33, 34]。

$$P_{\mathrm{hx}}^{n}(t) = P_{\mathrm{wh}}^{n}(t) \gamma_{\mathrm{heat}} \eta_{\mathrm{hx}} \qquad (2.5)$$

其中，$P_{\mathrm{hx}}^{n}(t)$ 为 CCHP 型微网系统 $n$ 中的换热装置在 $t$ 时段的输出制热功率；$P_{\mathrm{wh}}^{n}(t)$ 为 CCHP 型微网系统 $n$ 中余热回收装置在 $t$ 时段的输出热功率；$\gamma_{\mathrm{heat}}$ 为余热回收装置输出功率中供给系统热负荷的比率；$\eta_{\mathrm{hx}}$ 为换热装置的效率。

### 4. 余热回收装置

余热回收装置作为 CCHP 型微网系统中促使能量高效回收利用的重要设备，

能将燃气轮机发电过程中产生的余热进行有效回收后用于吸收式制冷机制冷和换热装置产热，余热回收装置的输出热量与输入热量和回收装置的效率有关，回收装置回收输出功率的表达式如式（2.6）所示[35]。

$$P_{\text{wh}}^n(t) = P_{\text{wh,in}}^n(t)\eta_{\text{wh}} \tag{2.6}$$

其中，$P_{\text{wh,in}}^n(t)$ 为余热回收装置在 $t$ 时段的输入功率；$\eta_{\text{wh}}$ 为余热回收装置的回收效率。

### 5. 能量转换装置

CCHP 型微网系统中主要包括冷、热、电三种不同形式的能量流动，其中涉及多种能量间相互转换的设备主要有电制冷机和吸收式制冷机。电制冷机涉及电能到冷能的转换，其输出的制冷功率主要与电制冷机的输入电功率和电制冷机的能效比有关。吸收式制冷机利用余热回收装置回收的热能作为驱动能源，并通过液体气化的方式来进行制冷的设备。吸收式制冷机的输出制冷功率主要与吸收式制冷机的制冷效率有关。能量转换装置的制冷输出功率表达式如式（2.7）所示[36, 37]。

$$\begin{cases} P_{\text{ac}}^n(t) = P_{\text{wh}}^n(t)\gamma_{\text{cool}}\eta_{\text{ac}} \\ P_{\text{ec,out}}^n(t) = P_{\text{ec,in}}^n(t)\eta_{\text{ec}} \end{cases} \tag{2.7}$$

其中，$P_{\text{ac}}^n(t)$ 和 $P_{\text{ec,out}}^n(t)$ 分别为 CCHP 型微网 $n$ 中吸收式制冷机和电制冷机在 $t$ 时段的输出制冷功率；$P_{\text{ec,in}}^n(t)$ 为电制冷机在 $t$ 时段的输入电功率；$\gamma_{\text{cool}}$ 为余热回收装置输出功率中用于供给系统冷负荷的比率；$\eta_{\text{ac}}$ 为吸收式制冷机的制冷效率；$\eta_{\text{ec}}$ 为电制冷机的能效比。

### 6. 可再生能源发电装置

可再生能源发电具有低成本、清洁、高效等优点。现阶段已有大量关于可再生能源发电方面的研究，在本章中主要考虑的可再生能源发电形式主要包括光伏发电和风力发电两种形式。

　1）光伏发电

光伏发电的原理主要是当太阳光照在光伏电池上时，电池吸收光能并通过半导体界面产生的光生伏特效应将光能直接转化为电能。光伏发电受到标准条件下的最大输出功率、光照强度、电池工作温度等因素的影响，光伏发电的输出功率模型表达式如式（2.8）所示[38]：

$$P_{pv}^n = \frac{P_{STC}G_c}{G_{STC}} + k\frac{P_{STC}G_c(T_c - T_{STC})}{G_{STC}} \qquad (2.8)$$

其中，$P_{pv}^n$ 为 CCHP 型微网 $n$ 中光伏发电单元实际发电功率；$P_{STC}$ 为标准测试环境下光伏发电单元的最大发电功率；$G_c$ 为光伏发电单元实际接收到的光照强度；$G_{STC}$ 为标准测试环境下光伏发电单元接收到的光照强度；$k$ 为光伏发电单元的功率温度系数；$T_c$ 为光伏发电单元实际工作中的电池温度；$T_{STC}$ 为光伏发电单元电池表面的参考温度。

2）风力发电

风能具有一定动能，风力发电的主要原理是当风以某一速度吹向风力机时，借助风力机中的风轮旋转将风的动能转化为风轮的旋转机械能，并通过传动链传递给发电机，进而将风轮的旋转机械能转化为电能。相比于光伏发电，风力发电更容易受到当地环境的风速影响。风力发电的输出功率模型表达式如下[39]：

$$P_{wt}^n = \begin{cases} 0, & v < v_{in} \\ av^3 - bP_r, & v_{in} \leqslant v < v_r \\ P_r, & v_r \leqslant v < v_{out} \\ 0, & v \geqslant v_{out} \end{cases} \qquad (2.9)$$

$$a = \frac{P_r}{v^3 - v_{in}^3} \qquad (2.10)$$

$$b = \frac{v_{in}^3}{v_r^3 - v_{in}^3} \qquad (2.11)$$

其中，$P_{wt}^n$ 为 CCHP 型微网系统 $n$ 中风力发电机组（wind turbines，WT）实际的输出功率；$v$ 为输入的实际风速；$P_r$ 为风力发电机组的额定输出功率；$v_{in}$ 为风力发电机组的切入风速；$v_r$ 为风力发电机组的额定风速；$v_{out}$ 为风力发电机组的切出风速；$a$ 和 $b$ 分别为风力发电机组输出功率 $P_{wt}^n$ 的拟合系数，可分别通过式（2.10）和式（2.11）计算得出。

## 2.2　基于非合作博弈的多微网系统负荷优化调度模型

CCHP 型微网系统由于其能源综合利用率高、环保、能源安全等优势已成为能源互联网的重要组成部分。随着微网技术的进一步发展，同一区域内并网的多个 CCHP 型微网系统与主电网可能分属于不同的利益主体,均会通过理性决策来使自己的效用最大化。CCHP 型微网系统作为一个涉及多种能量生产、转换和使用的综合能源系统,在调度周期内的运行成本会受到自身与主电网的电能交互量、自身购气量等多种决策因素的影响。

先以同一区域内的多个 CCHP 型微网系统作为研究对象,构建在某一调度周期内的 CCHP 型多微网系统负荷优化调度成本模型,并分别对影响多微网系统总运行成本的各子模块进行详细介绍。考虑到 CCHP 型微网系统可通过参与需求响应策略来与主电网进行互动并降低系统自身的运行成本,这里对所引入的 CCHP型微网系统需求响应模型进行了介绍,并建立了对应的需求响应策略模型;最后,基于所构建的 CCHP 型多微网负荷调度成本模型和已有的博弈论理论知识,以各个 CCHP 型微网和主电网作为不同研究主体,建立关于多个 CCHP 型微网系统与主电网之间的非合作博弈模型,证明了纳什均衡的存在性,并提出了所构建多微网系统负荷优化调度模型的求解流程。

## 2.2.1　CCHP 型多微网系统负荷优化调度成本模型

### 1. 目标函数

CCHP 型多微网系统负荷优化调度的主要目的是在不影响各 CCHP 型微网冷、热、电三种负荷用能需求的基础上,找出最优的 CCHP 型多微网系统协同运行方案,各 CCHP 型微网系统稳定可靠运行时的设备出力情况,以及区域内多微网系统经济平稳运行状态时各微网系统与主电网的最佳电能交互量,进而使CCHP 型多微网系统在调度周期内的经济成本最优化,而 CCHP 型多微网系统的运行成本具体包括各微网系统的运行维护成本、微网间能量共享成本、微网与主电网进行电能交互的成本、各微网系统的购气成本、各微网参与需求响应策略带来的不便性成本五个部分。CCHP 型多微网系统负荷优化调度的目标函数如下:

$$C = \sum_{n=1}^{N} \sum_{t=1}^{T} (C_{\text{grid}}^{n}(t) + C_{\text{cchp}}^{n}(t) + C_{\text{gas}}^{n}(t) + C_{\text{mic}}^{n}(t) + C_{\text{DR}}^{n}(t)) \qquad (2.12)$$

其中,$C$ 为 CCHP 型多微网系统负荷优化调度总成本;$N$ 为 CCHP 型微网个数;$T$ 为调度周期;$C_{\text{grid}}^{n}(t)$ 为 CCHP 型微网 $n$ 在 $t$ 时段与主电网进行电能交互的费用;$C_{\text{cchp}}^{n}(t)$ 为 CCHP 型微网 $n$ 中所有设备在 $t$ 时段内的运行维护成本;$C_{\text{gas}}^{n}(t)$ 为 CCHP型微网 $n$ 在 $t$ 时段内的购气成本;$C_{\text{mic}}^{n}(t)$ 为 CCHP 型微网 $n$ 在 $t$ 时段内与其他微网进行电能共享时的能量传输费用;$C_{\text{DR}}^{n}(t)$ 为 CCHP 型微网 $n$ 在 $t$ 时段内执行需求响应策略所带来不方便性的成本。其中各个成本模块的具体表达式及含义如下。

1）电能交互费用

电能交互费用计算公式如下：

$$C_{grid}^n(t) = c_{grid}(t)P_{grid}^n(t)\Delta t \tag{2.13}$$

当区域内某个 CCHP 型微网系统存在电能不足或多余电能时，CCHP 型微网系统可通过电能传输线与主电网进行电能交互，即从主电网购电或将多余电能出售给主电网。由于 CCHP 型微网系统中的可再生能源发电能力有限且可再生能源发电会优先满足系统内电负荷需求，故即使在调度周期的某些时间段内 CCHP 型微网系统存在剩余电能，也仅为少量，某一微网系统在调度周期内的购电费用远大于该系统在某些时间段内向主电网售电的收益。其中，$c_{grid}(t)$ 为 $t$ 时段 CCHP 型微网系统与主电网的交互电价；$P_{grid}^n(t)$ 为 CCHP 型微网 $n$ 在 $t$ 时段与主电网的电能交互功率，当 $P_{grid}^n(t) > 0$ 时，表示 CCHP 型微网 $n$ 从主电网购电，$P_{grid}^n(t) < 0$ 时，表示 CCHP 型微网 $n$ 向主电网售电。

2）设备运行维护成本

设备运行维护成本表示为

$$C_{cchp}^n(t) = \sum_{i=1}^{9} K_i P_i^n(t)\Delta t \tag{2.14}$$

CCHP 型微网系统中各组成设备的运行会给设备带来一定的损耗，为保证 CCHP 型微网系统中各设备的正常运行以及为延长各设备的使用寿命，需要对 CCHP 型微网系统中的设备进行一定的维护。假定各设备的维护成本与各设备的出力情况呈线性关系，如式（2.14）所示。其中，$i = 1,2,\cdots,9$ 分别为 CCHP 型微网 $n$ 中光伏、风机、储能电池、燃气轮机、燃气锅炉、换热装置、余热回收装置、吸收式制冷机、电制冷机九种设备；$K_i$ 为 CCHP 型微网系统中第 $i$ 种设备的单位运行维护费用；$P_i^n(t)$ 为 CCHP 型微网 $n$ 中第 $i$ 种设备在 $t$ 时间段内的输出或输入功率（储能电池存在充电或放电两种状态）。

3）购气成本

购气成本计算公式为

$$C_{gas}^n(t) = c_{gas}\left(F_{gb}^n(t) + F_{gt}^n(t)\right) \tag{2.15}$$

其中，$c_{gas}$ 为 $t$ 时段的购气气价。

CCHP 型微网 $n$ 中燃气轮机和燃气锅炉分别可通过燃气燃烧产生电能和热能来供给系统电负荷和热负荷需求，但向燃气公司购买燃气需要一定的购气成本，如式（2.15）所示。

　　4）微网间能量共享成本

　　由于不同 CCHP 型微网系统可再生能源发电能力的不同，特定区域内的多个 CCHP 型微网系统在某一调度周期内可能会有多电 CCHP 型微网系统与缺电 CCHP 型微网系统共存的情况，为提升可再生能源的就地消纳水平和能源利用率，多电 CCHP 型微网系统与缺电 CCHP 型微网系统间可通过电能传输线进行能量共享，但不同 CCHP 型微网系统间通过电能传输线进行电能共享时需要一定的电能传输费用，假定当两个 CCHP 型微网系统进行能量共享时双方各承担一半的电能共享成本。所以，CCHP 型微网系统间能量共享成本可定义如下：

$$C_{\mathrm{mic}}^{n}(t) = \frac{1}{2} \sum_{j=1, j \neq n}^{N} c(t) \mid P_{\mathrm{mic},n}^{j}(t) \mid \Delta t \tag{2.16}$$

其中，$c(t)$ 为不同 CCHP 型微网系统间在 $t$ 时段内单位电能的传输费用；$P_{\mathrm{mic},n}^{j}(t)$ 为 CCHP 型微网 $n$ 与同一配网区域内 CCHP 型微网系统 $j$ 在 $t$ 时段内的电能共享功率，$P_{\mathrm{mic},n}^{j}(t) > 0$ 表示 CCHP 型微网 $n$ 从其他微网系统处得到共享电能，$P_{\mathrm{mic},n}^{j}(t) < 0$ 表示 CCHP 型微网 $n$ 将电能共享给其他 CCHP 型微网系统。

## 2. 约束条件

　　CCHP 型微网系统安全稳定运行需要满足一定的约束条件，主要包括 CCHP 型微网系统内冷、热、电三种负荷的供需平衡约束，不同 CCHP 型微网系统间能量共享约束，各 CCHP 型微网系统与主电网的交互功率约束，CCHP 型微网系统内各设备出力限制约束以及储能电池能量存储及充放电功率约束等。

　　1）冷、热、电三种负荷的供需平衡约束

　　冷、热、电三种负荷的供需平衡约束表示为

$$P_{\mathrm{gt}}^{n}(t) + P_{\mathrm{grid}}^{n}(t) + \sum_{j=1, j \neq n}^{N} P_{\mathrm{mic},n}^{j}(t) + P_{\mathrm{wt}}^{n}(t) + P_{\mathrm{pv}}^{n}(t) + P_{n}^{E,\mathrm{down}}(t) + P_{\mathrm{bt,dis}}^{n}(t)$$
$$= P_{\mathrm{ec,in}}^{n}(t) + P_{\mathrm{bt,ch}}^{n}(t) + P_{\mathrm{load}}^{n}(t) + P_{n}^{E,\mathrm{up}}(t) \tag{2.17}$$

$$P_{\mathrm{ec,out}}^{n}(t) + P_{\mathrm{ac}}^{n}(t) + P_{n}^{C,\mathrm{down}}(t) = P_{\mathrm{cool}}^{n}(t) + P_{n}^{C,\mathrm{up}}(t) \tag{2.18}$$

$$P_{\mathrm{gb}}^{n}(t) + P_{\mathrm{hx}}^{n}(t) + P_{n}^{H,\mathrm{down}}(t) = P_{\mathrm{heat}}^{n}(t) + P_{n}^{H,\mathrm{up}}(t) \tag{2.19}$$

　　式（2.17）限制了每个 CCHP 型微网系统保持电能的供需平衡；同时，每个 CCHP 型微网系统都需要在热能和冷能的供需之间保持平衡，这分别通过式（2.18）和式（2.19）进行限制。其中，$P_{\mathrm{gt}}^{n}(t)$ 为 CCHP 型微网 $n$ 中燃气轮机在 $t$ 时段的发电功率；$P_{\text{load}}^n(t)$ 为 CCHP 型微网 $n$ 中的电负荷需求功率；$P_{\text{wt}}^n(t)$、$P_{\text{pv}}^n(t)$ 分别为 CCHP 型微网 $n$ 中风力、光伏在 $t$ 时段内的发电功率；$P_{\text{bt,ch}}^n(t)$ 为 CCHP 型微网 $n$ 中储能电池在 $t$ 时间段的充电功率；$P_{\text{bt,dis}}^n(t)$ 为 CCHP 型微网 $n$ 中储能电池在 $t$ 时间段的放电功率；$P_n^{E,\text{up}}(t)$ 和 $P_n^{E,\text{down}}(t)$ 分别为 CCHP 型微网 $n$ 在 $t$ 时段用电负荷的上升和下降功率；$P_{\text{cool}}^n(t)$ 为 CCHP 型微网 $n$ 中的冷负荷需求功率；$P_n^{C,\text{up}}(t)$ 和 $P_n^{C,\text{down}}(t)$ 分别为 CCHP 型微网 $n$ 在 $t$ 时段用冷负荷的上升和下降功率；$P_{\text{heat}}^n(t)$ 为 CCHP 型微网 $n$ 中的热负荷需求功率；$P_n^{H,\text{up}}(t)$ 和 $P_n^{H,\text{down}}(t)$ 分别为 CCHP 型微网 $n$ 在 $t$ 时段用热负荷的上升和下降功率。

2）不同 CCHP 型微网系统间能量共享约束

不同 CCHP 型微网系统间能量共享约束表示为

$$-P_{\text{mic}}^{\max} \leqslant P_{\text{mic},n}^j(t) \leqslant P_{\text{mic}}^{\max} \tag{2.20}$$

当多电 CCHP 型微网系统与缺电 CCHP 型微网系统进行电能共享时，多电微网系统应在能保证系统本身能正常运行的基础上进行电能共享，即多电微网能共享的电能功率值应在一定的约束限制内，如式（2.20）所示。其中，$P_{\text{mic}}^{\max}$ 为 CCHP 型微网 $n$ 在 $t$ 时段内进行电能共享的最大值。

3）各 CCHP 型微网系统与主电网的交互功率约束

各 CCHP 型微网系统与主电网的交互功率约束表示为

$$-P_{\text{grid}}^{\max} \leqslant P_{\text{grid}}^n(t) \leqslant P_{\text{grid}}^{\max} \tag{2.21}$$

为降低主电网的峰谷差和促进电网系统的运行可靠性，主电网在与各 CCHP 型微网系统进行电能交互时的交互功率值应该在一定的约束范围内，如式（2.21）所示。其中，$P_{\text{grid}}^{\max}$ 为 CCHP 型微网 $n$ 与主电网进行电能交互的最大功率值。

4）CCHP 型微网系统内各设备出力限制约束

CCHP 型微网系统内各设备出力限制约束表示为

$$P_i^{\min} \leqslant P_i^n(t) \leqslant P_i^{\max} \tag{2.22}$$

由于受到 CCHP 型微网系统中各设备性能限制以及为提升各设备的使用寿命，应该将各设备的出力功率限制在一定的范围内，如式（2.22）所示。其中，$P_i^n(t)$ 为 CCHP 型微网 $n$ 中第 $i$ 种设备在 $t$ 时段内的输出功率（冷热电功率）；$P_i^{\min}$ 和 $P_i^{\max}$ 分别为 CCHP 型微网系统中第 $i$ 种设备输出功率的最小值和最大值。

5）储能电池能量存储及充放电功率约束[40, 41]

CCHP 型微网系统中储能电池能量存储及充放电功率约束表示如下：

$$S_{bt}^n(t) = (1-\mu)S_{bt}^n(t-1) + (\eta_{ch}^n P_{bt,ch}^n(t) - P_{bt,dis}^n(t)/\eta_{dis}^n)\Delta t \quad （2.23）$$

$$S_{bt}^{min} \leqslant S_{bt}^n(t) \leqslant S_{bt}^{max} \quad （2.24）$$

$$0 \leqslant P_{bt,ch}^n(t) \leqslant P_{bt,ch}^{max} \cdot K_{bt}^{ch}(t) \quad （2.25）$$

$$0 \leqslant P_{bt,dis}^n(t) \leqslant P_{bt,dis}^{max} \cdot K_{bt}^{dis}(t) \quad （2.26）$$

$$K_{bt}^{ch}(t) + K_{bt}^{dis}(t) \leqslant 1 \quad （2.27）$$

每个 CCHP 型微网系统中储能电池的能量平衡约束由式（2.23）给出。其中，$S_{bt}^n(t)$ 为储能电池在 $t$ 时间段内存储的电量；$\mu$ 为储能电池的自放电系数；$\eta_{ch}^n$ 和 $\eta_{dis}^n$ 分别为储能电池的充电效率和放电效率；$S_{bt}^n(t-1)$ 为储能电池在 $t-1$ 时段内所存储的电量。为延长储能电池的使用寿命，应将储能电池的存储电量限制在一定范围内，如式（2.24）所示；其中，$S_{bt}^{min}$ 和 $S_{bt}^{max}$ 分别为储能电池容量的最小值和最大值；此外，储能电池的最大充放电功率约束限制分别如式（2.25）和式（2.26）所示；其中，$P_{bt,ch}^{max}$ 为储能电池充电功率的最大值；$P_{bt,dis}^{max}$ 为储能电池放电功率的最大值；$K_{bt}^{ch}(t)$ 和 $K_{bt}^{dis}(t)$ 为充放电状态位，为 0-1 二进制变量。当 $K_{bt}^{ch}(t)$ 为 1 时表示 CCHP 型微网 $n$ 中储能电池在 $t$ 时段内处于充电状态，否则 $K_{bt}^{ch}(t)$ 为 0；同理，当 $K_{bt}^{dis}(t)$ 为 1 时表示 CCHP 型微网 $n$ 中储能电池在 $t$ 时段内处于放电状态，否则 $K_{bt}^{dis}(t)$ 为 0，且充放电状态互斥；式（2.27）则确保了储能电池在某一具体时段内不能同时充电和放电。

## 2.2.2　多微网需求响应模型

需求响应在许多国家已进行了广泛的研究，其广义上是指电力市场上的用户针对市场价格信号或者激励机制做出响应，并改变正常电力消费模式的市场参与行为[42]。需求响应可以通过改变用户的用能行为来优化其负荷需求曲线，进而提升系统的运行效率和保障主电网系统的运行稳定性。此外，需求响应对于降低微网运行成本，进而促进微网的经济运行有重要作用。按照用户响应方式的不同可将需求响应分为基于电价的需求响应和基于激励的需求响应[43]，而随着多种能源的相互耦合，传统的电力需求响应正逐渐发展为综合需求响应。考虑 CCHP 型微网系统中用户参与冷、热、电三种形式的需求响应策略，微网系统中用户参与冷、热、电需求响应策略的主要方式是通过将可转移负荷转移到低电价时段，进而降低整个 CCHP 型微网系统的运行成本。微网系统参与需求响应策略的模型具体可描述如下。

1）需求响应策略成本

实施需求响应策略有助于降低 CCHP 型微网系统的运行成本，但参与需求响应策略会使 CCHP 型微网系统中的用户调整原有的用能模式，即冷、热、电三种负荷的转移会给 CCHP 型微网中的用户带来一定的不便。所以，应考虑执行电能、热能和冷能需求响应策略所带来不方便性的成本，分别可定义如下[44]：

$$C_{DR}^n(t) = C_{EDR}^n(t) + C_{HDR}^n(t) + C_{CDR}^n(t) \qquad (2.28)$$

$$C_{EDR}^n(t) = (c_{DR}^{E,down} P_n^{E,down}(t) + c_{DR}^{E,up} P_n^{E,up}(t))\Delta t \qquad (2.29)$$

$$C_{HDR}^n(t) = (c_{DR}^{H,down} P_n^{H,down}(t) + c_{DR}^{H,up} P_n^{H,up}(t))\Delta t \qquad (2.30)$$

$$C_{CDR}^n(t) = (c_{DR}^{C,down} P_n^{C,down}(t) + c_{DR}^{C,up} P_n^{C,up}(t))\Delta t \qquad (2.31)$$

其中，$C_{DR}^n(t)$ 为 CCHP 型微网 $n$ 在 $t$ 时段内参与需求响应策略的总成本；$C_{EDR}^n(t)$、$C_{HDR}^n(t)$ 和 $C_{CDR}^n(t)$ 则分别为 CCHP 型微网 $n$ 在 $t$ 时段内参与电能、热能和冷能需求响应策略分别所对应的成本；$c_{DR}^{E,up}$、$c_{DR}^{E,down}$ 分别为电负荷增加和降低的单位成本；$c_{DR}^{H,up}$、$c_{DR}^{H,down}$ 分别为热负荷增加和降低的单位成本；$c_{DR}^{C,up}$、$c_{DR}^{C,down}$ 分别为冷负荷增加和降低的单位成本。

2）电能需求响应策略约束

电能需求响应策略约束表示为

$$\sum_{t=1}^{T} P_n^{E,up}(t) = \sum_{t=1}^{T} P_n^{E,down}(t) \qquad (2.32)$$

$$0 \leqslant P_n^{E,up}(t) \leqslant R_{up}^E P_{load}^n(t) I_n^{E,up}(t) \qquad (2.33)$$

$$0 \leqslant P_n^{E,down}(t) \leqslant R_{down}^E P_{load}^n(t) I_n^{E,down}(t) \qquad (2.34)$$

$$0 \leqslant I_n^{E,up}(t) + I_n^{E,down}(t) \leqslant 1 \qquad (2.35)$$

式（2.32）确保了每个 CCHP 型微网系统电能消费的总量在某一调度周期内保持不变；式（2.33）和式（2.34）分别表示每个 CCHP 型微网系统的用电负荷向上和向下转移功率的最大限制；其中，$R_{up}^E$ 和 $R_{down}^E$ 分别为 CCHP 型微网系统中电负荷能上升和下降的最大比率；$I_n^{E,up}(t)$ 为电负荷需求上移指标，为二进制变量，

当 $I_n^{E,\text{up}}(t)$ 为 1 时表示 CCHP 型微网 $n$ 在 $t$ 时段内电负荷需求上升,否则 $I_n^{E,\text{up}}(t)$ 为 0; $I_n^{E,\text{down}}(t)$ 为电负荷需求下移指标,同样为二进制变量,当 $I_n^{E,\text{down}}(t)$ 为 1 时表示 CCHP 型微网 $n$ 在 $t$ 时段内电负荷需求下降,否则 $I_n^{E,\text{down}}(t)$ 为 0;式(2.35)保证了每个 CCHP 型微网系统中电负荷在任意 $t$ 时段不能同时上下移动。

3)热能需求响应策略约束

热能需求响应策略约束表示为

$$\sum_{t=1}^{T} P_n^{H,\text{up}}(t) = \sum_{t=1}^{T} P_n^{H,\text{down}}(t) \tag{2.36}$$

$$0 \leqslant P_n^{H,\text{up}}(t) \leqslant R_{\text{up}}^{H} P_{\text{heat}}^{n}(t) I_n^{H,\text{up}}(t) \tag{2.37}$$

$$0 \leqslant P_n^{H,\text{down}}(t) \leqslant R_{\text{down}}^{H} P_{\text{heat}}^{n}(t) I_n^{H,\text{down}}(t) \tag{2.38}$$

$$0 \leqslant I_n^{H,\text{up}}(t) + I_n^{H,\text{down}}(t) \leqslant 1 \tag{2.39}$$

调度周期内每个 CCHP 型微网系统热能消费的总量需要保持恒定,这通过式(2.36)进行约束限制。式(2.37)和式(2.38)分别描述了每个 CCHP 型微网系统热负荷上下移动功率的最大限制;其中, $R_{\text{up}}^{H}$ 和 $R_{\text{down}}^{H}$ 分别为 CCHP 型微网系统中热负荷能上升和下降的最大比率; $I_n^{H,\text{up}}(t)$ 为热负荷需求上移指标,为二进制变量,当 $I_n^{H,\text{up}}(t)$ 为 1 时表示 CCHP 型微网 $n$ 在 $t$ 时段内热负荷需求上升,否则 $I_n^{H,\text{up}}(t)$ 为 0; $I_n^{H,\text{down}}(t)$ 为热负荷需求下移指标,同样为二进制变量,当 $I_n^{H,\text{down}}(t)$ 为 1 时表示 CCHP 型微网 $n$ 在 $t$ 时段内热负荷需求下降,否则 $I_n^{H,\text{down}}(t)$ 为 0;式(2.39)确保了热负荷在任意 $t$ 时段不能同时上升和下降。

4)冷能需求响应策略约束

冷能需求响应策略约束表示为

$$\sum_{t=1}^{T} P_n^{C,\text{up}}(t) = \sum_{t=1}^{T} P_n^{C,\text{down}}(t) \tag{2.40}$$

$$0 \leqslant P_n^{C,\text{up}}(t) \leqslant R_{\text{up}}^{C} P_{\text{cool}}^{n}(t) I_n^{C,\text{up}}(t) \tag{2.41}$$

$$0 \leqslant P_n^{C,\text{down}}(t) \leqslant R_{\text{down}}^{C} P_{\text{cool}}^{n}(t) I_n^{C,\text{down}}(t) \tag{2.42}$$

$$0 \leqslant I_n^{C,\text{up}}(t) + I_n^{C,\text{down}}(t) \leqslant 1 \tag{2.43}$$

与电能和热能需求响应策略约束类似,调度周期中每个 CCHP 型微网系统冷能消耗的总量需要保持恒定,这由式(2.40)进行约束限制。式(2.41)和式(2.42)

分别描述了每个 CCHP 型微网系统用冷负荷上下移动功率的最大限制；其中，$R_{up}^{C}$ 和 $R_{down}^{C}$ 分别为微网系统中冷负荷能上升和下降的最大比率；$I_{n}^{C,up}(t)$ 为冷负荷需求上移指标，为二进制变量，当 $I_{n}^{C,up}(t)$ 为 1 时表示 CCHP 型微网 $n$ 在 $t$ 时段内冷负荷需求上升，否则 $I_{n}^{C,up}(t)$ 为 0；$I_{n}^{C,down}(t)$ 为冷负荷需求下移指标，同样为二进制变量，当 $I_{n}^{C,down}(t)$ 为 1 时表示 CCHP 型微网 $n$ 在 $t$ 时段内冷负荷需求下降，否则 $I_{n}^{C,down}(t)$ 为 0；式（2.43）确保了微网系统中冷负荷在任意 $t$ 时段不能同时上下移动。

### 2.2.3　多微网与主电网的非合作博弈模型

#### 1. 非合作博弈简介

博弈是指若干决策主体，面对一定的环境条件，在一定的静态或动态约束条件下，依靠决策主体各自掌握的信息，同时或先后、一次或多次从各自的可行域中选择并实施策略，各自从中取得相应收益的过程[45]。博弈论为运筹学的一个分支，在 20 世纪 50 年代，纳什利用不动点原理证明了非合作博弈纳什均衡点的存在性，从此博弈论在各个领域得到广泛的发展与应用[27]。由于博弈论研究的问题大多数是各博弈方之间的策略对抗、竞争，或面对一种局面时的对策选择，所以博弈论也被称为对策论。

如果按照博弈参与者的先后顺序、博弈持续的时间以及重复的次数进行分类，博弈可以被划分为静态博弈和动态博弈。其中静态博弈是指博弈者同时进行策略决定，博弈者所获得的支付依赖于他们所采取的不同策略组合的博弈行为；而动态博弈是指在博弈中，博弈参与者的行动有先后顺序，且后行动者能观察到先行动者所选择的行动或策略。如果按照博弈参与者之间是否存在合作进行分类，博弈可以分为合作博弈和非合作博弈，其中非合作博弈是指多个博弈参与者之间无法通过谈判达成一个有约束的契约来限制各博弈参与者的行为。考虑同一配网系统内的多个 CCHP 型微网系统及主电网分属于不同利益主体，多个 CCHP 型微网系统与主电网之间构成典型的非合作动态博弈模型。根据博弈的定义，一个完整的博弈格局至少应包括博弈参与者、策略及收益三个要素。其中，参与者作为决策主体，若用 $N = \{1, 2, \cdots, n\}$ 表示一个 $n$ 个人博弈的参与者集合；$S = \{S_1, S_2, \cdots, S_n\}$ 表示所有参与者的策略集合，收益是指博弈参与者在博弈中所获得的最终效用，$u = \{u_1, u_2, \cdots, u_n\}$ 表示所有博弈参与者的收益向量，所以一个典型的博弈就可以表

示为 $G = \{N, S_1, S_2, \cdots, S_n, u_1, u_2, \cdots, u_n\}$。下面将基于现有研究和已有博弈论知识，构建多个 CCHP 型微网系统与主电网之间的非合作博弈模型。

## 2. 非合作博弈模型

对于同一区域内的多个 CCHP 型微网，由于可再生能源的不确定性以及 CCHP 型微网自身有限的优化调度能力，尽管多个微网系统之间存在着能量共享，但同一区域内的多个微网在调度周期内的各个时间段可能还是会有缺电微网和多电微网共存的状态。所以，各 CCHP 型微网系统为保证自身负荷的供需平衡和降低多微网系统的总运行成本，会与主电网进行电能交互，即如果多电 CCHP 型微网在与其他缺电 CCHP 型微网进行能量共享后还存在剩余电能，为避免电能浪费和为提升可再生能源的消纳水平，该微网会选择通过余电上网的方式将多余电能出售给主电网，若缺电 CCHP 型微网从其他多电 CCHP 型微网系统处得到共享电能后仍然存在电能不足，缺电 CCHP 型微网则会从主电网处购买电能。因此，各 CCHP 型微网系统会通过优化微网系统中设备在各时段的出力和参与冷热电负荷需求响应策略来调整微网自身与主电网的电能交互量，进而提升能源利用率和降低多个 CCHP 型微网系统在调度周期内的总运行成本。

对于主电网，可以通过调整与各 CCHP 型微网的电能交互价格来对各 CCHP 型微网系统与主电网的电能交互量进行控制，以降低主电网的峰谷差和电网本身在各 CCHP 型微网系统的用电高峰时的供电压力，进而提升主电网系统的运行稳定性。此外，主电网在调整与各 CCHP 型微网的电能交互价格时，会考虑以自身效益最大化为目标，即各 CCHP 型微网系统进行余电上网的电价会显著低于各 CCHP 型微网向主电网购电的电价，且主电网与各个 CCHP 型微网系统之间进行电能交互的价格相同。所以，主电网会在兼顾电网系统平稳运行的同时调整与各 CCHP 型微网系统的电能交互价格以追求自身售能效用的最大化。

主电网与各 CCHP 型微网系统作为不同的利益主体，各自有着不同的目标，它们通过理性决策来分别调整电能交互量和交互电价并进行电能交互的过程属于典型的非合作博弈。因此，同一区域内多个 CCHP 型微网系统与主电网之间的非合作动态博弈模型可以建立为如下形式[46, 47]：

$$G = (L; S; U) \tag{2.44}$$

其中，$G$ 为动态博弈模型；$L$、$S$ 和 $U$ 分别为博弈模型的三个要素——参与者、策略和收益。博弈参与者为同一配网系统内的各 CCHP 型微网和主电网，其中各 CCHP 型微网系统以各时段与主电网的交互电量作为博弈策略，主电网以与各 CCHP 型微网系统的交互电价作为博弈策略。

1）CCHP 型微网的效用函数

由于 CCHP 型微网系统的电能交互策略会对微网购气量、微网系统内各设备出力情况等产生影响，进而影响 CCHP 型微网系统的运行成本，各 CCHP 型微网制定电能交互策略时的目标是在调度周期内的总运行成本最低，所以区域内多个 CCHP 型微网的效用函数都可表示如下：

$$U_{mic} = -C \tag{2.45}$$

其中，$U_{mic}$ 为 CCHP 型多微网的效用函数；$C$ 为 CCHP 型多微网在调度周期内的总运行成本。

2）主电网效用函数

主电网在控制与各个 CCHP 型微网系统的电能交互价格时会考虑自身的效用和电网系统的运行稳定性情况，所以主电网的效用函数主要由主电网的售能收益和与各 CCHP 型微网系统进行电能交互给主电网运行所带来的波动性损失两个部分组成，如式（2.46）所示。

$$U_{grid} = \sum_{t=1}^{T} \left( \sum_{n=1}^{N} c_{grid}(t) P_{grid}^{n}(t) \Delta t - C_v \mid L(t) - \bar{L}(t) \mid \Delta t \right) \tag{2.46}$$

其中，$U_{grid}$ 为主电网效用函数；$L(t) = \sum_{n=1}^{N} P_{grid}^{n}(t)$ 为 $N$ 个 CCHP 型微网系统第 $t$ 时段内与主电网进行电能交互的总和；$\bar{L}(t) = \frac{1}{T} \sum_{t=1}^{T} L(t)$ 为调度周期内主电网的平均电能交互量；$C_v$ 为由电能交互给主电网所带来的波动的单位成本。

### 3. 纳什均衡证明及求解流程

各 CCHP 型微网系统与主电网作为不同的博弈参与者，其目标都是通过理性决策来实现自身效用最大化，且在博弈达到纳什均衡状态时，主电网和所有 CCHP 型微网系统都无法通过单独改变策略来使自己获得更大的收益。各 CCHP 型微网和主电网的博弈策略均为纯策略。假设 $(P_{grid}^{n*}(t), c_{grid}^{*}(t))$ 表示非合作博弈模型的纳什均衡解，根据纳什均衡定义，当各 CCHP 型微网系统在 $t$ 时段内与主电网的电能交互策略为 $P_{grid}^{n*}(t)$，主电网在 $t$ 时段内与各 CCHP 型微网系统的电能交互电价策略为 $c_{grid}^{*}(t)$ 时，各 CCHP 型微网系统与主电网的效用均能达到纳什均衡下的最佳。根据纳什均衡的存在性定理[48]：在多方参与的博弈问题中，如果每个参与者的纯策略集合在欧氏空间中是一个非空、封闭的、有界的凸集，且每一个效用函数关于策略组合连续且对策略空间拟凹，则该博弈问题存在纯策略纳什均衡点。

所以，要证明所构建的各 CCHP 型微网系统与主电网之间的非合作博弈模型存在纳什均衡点，则需证明各 CCHP 型微网系统与主电网的策略均为非空紧致凸子集，各 CCHP 型微网系统与主电网的收益函数为连续拟凹函数。根据前文的陈述，对区域内的某一 CCHP 型微网 $n$，其策略 $S_i = \left\{ P_{\text{grid}}^i(t) \mid -P_{\text{grid}}^{\max} \leqslant P_{\text{grid}}^i(t) \leqslant P_{\text{grid}}^{\max} \right\}$，所以 $S_i$ 为一个封闭连续的区间，为紧致凸子集；主电网的策略为与各 CCHP 型微网系统的交互电价 $c_{\text{grid}}(t)$ 明显也是一个封闭连续的区间；且某一 CCHP 型微网 $i$ 与主电网进行电能交互时必然有相互对应的 $P_{\text{grid}}^n(t)$ 与 $c_{\text{grid}}(t)$ 存在，所以各 CCHP 型微网系统策略集合和主电网策略集合均为欧氏空间中的非空紧致凸子集。现只需证明各 CCHP 型微网系统收益函数及主电网收益函数均为凹函数即可。

　　由所构建非合作博弈模型中各 CCHP 型微网系统效用函数定义及组成部分可知，CCHP 型微网 $n$ 的效用函数由微网系统的电能交互费用、运行维护成本、购气费用、能量共享费用及需求响应策略费用组成，CCHP 型微网 $n$ 的决策会直接影响 CCHP 型微网 $n$ 与主电网的电能交互费用，而由 $C_{\text{grid}}^n = \sum\limits_{t=1}^{T} c_{\text{grid}}(t) P_{\text{grid}}^n(t) \Delta t$ 可得，当主电网采取确定的交互电价 $c_{\text{grid}}(t)$ 时，CCHP 型微网 $n$ 的电能交互费用 $C_{\text{grid}}^n(t)$ 为关于电能交互量 $P_{\text{grid}}^n(t)$ 的线性函数，而线性函数显然为一类凹函数。而 CCHP 型微网 $n$ 效用函数中其他几个部分并不会受到 CCHP 型微网 $n$ 与主电网交互电量策略的直接影响，可以看成是常数项部分。所以，CCHP 型微网 $n$ 效用函数为其策略 $P_{\text{grid}}^i(t)$ 的连续拟凹函数。同理，当 CCHP 型微网 $n$ 采用确定的电能交互策略 $P_{\text{grid}}^v(t)$ 时，主电网效用函数 $U_{\text{grid}}$ 中电能交互收益部分为关于交互电价 $c_{\text{grid}}(t)$ 的线性函数，由电能交互所带来的电网波动损失函数不会受到主电网交互电价 $c_{\text{grid}}(t)$ 的直接影响，可以看成常数项。所以，可证明主电网效用函数 $U_{\text{grid}}$ 为主电网电价交互策略 $c_{\text{grid}}(t)$ 的连续拟凹函数。综上所述，所构建的各 CCHP 型微网系统与主电网的非合作博弈模型存在纯策略纳什均衡。

　　针对以上各 CCHP 型微网系统与主电网的非合作博弈模型，假设各 CCHP 型微网与主电网每轮决策前都已掌握对方上一轮的决策信息，各 CCHP 型微网系统不断更新与主电网的电能交互量并上传至主电网，主电网更新其交互电价并广播给各 CCHP 型微网系统，通过不断交替迭代直至达到纳什均衡。基于非合作博弈的多微网系统负荷优化调度模型求解流程如图 2.2 所示。

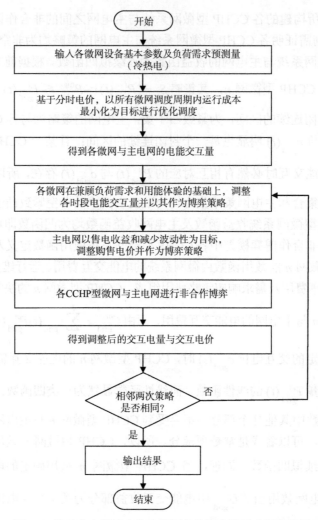

图 2.2  基于非合作博弈的多微网优化调度模型求解流程图

## 2.3  实验结果分析与讨论

基于非合作博弈的多微网系统负荷优化调度模型，考虑以由可再生能源发电装置、储能装置、转换设备等组成的一个 CCHP 型多微网系统为研究对象进行分析。由于不同 CCHP 型微网系统组成及负荷需求可能不同，这里选取某一实际区域内的 CCHP 型多微网系统进行算例仿真。首先对 CCHP 型微网系统中各设备参数、各微网负荷需求等进行设置，其次分别对所设置的多个不同场景下的 CCHP 型多微网系统负荷优化调度结果、能量共享和需求响应策略对调度结果的具体影响，以及所构建各 CCHP 型微网系统与主电网的非合作博弈模型达到纳什均衡状态下的各 CCHP 型微网系统中各设备出力情况进行分析。

### 2.3.1　实验数据和相关参数

选取同一配网系统内三个通过电力传输线相连的 CCHP 型微网系统来进行算例仿真。其中 CCHP 型微网系统 1 和 CCHP 型微网系统 2 设备组成相同，CCHP 型微网系统 3 中可再生能源发电仅为风力发电，其优化调度周期选为一天，以每小时作为一个优化时间段。三个 CCHP 型微网系统中所含组成设备的物理参数相同，具体设备参数及其他仿真所需参数见表 2.1，各 CCHP 型微网系统与主电网之间无博弈时进行电能交互的具体分时电价见表 2.2[49-51]。可再生能源发电是通过在现有方法的基础上仿真生成的。三个 CCHP 型微网系统中的电、热、冷负荷需求如图 2.3 所示。其中微网系统中三种负荷需求可上下转移的最大、最小比率分别为 0.5 和 0.2[52, 53]，所有的仿真都是基于一台计算机中（i5-10500 处理器，16 GB内存）的 MATLAB 上完成的，求解部分是通过调用商业求解器 CPLEX 完成的。

表 2.1　仿真参数

| 参数 | 单位 | 值 | 参数 | 单位 | 值 |
|---|---|---|---|---|---|
| $\eta_{gt}$ | — | 0.3 | $c_{gas}$ | 元/$m^3$ | 3.24 |
| $P_{gt}^{max}$ | kW | 4000 | $\eta_{ch}^n$ | — | 0.95 |
| $K_4$ | 元/（kW·h） | 0.1685 | $\eta_{dis}^n$ | — | 0.95 |
| $K_1$ | 元/（kW·h） | 0.013 | $P_{grid}^{max}$ | kW | 2000 |
| $\eta_{gb}$ | — | 0.73 | $K_2$ | 元/（kW·h） | 0.0126 |
| $P_{gb}^{max}$ | kW | 3000 | $P_{ec}^{max}$ | kW | 4000 |
| $K_5$ | 元/（kW·h） | 0.0018 | $\eta_{ec}$ | — | 4 |
| $P_{hx}^{max}$ | kW | 3000 | $K_9$ | 元/（kW·h） | 0.0104 |
| $\eta_{hx}$ | — | 0.9 | $P_{wh}^{max}$ | kW | 6000 |
| $K_6$ | 元/（kW·h） | 0.0065 | $\eta_{wh}$ | — | 0.8 |
| $P_{ac}^{max}$ | kW | 3000 | $K_7$ | 元/（kW·h） | 0.025 |
| $\eta_{ac}$ | — | 0.7 | $\mu$ | — | 0.02 |
| $K_8$ | 元/（kW·h） | 0.0156 | $S_{bt}^{min}$ | kW·h | 100 |
| $K_3$ | 元/（kW·h） | 0.0069 | $S_{bt}^{max}$ | kW·h | 900 |

注：$P_{gt}^{max}$ 为 CCHP 型微网 $n$ 中燃气轮机的发电功率上限；$P_{gb}^{max}$ 为 CCHP 型微网系统 $n$ 中燃气锅炉的输出功率上限；$P_{hx}^{max}$ 为 CCHP 型微网 $n$ 中的换热装置的输出制热功率上限；$P_{ac}^{max}$ 为 CCHP 型微网系统 $n$ 中吸收式制冷机的输出制冷功率上限；$P_{ec}^{max}$ 为电制冷机的输出制冷功率上限；$P_{wh}^n$ 为回收装置回收输出功率的上限

表 2.2　分时电价

| 购售电价格 | 峰 | 平 | 谷 |
|---|---|---|---|
| | （7：00～10：00） | （5：00～7：00） | （0：00～5：00） |
| | （12：00～14：00） | （10：00～12：00） | （21：00～24：00） |
| | （18：00～21：00） | （14：00～18：00） | |
| 购电价格/［元/（kW·h）］ | 1.22 | 0.76 | 0.3 |
| 售电价格/［元/（kW·h）］ | 0.65 | 0.52 | 0.24 |

注：表中时间区间范围含下界不含上界

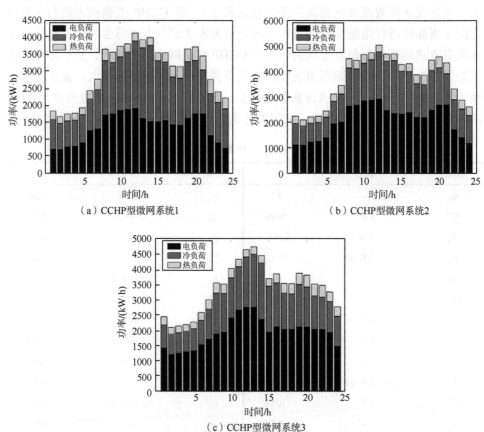

（a）CCHP型微网系统1　　　　　　（b）CCHP型微网系统2

（c）CCHP型微网系统3

图 2.3　三个 CCHP 型多微网系统中的电、冷、热负荷需求

## 2.3.2　实验结果分析

为了验证所提出的 CCHP 型多微网系统负荷优化调度模型的有效性，通过以传统优化调度模型为基础，分别考虑在前一种实验情景的基础上引入 CCHP 型微网系统间能量共享、需求响应策略、各 CCHP 型微网系统与主电网之间存在博弈

三种不同优化调度情况, 如表 2.3 所示。其中情景 2～情景 4 分别表示依次在情景 1 的基础上叠加考虑 CCHP 型微网系统间能量共享、需求响应策略及各 CCHP 型微网系统与主电网之间存在博弈三种情景。

表 2.3　不同的调度情景

| 实验场景 | CCHP 型微网系统间能量共享 | 需求响应策略 | 各 CCHP 型微网系统与主电网之间存在博弈 |
|---|---|---|---|
| 情景 1 | ○ | ○ | ○ |
| 情景 2 | ✓ | ○ | ○ |
| 情景 3 | ✓ | ✓ | ○ |
| 情景 4 | ✓ | ✓ | ✓ |

注: "✓" 表示在该场景中考虑了这种情况, "○" 表示不考虑这种情况

## 1. 多情景下结果对比分析与讨论

上述 4 种调度情景下, 3 个 CCHP 型微网系统的总成本如表 2.4 所示。相比于情景 1, 情景 2 中多微网系统的总运行成本降低了 7.17%, 说明考虑 CCHP 型多微网系统之间的多余能量共享可以实现各 CCHP 型微网系统剩余能量的有效利用和提升可再生能源的渗透率, 从而降低 CCHP 型多微网系统的总运行成本; 与情景 2 相比, 情景 3 下 CCHP 型多微网系统的总运行成本降低了 18.09%, 表明各个 CCHP 型微网系统通过参与需求响应策略可以进一步有效降低 CCHP 型多微网系统的总运行成本; 与情景 3 相比, 情景 4 下多微网系统的运行成本降低了 3.88%, 表明各 CCHP 微网系统通过与主电网进行博弈, 根据主电网更新发布的电价来不断调整微网系统内各设备的出力功率以及参与需求响应策略, 不断调整与主电网的电能交互功率, 进而有效减少 CCHP 型多微网系统的运行成本, 实现 CCHP 型多微网系统的经济平稳运行。

表 2.4　不同调度情景下多微网系统总成本

| 项目 | 情景 1 | 情景 2 | 情景 3 | 情景 4 |
|---|---|---|---|---|
| 总成本/元 | 48 463.52 | 44 990.13 | 36 853.66 | 35 423.21 |

对于上述优化调度结果, 分别以情景 2、情景 3 和情景 4 下的 3 个 CCHP 型微网系统为例进行分析。当每个 CCHP 型微网系统中的可再生能源发电均不足以满足负荷需求时 (如 0～8 时、16～18 时、22～24 时), 即当每个 CCHP 型微网系统都没有多余的能量时, 多个 CCHP 型微网系统之间没有电能共享。在这些时间段内, 每个微网系统主要通过协调微网系统内每个设备的出力, 并从主电网购买电能, 以满足各个 CCHP 型微网系统自身的电负荷需求。

在 15 时，尽管 CCHP 型微网系统 1 和 CCHP 型微网系统 2 的可再生能源发电量都高于其电负荷需求，但此时，CCHP 型微网系统 1 和 CCHP 型微网系统 2 均先使用多余电能来用于系统内电制冷机制冷，且 CCHP 型微网系统 1 还需要通过从主电网购买电能来满足其电能需求。在微网系统之间的电能共享方面，只有 CCHP 微网系统 2 向 CCHP 微网系统 3 共享少量电能。从 9 时到 14 时，由于 CCHP 型微网系统 1 和 CCHP 型微网系统 2 的可再生能源发电量高于其负荷需求，且在此期间内电价较高，CCHP 型微网系统 1 和 CCHP 型微网系统 2 通过电能传输线向 CCHP 型微网系统 3 共享电能，以降低多个 CCHP 型微网系统的购电成本。此外，当 CCHP 型微网系统 1 通过能量共享满足 CCHP 型微网系统 3 的负荷需求后（如 12 时），还出现剩余电能时，CCHP 型微网系统 1 将剩余电能出售给主电网以获取一定的售电收益。从 19 时到 21 时，可再生能源发电虽然不能满足微网的负荷需求，但正处于高电价时期。为了降低 CCHP 型多微网系统的总运行成本，CCHP 型微网系统 1 和 CCHP 型微网系统 2 使用燃气轮机发电以满足负荷需求，并通过向 CCHP 型微网系统 3 共享电能来满足 CCHP 型微网系统 3 的电负荷需求。从 22 时到 24 时，由于三个 CCHP 型微网系统的可再生能源发电量无法满足微网系统的负荷需求，且在此期间电价较低，三个 CCHP 型微网系统均选择从主电网购电以满足系统电负荷需求。

由于在情景 2 的基础上进一步考虑了 CCHP 型微网系统的需求响应策略，因此各 CCHP 型微网系统可选择通过负荷转移的方式来尽可能地在低电价时期（如 0～6 时）向主电网购买电能，在电价较高时选择通过多微网系统间电能共享（如 7～17 时）并将多余电能（如 12～14 时）出售给主电网以进一步减少多微网系统在整个调度期内的运行成本。在采用所提出的基于非合作博弈的 CCHP 型多微网系统优化调度方法后，每个 CCHP 型微网系统和主电网都可以根据对方的博弈策略调整各自的博弈策略。因此，每个 CCHP 型微网系统会根据主电网每一轮发布的交互电价信息，通过协调 CCHP 型微网系统中各设备的输出并通过参与需求响应策略，调整与主电网的电能交互功率以及与其他缺电微网系统在每个时期的电能共享功率。当电价较低时，每个 CCHP 型微网系统仍将选择从主电网购电。然而，与情景 3 相比，为了降低多个微网系统在调度周期内的总运行成本，每个 CCHP 型微网系统的购电量在某些特定时段中会发生变化。此外，当微网系统中可再生能源发电能力大于微网系统电负荷需求且电价较高时，各微网系统仍将选择共享电能并向主电网出售电能。然而，与情景 3 不同的是，当电价较高时，CCHP 型微网系统 1 和 CCHP 型微网系统 2 选择将更多电能出售给主电网，以获得更大的售能收益，进而降低多微网系统在调度周期内的运行成本。

### 2. 能量共享和需求响应策略分析

为了进一步分析多微网系统间能量共享和需求响应策略给 CCHP 型多微网系统的运行所带来的具体影响，图 2.4（a）和图 2.4（b）分别显示了情景 1（无电能共享）和情景 2（存在电能共享）下三个 CCHP 微网系统和主电网的总电能功率交互曲线。

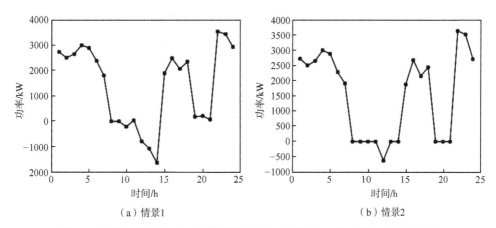

（a）情景1　　　　　　　　　　（b）情景2

图 2.4　情景 1 和情景 2 下多微网系统和主电网的总电能功率交互作用曲线

### 3. 冷热电联供微网系统各设备出力结果分析

为了验证所提出基于非合作博弈理论的多微网系统优化调度方法的有效性，对情景 4 下的多微网系统负荷优化调度结果进行了分析。

在所构建模型达到纳什均衡时，当可再生能源发电不足且电价较低时（0～5时），CCHP 型微网系统 1 选择从主电网购买电能以满足其电负荷需求，为降低微网系统运行成本，燃气轮机在这些时间段内不工作。所以，微网系统的热负荷需求主要通过向燃气公司购买燃气并使用燃气锅炉制热来满足。由于在这些时期微网系统与主电网交互电价较低，因此，CCHP 型微网系统 1 通过购电并采用电制冷机制冷来满足微网系统的冷负荷需求。当交互电价比较高时（如 6～7 时），为了降低多微网系统的总运行成本，CCHP 型微网系统 1 可以通过协调燃气轮机发电和从主电网购电来满足微网系统的电能需求，燃气轮机产生的余热被回收利用并经换热装置转化为热能以满足微网系统的热负荷需求。从 8 时到 10 时，由于这段时间内可再生能源发电不足以满足微网系统内的电负荷需求且微网系统与主电网的电能交互价格较高，故 CCHP 型微网系统 1 充分利用可再生能源发电、储能电池放电和燃气轮机发电来满足微网系统的电负荷需求；为了降低 CCHP 型多微网系统在调度周期内的总运行成本，CCHP 型微网系统 1 通过负荷转移的方式减少负荷需求，以将更多的电能共享给其他微网系统或出售给主电网。在 19～20

时，由于这些时间段内微网系统与主电网交互电价较高且燃气轮机发电量较大，故燃气轮机发电过程中产生的大量余热一部分被回收利用后用于换热装置制热以满足系统热负荷需求，另一部分余热经回收设备回收后，用于吸收式制冷机制冷，以满足冷负荷需求，不足部分由电制冷机制冷进行补足。所以，在整个调度周期内，CCHP 型微网系统 1 通过协调系统内各设备出力和参与需求响应策略，实现了系统内各种负荷的供需平衡，并通过向其他微网系统共享电能或向主电网售电等方式，降低了多微网系统的运行成本，进而实现 CCHP 型多微网系统的经济平稳运行。

CCHP 型微网系统 2 的优化调度结果与 CCHP 型微网系统 1 类似。当电价较低且可再生能源发电功率较低时（如 0～5 时），CCHP 型微网系统 2 选择从主电网购买电能，以满足微网系统电负荷需求及向储能电池充电。在此期间，由于电价较低，微网系统的冷负荷需求主要通过向电网购电并采用电制冷机制冷进行满足。由于这段时间内燃气轮机不工作，故微网系统的热负荷需求主要通过燃气锅炉制热来进行供给。当电价较高且可再生能源发电功率无法满足微网系统的原始电负荷需求时（如 7～8 时，18～20 时），CCHP 型微网系统 2 通过参与电负荷需求响应策略来进行负荷转移，从而降低 CCHP 型微网系统 2 的电负荷需求。同时，通过燃气轮机发电、储能电池放电相结合来满足 CCHP 型微网系统 2 的电负荷需求。这段时间内，由于燃气轮机发电会产生余热，故 CCHP 型微网系统 2 的热负荷需求通过余热回收利用并经换热装置转换为热能来满足，此时 CCHP 型微网系统 2 的冷负荷需求主要是通过电制冷机与吸收式制冷机的相互协调运行来满足。当可再生能源发电量大于 CCHP 型微网系统电负荷需求时且微网系统与主电网的电能交互价格较高时（如 12～14 时），CCHP 型微网系统 2 可以通过参与需求响应策略来转移负荷以降低微网系统负荷需求，进而将更多电能共享给其他微网系统或出售给主电网，最终降低 CCHP 型多微网系统在整个调度周期内的总运行成本。

因为 CCHP 型微网系统 3 中可再生能源发电只有风力发电，故在整个调度期间，可再生能源发电均无法满足微网系统的电负荷需求。CCHP 型微网系统 3 的电能主要来自向主电网购电和其他 CCHP 型多电微网系统的电能共享。因此，当其他微网系统中没有多余能量向 CCHP 型微网系统 3 共享且微网系统与主电网电能交互电价较低时，与 CCHP 型微网系统 1 和 CCHP 型微网系统 2 类似，CCHP 型微网系统 3 选择从主电网购买电能，以满足微网系统内电负荷需求并向储能电池充电。因为这些时间段内燃气轮机不产生余热，所以 CCHP 型微网系统 3 中热负荷需求主要通过燃气锅炉产热来满足，微网系统的冷负荷需求则主要通过电制冷机制冷的方式来供给。当电价较高时，如果在这段时间内其他微网系统存在剩余电能，则 CCHP 型微网系统 3 的电负荷需求将由其他微网系统通过能量共享、燃气轮机发电及储能电池放电相结合的方式来供给。如果其他微网系统中没有剩余电能，CCHP 型微网系统 3 将使用燃气轮机发电、储能电池放电和从主电网购电相结合的方式来满足其电负荷需求。这些时间段内，因为燃气轮机发电过程中会产生余热，所以这些时间段微网系统的热负荷需求主要是通过余热回收装置对余热回收利用并经换热装置转化为热能来供给；而部分余热经回收利用后用于吸收式制冷机进行制冷，所以这些时间段内微网系统的冷负荷需求主要通过吸收式制冷机与电制冷机的相互协调运行来满足。

然而，与 CCHP 型微网系统 1 和 CCHP 型微网系统 2 相比，CCHP 型微网系统 3 在调度周期内的可再生能源发电功率相对更小，为了降低 CCHP 型多微网系统的购电成本，微网系统需要通过燃气轮机生产更多的电能来满足 CCHP 型多微网系统的电负荷需求。发电过程中产生的大量余热一部分转化为热能，以满足 CCHP 型多微网系统的热负荷需求，另一部分用于吸收式制冷机进行制冷来为系统提供冷能。不足的冷负荷需求通过电制冷机制冷进行补充。因此，当博弈达到纳什均衡时，各 CCHP 型微网系统不断优化系统内设备出力，调整各时段的负荷需求以及通过与其他 CCHP 型多微网系统相互协调运行，实现可再生能源的充分利用和多个 CCHP 型微网系统的稳定、经济及可靠运行。此外，情景 3 和情景 4 下主电网的收益分别为 1340.33 元和 1534.03 元。相比于情景 3，情景 4 下主电网的收入增加了 14.45%。可以看出，考虑各 CCHP 型微网系统与主电网进行互动博弈的多微网系统负荷优化调度模型能够有效促进各个 CCHP 型微网系统与主电网之间的电能交互，从而提高主电网的售电收益。

# 2.4　结　　论

随着能源行业的快速发展及能源需求的不断多样化，CCHP 型微网系统由于涉及多种形式能源的生产、转换并对外提供多种能量正成为国内外研究的热点。但随着微网技术的进一步发展，特定区域内同属某一配网系统的多个 CCHP 型微网系统可能会分属于不同的利益主体。考虑将某一区域内的多个不同 CCHP 型微网系统及主电网作为不同利益主体，重点研究了考虑多个 CCHP 型微网系统经济平稳运行和提升主电网效用的负荷优化调度方法。考虑到多个 CCHP 型微网系统及主电网分属于不同利益主体，建立了多个 CCHP 型微网系统与主电网的非合作博弈模型并证明了纳什均衡的存在性，提出了所构建多微网系统负荷优化调度模型的求解流程。通过对博弈均衡下各微网系统的优化调度结果的分析发现，所提出的多微网与主电网博弈模型能够有效地实现多微网系统的协同优化运行并能降低主电网的波动性，在满足供需平衡的前提下，提升各微网系统与主电网间电能交互的自主性，确保 CCHP 型多微网系统运行成本的最小化。

# 参 考 文 献

[1] Zhou Y, Min C, Wang K, et al. Optimization of integrated energy systems considering seasonal thermal energy storage[J]. Journal of Energy Storage, 2023, 71: 108094.

[2] Bayendang N P, Kahn M T, Balyan V. Combined cold, heat and power (CCHP) systems and fuel cells for CCHP applications: a topological review[J]. Clean Energy, 2023, 7(2): 436-491.

[3] Liu M, Shi Y, Fang F. Combined cooling, heating and power systems: a survey[J]. Renewable and Sustainable Energy Reviews, 2014, 35: 1-22.

[4] Al Moussawi H, Fardoun F, Louahlia-Gualous H. Review of tri-generation technologies: design evaluation, optimization, decision-making, and selection approach[J]. Energy Conversion and Management, 2016, 120: 157-196.

[5] Abdollahi G, Sayyaadi H. Application of the multi-objective optimization and risk analysis for the sizing of a residential small-scale CCHP system[J]. Energy and Buildings, 2013, 60: 330-344.

[6] Ma D, Zhang L, Sun B. An interval scheduling method for the CCHP system containing renewable energy sources based on model predictive control[J]. Energy, 2021, 236: 121418.

[7] Wu D, Han Z, Liu Z, et al. Study on configuration optimization and economic feasibility analysis for combined cooling, heating and power system[J]. Energy Conversion and Management, 2019, 190: 91-104.

[8] 王成山, 洪博文, 郭力, 等. 冷热电联供微网优化调度通用建模方法[J]. 中国电机工程学报, 2013, 33(31): 3, 26-33.

[9] Cho H, Smith A D, Mago P. Combined cooling, heating and power: a review of performance improvement and optimization[J]. Applied Energy, 2014, 136: 168-185.

[10] 杨新法, 苏剑, 吕志鹏, 等. 微电网技术综述[J]. 中国电机工程学报, 2014, 34(1): 57-70.

[11] 王成山. 微电网专题介绍[J]. 中国电机工程学报, 2012, 32(25): 1.

[12] 鲁宗相, 王彩霞, 闵勇, 等. 微电网研究综述[J]. 电力系统自动化, 2007, 31(19): 100-107.

[13] 杨永标, 于建成, 李奕杰, 等. 含光伏和蓄能的冷热电联供系统调峰调蓄优化调度[J]. 电力系统自动化, 2017, 41(6): 6-12, 29.

[14] Gu W, Tang Y, Peng S, et al. Optimal configuration and analysis of combined cooling, heating, and power microgrid with thermal storage tank under uncertainty[J]. Journal of Renewable & Sustainable Energy, 2015, 7(1): 013104.

[15] Gu W, Wu Z, Bo R, et al. Modeling, planning and optimal energy management of combined cooling, heating and power microgrid: a review[J]. International Journal of Electrical Power & Energy Systems, 2014, 54: 26-37.

[16] Afzali S F, Mahalec V. Optimal design, operation and analytical criteria for determining optimal operating modes of a CCHP with fired HRSG, boiler, electric chiller and absorption chiller[J]. Energy, 2017, 139: 1052-1065.

[17] Shen Y, Hu W, Liu M, et al. Energy storage optimization method for microgrid considering multi-energy coupling demand response[J]. Journal of Energy Storage, 2022, 45: 103521.

[18] Siqin Z, Niu D, Wang X, et al. A two-stage distributionally robust optimization model for

P2G-CCHP microgrid considering uncertainty and carbon emission[J]. Energy, 2022, 260: 124796.

[19] Liu H, Li J F, Ge S Y. Research on hierarchical control and optimisation learning method of multi-energy microgrid considering multi-agent game[J]. IET Smart Grid, 2020, 3(4): 479-489.

[20] Boudoudouh S, Maâroufi M. Multi agent system solution to microgrid implementation[J]. Sustainable Cities and Society, 2018, 39: 252-261.

[21] Zhang W, Xu Y. Distributed optimal control for multiple microgrids in a distribution network[J]. IEEE Transactions on Smart Grid, 2019, 10(4): 3765-3779.

[22] Ren L, Qin Y, Li Y, et al. Enabling resilient distributed power sharing in networked microgrids through software defined networking[J]. Applied Energy, 2018, 210: 1251-1265.

[23] Gust G, Brandt T, Mashayekh S, et al. Strategies for microgrid operation under real-world conditions[J]. European Journal of Operational Research, 2021, 292(1): 339-352.

[24] Li L. Coordination between smart distribution networks and multi-microgrids considering demand side management: a trilevel framework[J]. Omega, 2021, 102: 102326.

[25] 孟安波, 林艺城, 殷豪. 计及不确定性因素的家庭并网风-光-蓄协同经济调度优化方法[J]. 电网技术, 2018, 42(1): 162-173.

[26] 王皓, 艾芊, 甘霖, 等. 基于多场景随机规划和 MPC 的冷热电联合系统协同优化[J]. 电力系统自动化, 2018, 42(13): 51-58.

[27] 刘晓峰, 高丙团, 李扬. 博弈论在电力需求侧的应用研究综述[J]. 电网技术, 2018, 42(8): 2704-2711.

[28] 徐青山, 李淋, 盛业宏, 等. 冷热电联供型多微网主动配电系统日前优化经济调度[J]. 电网技术, 2018, 42(6): 1726-1735.

[29] Liu M, Shi Y, Fang F. Load forecasting and operation strategy design for CCHP systems using forecasted loads[J]. IEEE Transactions on Control Systems Technology, 2015, 23(5): 1672-1684.

[30] 胡荣, 张宓璐, 李振坤, 等. 计及可平移负荷的分布式冷热电联供系统优化运行[J]. 电网技术, 2018, 42(3): 715-721.

[31] 靳小龙, 穆云飞, 贾宏杰, 等. 融合需求侧虚拟储能系统的冷热电联供楼宇微网优化调度方法[J]. 中国电机工程学报, 2017, 37(2): 581-591.

[32] 徐青山, 李淋, 蔡霁霖, 等. 考虑电能交互的冷热电多微网系统日前优化经济调度[J]. 电力系统自动化, 2018, 42(21): 36-44.

[33] Ma T, Wu J, Hao L. Energy flow modeling and optimal operation analysis of the micro energy grid based on energy hub[J]. Energy Conversion and Management, 2017, 133: 292-306.

[34] Ma W, Fan J, Fang S, et al. Energy efficiency indicators for combined cooling, heating and power systems[J]. Energy Conversion and Management, 2021, 239: 114187.

[35] Zhao H, Wang X, Wang Y, et al. A dynamic decision-making method for energy transaction price of CCHP microgrids considering multiple uncertainties[J]. International Journal of Electrical Power & Energy Systems, 2021, 127: 106592.

[36] 吴福保, 刘晓峰, 孙谊媊, 等. 基于冷热电联供的多园区博弈优化策略[J]. 电力系统自动化, 2018, 42(13): 68-75.

[37] Zhang J, Cao S, Yu L, et al. Comparison of combined cooling, heating and power (CCHP) systems with different cooling modes based on energetic, environmental and economic criteria[J]. Energy Conversion and Management, 2018, 160: 60-73.

[38] 马霖, 张世荣. 分时电价/阶梯电价下家庭并网光伏发电系统运行优化调度[J]. 电网技术, 2016, 40(3): 819-825.

[39] 郑刘康. 冷热电三联供型微电网优化配置与经济运行[D]. 济南: 山东大学, 2020.

[40] Yang X, Leng Z, Xu S, et al. Multi-objective optimal scheduling for CCHP microgrids considering peak-load reduction by augmented ε-constraint method[J]. Renewable Energy, 2021, 172: 408-423.

[41] Gu W, Wang Z, Wu Z, et al. An online optimal dispatch schedule for CCHP microgrids based on model predictive control[J]. IEEE Transactions on Smart Grid, 2017, 8(5): 2332-2342.

[42] 张钦, 王锡凡, 王建学, 等. 电力市场下需求响应研究综述[J]. 电力系统自动化, 2008, 32(3): 97-106.

[43] Deng R, Yang Z, Chow M, et al. A survey on demand response in smart grids: mathematical models and approaches[J]. IEEE Transactions on Industrial Informatics, 2015, 11(3): 570-582.

[44] Lu X, Liu Z, Ma L, et al. A robust optimization approach for coordinated operation of multiple energy hubs[J]. Energy, 2020, 197: 117171.

[45] 梅生伟, 刘锋, 魏韡. 工程博弈论基础及电力系统应用[M]. 北京: 科学出版社, 2019.

[46] 赵敏, 沈沉, 刘锋, 等. 基于博弈论的多微电网系统交易模式研究[J]. 中国电机工程学报, 2015, 35(4): 848-857.

[47] Wu C, Gu W, Bo R, et al. A two-stage game model for combined heat and power trading market[J]. IEEE Transactions on Power Systems, 2019, 34(1): 506-517.

[48] Rosen J B. Existence and uniqueness of equilibrium points for concave n-person games[J]. Econometrica, 1965, 33(3): 520-534.

[49] Luo Z, Wu Z, Li Z, et al. A two-stage optimization and control for CCHP microgrid energy management[J]. Applied Thermal Engineering, 2017, 125: 513-522.

[50] Jiang J, Gao W, Wei X, et al. Reliability and cost analysis of the redundant design of a combined cooling, heating and power (CCHP) system[J]. Energy Conversion and Management, 2019, 199: 111988.

[51] 吴盛军, 刘建坤, 周前, 等. 考虑储能电站服务的冷热电多微网系统优化经济调度[J]. 电力系统自动化, 2019, 43(10): 10-18.

[52] Vahid-Pakdel M J, Nojavan S, Mohammadi-ivatloo B, et al. Stochastic optimization of energy hub operation with consideration of thermal energy market and demand response[J]. Energy Conversion and Management, 2017, 145: 117-128.

[53] Lu X, Liu Z, Ma L, et al. A robust optimization approach for optimal load dispatch of community energy hub[J]. Applied Energy, 2020, 259: 114195.

# 第3章　电动汽车有序充电调度

随着新能源的开发和利用，电动汽车行业实现了快速发展。相比于传统的燃油汽车，电动汽车具有无尾气排放、噪声小、起步快等优势[1-3]。在政策的支持和相关技术的引领下，近年来我国电动汽车规模也在不断扩大。据相关统计，截至2023年底，全国新能源汽车保有量达2041万辆，占汽车总量的6.07%；其中纯电动汽车保有量1552万辆，占新能源汽车保有量的76.04%[4]。

随着电动汽车规模的扩大，电动汽车总充电负荷也越来越大，电动汽车有序充放电调度对于电网的稳定高效运行具有重要意义。目前，大多数电动汽车充电过程是无序的，这种情况下，充电负荷接入电网的时间、负荷量大小是不可控的。充电负荷在缺少调控的情况下叠加在常规负荷之上，可能会进一步加剧电网的负担，造成诸如加剧峰值负荷、影响电压和功率、增加电能损失、降低稳定性以及加剧线路拥塞等负面影响[5]。此外，电动汽车规模的增长意味着充电需求的提升，这也对充电设施建设、储能技术水平等提出了更高的要求。

为满足不断增长的充电需求，不少城市提出了计划性增加充电基础设施的规划。然而，充电站建设周期长、投资成本高，且需要充分考虑充电设施增加需要匹配的电网扩容成本，难以在短时间内适应电动汽车充电需求的大规模增长[6, 7]。在技术层面上，能够提高电网对电动汽车充电负荷承载能力的相关技术，主要有换电技术、无线充电技术、移动充电技术等[8, 9]。换电技术通过更换电池的方式即时满足电动汽车的充电需求，使电动汽车可以迅速获得充足电量[10]。但换电技术对更换的电池型号有较高的要求，目前多是电动汽车厂商建立换电站并支持运行的，换电方式经济成本高昂[11]，且可能存在一定的经济纠纷风险和安全隐患，因此尚未能大规模应用[12, 13]。无线充电技术，指借助无线电磁波给电动汽车进行充电，目前该技术仅在部分实验环境下运行，距离商业运行还有很长的发展验证之路[14]。移动充电技术，是由专门的充电厂商或电动汽车厂商运行的、以专用移动充电车为电动汽车充电的方法[15, 16]。当电动汽车需要充电时在网上或以电话方式向移动充电车运营方发起订单，在原地或移动至商定的地点等待移动充电车前来充电即可[17, 18]。然而，这种模式的运营成本较高，移动充电的收费也较高，尚不适用日常的充电场景，目前主要应用于电动汽车由于电量极低无法前往固定充电站甚至无法移动的情况[19]。目前，可以提高电网对电动汽车充电负荷承载能力的新兴技术正蓬勃发展，但技术的进步不可能一蹴而就，这些新兴技术大范围应用于实践还需要长久的发展进步[20]。因此，如何在现有设施和技术条件下，尽可能满足更大规模的充电需求变得尤为重要[21]。

对电动汽车充电过程进行合理有序的调控能够有效地缓解电动汽车对电网的冲击。随着电动汽车越来越受到关注，已经进行了许多研究来改善电动汽车的调度和运营，包括用户充电需求预测[22-28]、充电路径优化[29-31]、有序充电等[32-34]。在充电调度过程中，碳排放、充电电价以及充电需求等因素都被考虑其中[16, 35-37]。由于无序充电具有时间和空间上的双重不确定性，规模化电动汽车无序充电会给配电网带来一系列问题。因此，急需对电动汽车的充放电策略进行优化。

通过对电动汽车充电过程的调控，降低大规模电动汽车无序充电时可能导致的电网峰值负荷增加、总负荷波动性增加等负面影响。以优化调度的方式提高电网对电动汽车充电负荷的承载能力，不需要以相关基础设施和技术的发展为前提，更适于解决电动汽车规模迅速扩大带来的问题。此外，随着电动汽车的不断普及，充电需求也呈现出更大的灵活性和多样性。在电动汽车充电调度过程中，既要考虑充电需求特异性，又要实现负荷峰谷差和总充电成本的降低。通过有序充电调度，可以进一步提升电网对电动汽车充电负荷的承载能力，促进电力系统更加安全、稳定、高效运行。

# 3.1 电动汽车有序充电调度场景描述

本节分析电动汽车有序充电调度的具体场景，并对该场景下电动汽车有序充电调度的实现过程进行进一步分析，梳理该调度过程的求解流程。首先，界定本章研究的场景，并分析场景中的主要参与主体。其次，进一步具象化场景中各参与主体的行为以及调度信息生成过程、执行过程。最后，聚焦于关键指标的计算过程，分析无序充电模型和有序充电模型中总负荷峰谷差、总充电费用的计算流程。

## 3.1.1 有序充电调度场景界定

电动汽车车辆规模正不断扩大，对于电网而言，电动汽车无序充电的电能负荷是一种不可控的负荷形式，可能会加剧电网的负荷波动、抬升负荷峰值，给电网的稳定安全运行带来隐患[38]。如果不对电动汽车的充电过程加以调控，电网为了满足更高的负荷峰值可能需要进一步扩容，从而需要重新优化电网配置、扩大电网投资等。对此，为了尽可能在不需要电网扩容的条件下提升电网对于电动汽车充电负荷的承载能力，需要有序调控电动汽车充电过程[39]。

影响电网对电动汽车充电负荷承载能力的因素主要是负荷在时间范围上的分布[40, 41]。其他条件不变的情况下，出现在电网常规负荷波峰时段的充电负荷会加剧负荷波动和负荷峰值，而出现在常规负荷波谷时段的充电负荷则会平抑负荷波动、提升电网的稳定性。因此，提出的电动汽车有序充电调度方法是对电动汽车充电负荷在时间维度上的调控。

考虑电动汽车有序充电调度场景，确定在一个较小范围的地理区域内，该区域内的电力负荷包括电动汽车充电负荷和常规电力负荷两种。其中，常规电力负荷包括居民用电、商业用电、公共照明设施用电等。规定这些负荷的优先级高于电动汽车充电负荷，所以调度过程中将常规电力负荷视为电网中的常值、不会被调度。值得注意的是，本章考虑的地理区域可以是任一个社区、办公区域、小型商圈等，并且假定该区域可以容纳几十辆至几百辆电动汽车同时接入。使用的常规电力负荷数据是根据一个普遍的区域内的负荷规律生成的，没有对不同类型区域的常规负荷数据分别进行模拟。

为了更好地研究电动汽车充电负荷调度的有效性，假设区域内的充电设施充足，所有电动汽车充电计划不会受到外部因素的影响。电动汽车的接入时间、实际断离充电桩的时间、需求电量等有可能会影响其他电动汽车的充电计划，因此假设所有电动汽车都会履约其提交的充电需求计划，即接入充电桩时间、断离充电桩时间及充电需求均不会变化。此外，诸如电网网络故障、充电设备故障等异常事件的发生，可能会导致部分车辆的充电需求无法被满足，还会影响其他电动汽车的充电优化调度。因此，假定电网运行状态良好、充电设备运行良好，充电过程不会受到其他外部因素的影响。而且，交通电气化的发展，不仅体现在电动汽车数量和占比上，还体现在车辆类型的电气化上。当前，私家车、公交车、出租车、共享汽车等车辆类型均推出了电动版本，且电动版本的市场占有率显著提升。公交车、出租车、共享汽车等的停驶、充电等各有明显特征，对于这些类型的电动汽车的充电优化调度值得单独分析和讨论，本章仅考虑私家车这一电动汽车类型的有序充电调度。

假定电动汽车车主对于充电经济成本敏感，而分时电价场景下，有序充电调度方法可以在一定程度上降低充电费用。因此，车主均愿意参与有序充电调度，在不影响出行的情况下，由调度系统控制调度电动汽车的充电过程。为了更好地满足电动汽车的充电需求，设计了有不同充电功率和计费方式的快速充电和慢速充电两种充电模式。实际充电过程中，随着电池 SOC 水平的变动，电池电量的抬升速度是非线性的。为更好地聚焦于调度策略的优化效果，忽略不同 SOC 水平对充电速度的影响，假设电池电量的抬升速度是线性的。

为说明有序充电调度方法的有效性，分别对无序充电模型和有序充电模型进行分析，其中，无序充电模型中电动汽车的充电过程不受任何因素干扰，有序充电模型中电动汽车的充电过程会受到调度中心的统一调度。在无序充电模型中，电动汽车充电负荷从其接入充电桩开始一直持续至充至预期的电量或预期的离开时间[42]为止。这个过程中可能经历了电网常规负荷的峰值期、谷值期，对电网总负荷的影响是不可控的。在有序充电模型中，通过有序充电调度，可以将原本连续的充电负荷拆分为几个阶段，并将其分配在对电网影响较小的时段内。

提出的电动汽车有序充电调度方法是集中式调度方法。实际运行过程中，电动汽车将充电需求信息上传至聚合商平台，由聚合商将收集到的充电需求信息传输给调度中心。此后，调度中心分别在无序充电模型和有序充电模型中发挥不同作用。

无序充电模型中，调度中心接收到充电需求信息后，并不干扰电动汽车的充电过程，仅作为计算中心运行。由调度中心计算每辆电动汽车的充电费用、各个时间区间内的总负荷、全时段总负荷峰谷差等关键数据，并将各电动汽车的充电费用信息反馈给聚合商。聚合商根据电动汽车的信息将其充电费用下发给对应充电桩。此后，充电桩为电动汽车充电至预期的电量时自动结束充电。至此，电动汽车的充电过程结束。

有序充电模型中，调度中心需要制定电动汽车的充电策略并计算相关数据。调度中心结合预测的未来 24 h 内的常规负荷、分时电价，接收电动汽车提交的充电需求信息，确定每一辆电动汽车的充电调度方案，并将该方案反馈给聚合商。聚合商将对应的充电方案反馈给充电桩，并由充电桩按照确定的充电方案为电动汽车充电。若电动汽车的接入时长允许电动汽车在慢速充电模式下满足充电需求，则进行慢速充电，并基于常规负荷、分时电价信息调度充电过程，使得区域内的总负荷分布尽可能平滑均匀、总充电费用尽可能低。因此，原本连续的充电过程可能被拆分成多个小的充电阶段，每一个小的充电阶段中保持相同的充电功率。当电动汽车获得充足的电量或到达预期的充电时间时，充电过程结束。若电动汽车的接入时长不允许其在慢速充电模式下获得充足的电量，则该电动汽车将被以快速充电模式充电，并且其充电过程不会被干扰。因此，快速充电模式下电动汽车的充电过程为一个连续的过程，该过程中充电功率保持不变。当电动汽车获得充足的电量或到达预期的充电时间时，充电过程结束。

### 3.1.2　有序充电调度场景分析

为提出电动汽车有序充电调度方法，需要对电动汽车充电过程中的主要参与主体及其行为进行梳理，总结调度过程所需的信息流及控制流传递过程。3.1.1 节界定了研究场景，明确调度过程中的参与主体主要有电动汽车车主、充电桩、聚合商以及调度中心。调度过程中四者的行为及相关信息流、控制流如图 3.1 所示。

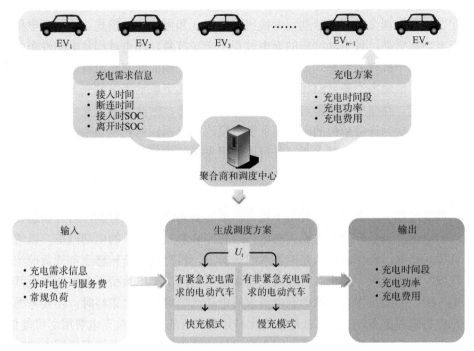

图 3.1  电动汽车有序充电调度过程

图中 $EV_1, EV_2, EV_3, \cdots, EV_{n-1}, EV_n$ 表示不同的电动汽车，$U_i$ 表示电动汽车充电需求的紧急度指标

电动汽车车主需要上传充电需求信息，包括接入充电桩的时间 $t_i^c$、预期断离充电桩的时间 $t_i^d$，接入充电桩时的 SOC 表示为 $SOC_i^c$ 以及期望达到的 SOC 表示为 $SOC_i^d$。聚合商收集充电需求信息并上传至调度中心，调度中心存有分时电价以及预测的电网常规负荷分布数据。

无序充电模型中，调度中心仅发挥计算中心的作用。调度中心基于收集到的充电需求信息和分时电价、常规负荷分布，计算每辆电动汽车的充电费用，并将该费用反馈给聚合商，并进一步反馈给车主。此外，调度中心还将输出各个时间区间上的总负荷值、全时段总负荷峰谷差。

有序充电模型中，调度中心需要确定电动汽车充电的优化调度策略及充电费用。基于收集到的充电需求信息和分时电价、常规负荷分布，调度中心以降低电网总负荷波动和降低总充电费用为目标，确定每辆电动汽车的充电方案。同时，充电费用、各个时间区间内的总负荷分布、全时段总负荷峰谷差同样由调度中心计算并输出。

考虑到充电需求的特异性，电动汽车接入充电桩的时间长短不一、需求电量也有所不同。因此，调度过程中可能出现由于时间限制，电动汽车无法在现有功率条件下充到预期的电量。对此，有序充电模型中提供了高、低两种充电功率，并配以不同的调度策略，分别记为快速充电模式和慢速充电模式。快速充电模式的充电功率更高，且电动汽车的充电过程不会被打断，充电过程从电动汽车的接入时间开始一直持续到充到足够的电量或者达到预期的断离充电桩的时间。充电过程中，充电功率不变。但相应地，由于这种模式下电动汽车的充电负荷更高且不会被调度，存在更高的影响电网安全运行的隐患，因此其单位充电电费更高且会被征收以次为计费单位的固定服务费。慢速充电模式的充电功率较低，且电动汽车的充电过程可能会被中断，是可以被用来平抑电网总负荷波动、降低总费用的调度对象，其单位充电电费较低，且不会被征收服务费，充电费用仅包括充电电费这一项。

　　调度过程中，调度中心会基于用户需求的紧急程度进行分类，对有紧急充电需求的电动汽车以快速充电模式充电；对有非紧急充电需求的电动汽车，以慢速充电模式充电，会在满足其充电需求的前提下，将充电负荷转移至常规负荷波谷时段或低电价时段。由于有紧急充电需求的电动汽车充电负荷不会被转移至其他充电区间，因此在为有非紧急充电需求的电动汽车确定充电策略时，还要考虑紧急充电需求的分布，以确保总充电负荷的分布尽可能均匀、总充电费用尽可能低。

　　调度中心生成的充电策略，实为充电桩的控制策略。一个调度周期内的时间被划分为若干个小的调度区间，每一个调度区间的时长一致。充电策略即是每辆电动汽车在各个调度区间内是否充电、充电功率大小的决策结果，传输到充电桩处即为充电桩在各个调度区间内是否通电、通电功率大小的决策结果。

### 3.1.3　有序充电调度场景关键指标计算

　　提出的电动汽车有序充电调度以平抑电网总负荷波动性和降低总充电费用为目标。其中，总负荷波动性以总负荷的峰谷差值表示，总费用为所有电动汽车充电的总费用。选取总负荷峰谷差和总充电费用两个关键指标，通过对比相同条件下无序充电模型和有序充电模型中这两个指标的结果值，验证所提有序充电调度方法的有效性。

　　总负荷峰谷差值是电网常规负荷叠加了电动汽车充电负荷后，总负荷的峰值与谷值之差。总负荷峰谷差越大时，电网负荷的分布越不均匀，不利于电网的平稳运行。总费用代表的是车主的经济利益，总费用越高，车主的充电成本越高，一方面这是对其经济利益的损害，另一方面也会打击车主继续参与有序充电调度的积极性，不利于维持良好的生态。

　　通过对电动汽车有序充电场景的界定和抽象化，3.1.1 节和 3.1.2 节两节明确了各个参与主体在有序充电调度过程中的行为和相关信息流、控制流的流动过程。鉴于调度中心在无序充电模型和有序充电模型中发挥的作用不同，分别对调度中心在两种模型中计算总负荷峰谷差和总充电费用两个关键指标的流程进行梳理。

在无序充电模型中，电动汽车从接入充电桩起开始充电，直到满足达到预期的充电量才会离开，充电过程连续不间断。在无序充电模型中，电动汽车的充电功率为 $p^u$；充电费用仅包括充电电费，采用分时电价并以 $\alpha_j^{\text{charge}}$ 表示。电动汽车提交充电需求信息后，调度中心即可计算其充电费用；当未来 24 h 内全部充电需求已知后，即可计算得出各个时段内的总充电负荷、全时段总负荷峰谷差。此时的调度中心只起到计算作用，并不对电动汽车的充电过程进行调度。无序充电模型中总负荷峰谷差和总充电费用的计算流程如图 3.2 所示。调度中心将调度周期均分为若干个小的时间区间。将电动汽车从接入充电桩到断离充电桩之间的时间分别归入既定的时间区间内。依据 $\text{SOC}_i^c$ 和 $\text{SOC}_i^d$ 计算电动汽车的需求电量，并据此计算需要充电的时间区间。将各个时间区间内的充电需求累加，即可得到总充电负荷，进一步与常规负荷累加得到总负荷在各个时间区间上的分布情况。取全时段总负荷的峰值和谷值做差，计算得到总负荷峰谷差。计算各个时间区间内的

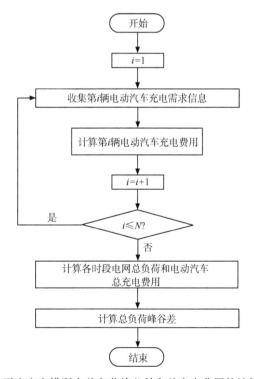

图 3.2  无序充电模型中总负荷峰谷差和总充电费用的计算流程图

充电费用并累加，最终得到该电动汽车的充电费用。将全部电动汽车的充电费用累加即可得总充电费用。

在有序充电模型中，充电过程可能是连续的也可能是离散的，其充电方案由控制中心决定。通过计算每辆电动汽车充电需求的紧急度指标 $U_i$，调度中心将电动汽车的充电需求归类为紧急的充电需求和非紧急的充电需求。具有紧急充电需求的电动汽车将被以快速充电方式充电，其他电动汽车将以慢速充电方式充电。快速充电方式和慢速充电方式具有不同的充电功率，计费规则也不同。电动汽车在快速充电方式下，充电过程不会被调度，该过程会是连续的，慢速充电方式下的电动汽车充电过程将会被控制中心调度，其充电过程可能会被打散成多个区间。快速充电方式下充电功率 $p^{\text{fast}}$ 高于慢速充电方式下的充电功率 $p^{\text{slow}}$；快速充电方式下车主需要付给充电站充电电费以及快速充电服务费 $\alpha^{\text{fast}}$，而慢速充电方式下的车主仅需付给充电站充电电费。

全部电动汽车提交充电需求信息后，调度中心将生成每辆电动汽车的充电策略，并计算总负荷峰谷差和总充电费用两个关键指标，计算流程如图 3.3 所示。调度中心将调度周期均分为若干个小的时间区间，将电动汽车从接入充电桩到断离充电桩之间的时间分别归入既定的时间区间内。依据接入充电桩时的 SOC 和期望达到的 SOC 计算电动汽车的需求电量，结合常规负荷分布和分时电价分布，优化电动汽车充电过程，在能够满足充电需求的前提下，将充电负荷转移至当前的总负荷低谷区、低电价区。所有具有非紧急充电需求的电动汽车具有相同的充电优先级，调度中心生成充电策略时不会对部分车辆进行优先考虑。当生成电动汽车充电策略后，各个时间区间内的充电负荷已知，叠加即可得到总充电负荷，与常规负荷叠加后得到总负荷的分布。取全时段总负荷的峰值和谷值做差，计算得到总负荷峰谷差。同时，各个时间区间内的充电负荷与负荷类型已知，累加即可得到各个时间区间内的总充电费用，与紧急充电需求的电动汽车需要缴纳的服务费相加即可得到总充电费用。

电动汽车提交充电需求信息后，调度中心即可计算该电动汽车的充电需求紧急度指标 $U_i$，并确定该电动汽车将以快速充电方式或慢速充电方式充电。收集全部电动汽车的充电需求后，基于常规负荷、分时电价等信息生成各电动汽车的充电调度策略，按照各时间区间聚合充电负荷并计算出总负荷值，进一步计算出总负荷峰谷差；基于分时电价、各时间段内的充电负荷以及电动汽车的充电方式，计算每辆电动汽车的充电费用。有序充电模型中总负荷峰谷差和总充电费用的计算流程如图 3.3 所示。

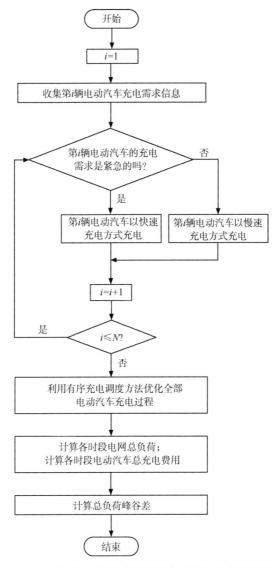

图 3.3　有序充电模型中总负荷峰谷差和总充电费用的计算流程图

## 3.2　电动汽车有序充电调度问题建模

本节介绍了电动汽车有序充电调度方法，旨在提高电网的稳定性、降低充电费用。该模型考虑了电动汽车充电需求的紧急程度，并基于紧急程度确定电动汽车的充电模式及调度方案。首先确定调度场景中部分关键变量的表达方式和计算方式，其次明确电动汽车有序充电调度的调度目标，再次分析该模型的约束条件，最后基于相关研究确定电动汽车充电规律模型。

### 3.2.1　建模准备

建立优化调度模型前，先进行模型准备，确定调度场景中部分关键变量的表达方式和计算方式。分别对时间区间、充电状态变量、紧急性指标等进行定义，为进一步建立优化模型做准备。

为了简化有序充电调度策略的表示方式，将电动汽车的充电时间进行离散化，以每 $\Delta t$ 为一个调度区间，并规定同一 $\Delta t$ 内电动汽车的充电状态保持不变。现实情况中，电动汽车充电时长一般不会超过 24 h，因此，仅考虑 24 h 内的电动汽车充电优化调度。取单位调度区间 $\Delta t$ 为 15 min，由此整个时间范围被划分为 96 个区间。第 $i$ 辆电动汽车接入充电桩的时间所在的时间区间和断离充电桩的时间所在的时间区间，可由式（3.1）和式（3.2）计算。

$$\Gamma_i^c = \left\lceil \frac{t_i^c}{\Delta t} \right\rceil, \quad i = 1, 2, 3, \cdots, N \tag{3.1}$$

$$\Gamma_i^d = \left\lceil \frac{t_i^d}{\Delta t} \right\rceil, \quad i = 1, 2, 3, \cdots, N \tag{3.2}$$

其中，$\Gamma_i^c$ 为第 $i$ 辆电动汽车的接入时间所在的时间区间；$\Gamma_i^d$ 为第 $i$ 辆电动汽车的离开时间所在的时间区间；电动汽车接入充电桩的实际时间、断离充电桩的实际时间分别由 $t_i^c$ 和 $t_i^d$ 表示；$\left\lceil \frac{t_i^c}{\Delta t} \right\rceil$ 为大于 $\frac{t_i^c}{\Delta t}$ 的最小整数；$\left\lceil \frac{t_i^d}{\Delta t} \right\rceil$ 为大于 $\frac{t_i^d}{\Delta t}$ 的最小整数；$N$ 为参与优化调度的电动汽车总数。

电动汽车的有序充电调度通过控制每辆电动汽车在每个时间区间内是否被充电实现。以二元变量 $x_{i,j}$ 表示第 $i$ 辆电动汽车在第 $j$ 个时间区间内是否被充电，变量取值及其含义如式（3.3）所示。

$$x_{i,j} = \begin{cases} 1, & \text{充电状态} \\ 0, & \text{非充电状态} \end{cases} \tag{3.3}$$

紧急性指标 $U_i$ 用来表示电动汽车充电需求的紧急程度。若第 $i$ 辆电动汽车在接入时间段内以慢速充电模式充电的情况下，可以在预期的断离充电桩时间前达到 $\text{SOC}_i^d$，则其充电需求为非紧急充电需求；否则，为紧急充电需求。紧急性指标 $U_i$ 可由式（3.4）计算。二元变量 $\text{Ef}_i$ 用于表示第 $i$ 辆电动汽车的充电需求是否为紧急充电需求。若第 $i$ 辆电动汽车的充电需求为紧急充电需求，其将以快速充电模式充电，充电功率以 $p^{\text{fast}}$ 表示；否则将以慢速充电模式充电，充电功率以 $p^{\text{slow}}$ 表示，如式（3.6）、式（3.7）所示。

$$U_i = (\Gamma_i^d - \Gamma_i^c) \cdot p^{\text{slow}} \cdot \Delta t \cdot \eta - \left(\text{SOC}_i^d - \text{SOC}_i^c\right) \cdot \text{Cap}_{\text{battery}} \quad (3.4)$$

$$U_i = \begin{cases} < 0, & \text{紧急充电需求} \\ \geqslant 0, & \text{非紧急充电需求} \end{cases} \quad (3.5)$$

$$\text{Ef}_i = \begin{cases} 1, & U_i < 0 \\ 0, & U_i \geqslant 0 \end{cases} \quad (3.6)$$

$$P_i = \begin{cases} p^{\text{fast}}, & \text{Ef}_i = 1 \\ p^{\text{slow}}, & \text{Ef}_i = 0 \end{cases} \quad (3.7)$$

其中，$\eta$ 为充电效率系数；$\Delta t$ 为一个时间区间的长度；$\text{Cap}_{\text{battery}}$ 为电动汽车的电池容量；$P_i$ 为第 $i$ 辆电动汽车的充电功率。假设所有电动汽车的电池容量相同，而每辆电动汽车的 $\text{SOC}_i^c$、$\text{SOC}_i^d$ 均是基于概率分布生成的，因此可以保证所有电动汽车的充电需求不完全相同。

由于快速充电模式的充电功率更高且充电过程不会被打断，因此以快速充电模式充电的电动汽车的充电结束时间可能早于预期的离开时间 $\Gamma_i^d$，而以慢速充电方式充电的电动汽车，充电过程可能被拆分为多个阶段，只能保证其实际的充电结束时间一定不晚于其预期的断离充电桩的时间。由此，电动汽车实际结束充电的时间范围可以进一步收窄为 $\Gamma_i^{\text{end}}$，如式（3.8）所示：

$$\Gamma_i^{\text{end}} = \begin{cases} \min\left(\Gamma_i^c + \left\lfloor \dfrac{\left(\text{SOC}_i^d - \text{SOC}_i^c\right) \cdot \text{Cap}_{\text{battery}}}{p^{\text{fast}} \cdot \Delta t \cdot \eta} \right\rfloor, \Gamma_i^d\right), & \text{Ef}_i = 1 \\ \Gamma_i^d, & \text{Ef}_i = 0 \end{cases} \quad (3.8)$$

### 3.2.2 调度目标

在这里同时考虑了电网和车主双方的利益，以提高电网稳定性、降低充电费用为目标。电网稳定性体现在电网总负荷在时间维度分布的均匀程度上，取总负荷峰谷差作为衡量电网稳定性的评价指标。总负荷峰谷差是全时段电网总负荷峰值与谷值的差值，差值越小，意味着电网负荷波动越小，电网越稳定。总充电费用为参与调度的所有电动汽车的充电费用之和，包括充电的电费和服务费两个部分。在建立数学模型时，将总负荷峰谷差和总充电费用的归一化系数之和作为优化调度问题的目标函数。

考虑将时间段等分为多个时间区间，在第 $j$ 个时间区间内，电网的总负荷 $P_j$ 可表示如下：

$$P_j = P_j^{\text{con}} + \sum_{i=1}^{N} x_{i,j} \cdot p_i \tag{3.9}$$

其中，$P_j^{\text{con}}$ 为第 $j$ 个时间区间内电网的常规负荷，是指电网中原本存在的负荷的加总，包括诸如居民用电、商业用电、公共照明设施用电等，在此不作细分，只以加总值表示；$x_{i,j}$ 为第 $i$ 辆电动汽车在第 $j$ 个时间区间是否充电的决策变量，其取值由调度结果决定；$p_i$ 为第 $i$ 辆电动汽车的充电功率，其取值由电动汽车的充电方式决定。

总负荷的峰值 $P^{\text{max}}$ 和谷值 $P^{\text{min}}$ 可以由式（3.10）和式（3.11）计算：

$$P^{\text{max}} = \max\left(P_1, P_2, \cdots, P_j, \cdots, P_{95}, P_{96}\right) \tag{3.10}$$

$$P^{\text{min}} = \min\left(P_1, P_2, \cdots, P_j, \cdots, P_{95}, P_{96}\right) \tag{3.11}$$

负荷峰谷差是电网峰值负荷值与谷负荷值的差值，因此，负荷峰谷差 $\delta_P$ 可以用式（3.12）计算：

$$\delta_P = P^{\text{max}} - P^{\text{min}} \tag{3.12}$$

总负荷峰谷差的归一化系数 $\sigma_1$ 可以由式（3.13）计算：

$$\sigma_1 = \frac{\delta_P - \delta_P^{\text{min}}}{\delta_P^{\text{max}} - \delta_P^{\text{min}}} \tag{3.13}$$

其中，$\delta_P^{\text{max}}$、$\delta_P^{\text{min}}$ 分别为负荷峰谷差的最大值和最小值，是分别在以负荷峰谷差最大为目标和以负荷峰谷差最小为目标求得的最优值。

总充电费用 $C_{\text{total}}$ 是所有电动汽车的充电费用之和，包括充电电费和快速充电模式的服务费。因此，总充电费用可以由式（3.14）计算：

$$C_{\text{total}} = \sum_{i=1}^{N} \left[ \left( \sum_{j=\Gamma_i^c}^{\Gamma_i^{\text{end}}} x_{i,j} \cdot \alpha_j^{\text{charge}} \right) \cdot \Delta t \cdot p_i + \text{Ef}_i \cdot \alpha^{\text{fast}} \right] \tag{3.14}$$

其中，$\alpha_j^{\text{charge}}$ 为单位充电电费；$\text{Ef}_i$ 为第 $i$ 辆电动汽车是否为紧急充电需求的 0-1

变量；$\alpha^{fast}$ 为快速充电方式的服务费。

因此，总充电费用的归一化系数 $\sigma_2$ 可以由式（3.15）计算：

$$\sigma_2 = \frac{C_{total} - C_{total}^{min}}{C_{total}^{max} - C_{total}^{min}} \tag{3.15}$$

其中，$C_{total}^{max}$、$C_{total}^{min}$ 分别为总充电费用的最大值和最小值，分别是以总充电费用最大为目标和以总充电费用最小为目标求得的最优值。

该模型的目标函数定义为总负荷峰谷差的归一化系数 $\sigma_1$ 与总充电费用的归一化系数 $\sigma_2$ 之和，$\varphi$ 为目标函数的归一化系数。

$$\min \varphi = \sigma_1 + \sigma_2 \tag{3.16}$$

### 3.2.3　约束条件

在对电动汽车充电过程进行优化调度的同时，应当满足一定的约束条件。保证引入有序充电调度方法后，不会对电网和电动汽车造成损害。电动汽车充电过程应当满足电网总负荷约束、充电状态约束和最终电池电量约束三个方面的约束。

#### 1. 电网总负荷约束

电力负荷峰值是影响电网投资成本最重要的因素[43]。为确保电网安全运行且不要求电网扩容建设，需要确保总负荷峰值不能过高。现实情况中，无序充电情况是现实存在的，且可以将其视作最差的情况，所以保证应用有序充电调度方法后的总负荷峰值至少低于无序充电情况下的总负荷峰值即可，约束如式（3.17）所示。

$$P_j \leqslant P^{u\,max} \tag{3.17}$$

其中，$P^{u\,max}$ 为无序充电情况下的总负荷峰值。

#### 2. 充电状态约束

有序充电调度方法根据电动汽车充电需求的紧急程度，将电动汽车分为有紧急充电需求的电动汽车和有非紧急充电需求的电动汽车。两类电动汽车将被以不同充电方式充电，因此这两类电动汽车的充电状态分别满足不同的约束。

有紧急充电需求的电动汽车，将被以快速充电方式充电，其充电过程从接入充电桩开始到充电结束，保持连续状态。因此，这类电动汽车在接入充电桩时间内的充电状态可以表示如下：

$$x_{i,j} = \begin{cases} 1, & \Gamma_i^c \leqslant j \leqslant \Gamma_i^{\text{end}} \\ 0, & \text{其他} \end{cases} \tag{3.18}$$

有非紧急充电需求的电动汽车，将被以慢速充电方式充电，其充电过程从接入充电桩开始到充电结束，其间可能被划分为多个小段，每一个小段内保持连续状态，各个时间区间内是否充电由调度中心确定。因此，这类电动汽车在未接入充电桩时间内的充电状态可以表示如下：

$$x_{i,j} = 0, \quad j < \Gamma_i^c \text{或} \; j > \Gamma_i^d \tag{3.19}$$

### 3. 最终电池电量约束

有序充电调度方法应当尽可能满足电动汽车的充电需求，但当电动汽车接入充电桩时间过短、需求电量较高时可能会出现无法满足充电需求的情况。因此，电动汽车结束充电过程时的实际 SOC 值满足以下约束。

有紧急充电需求的电动车可能会由于接入时间较短而无法获得足够的电量，因此其离开时的 $\text{SOC}_i^{\text{end}}$ 可能小于 $\text{SOC}_i^d$。真实的 $\text{SOC}_i^{\text{end}}$ 可以式（3.20）计算：

$$\text{SOC}_i^{\text{end}} = \min\left( \text{SOC}_i^c + \frac{\left( \Gamma_i^{\text{end}} - \Gamma_i^c \right) \cdot p^{\text{fast}} \cdot \Delta t \cdot \eta}{\text{Cap}_{\text{battery}}}, \text{SOC}_i^d \right) \tag{3.20}$$

其中，$\text{SOC}_i^{\text{end}}$ 取值应当满足：

$$0 \leqslant \text{SOC}_i^{\text{end}} \leqslant 1 \tag{3.21}$$

有非紧急充电需求的电动汽车将被以慢速充电方式充电，根据充电策略，其充电过程可能被切分为几个阶段，每个阶段的充电状态保持不变。将时间划分为以 $\Delta t$ 为最小调度单位的区间段，且每个区间内充电状态不变。因此，调度策略下的 $\text{SOC}_i^{\text{end}}$ 可能不等于 $\text{SOC}_i^d$。$\text{SOC}_i^{\text{end}}$ 可以由式（3.22）计算：

$$\text{SOC}_i^{\text{end}} = \text{SOC}_i^c + \frac{\left( \sum_{j=\Gamma_i^c}^{\Gamma_i^{\text{end}}} x_{i,j} \right) \cdot p^{\text{slow}} \cdot \Delta t \cdot \eta}{\text{Cap}_{\text{battery}}} \tag{3.22}$$

基于充电需求紧急性指标 $U_i$ 的定义，有非紧急充电需求的电动汽车可以在慢速充电方式下获得预期的电量，因此 $\text{SOC}_i^{\text{end}}$ 一定不低于 $\text{SOC}_i^d$，即满足如下约束：

$$\text{SOC}_i^d \leqslant \text{SOC}_i^{\text{end}} \leqslant 1 \tag{3.23}$$

### 3.2.4　充电规律

进行仿真实验前，需要先分析电动汽车车主的充电规律。电动汽车车主的充电行为决定了电动汽车接入充电桩的时间，由于常规负荷的分布在时间维度上并不均衡，存在明显的高峰期和低谷期。电动汽车接入充电桩的时间、时长可能影响充电优化调度方法的效果，因此分析电动汽车车主充电行为是确定优化调度方法的前提。许多研究表明，电动汽车车主的充电行为在时间上呈现明显的规律[44-46]。由于电动汽车充电过程耗时较长，因此下班回家之后充电或是上班时在办公场所附近充电可能是多数人的选择[47]。基于电动汽车车主充电时间的分布特点，电动汽车的充电规律可总结为家庭充电模式和公共充电模式[48]。

家庭充电模式中，电动汽车主要在社区停车场、社区充电站、私人充电桩等家庭周边环境下充电。对于家庭充电模式下的电动汽车，电动汽车车主在要回家时将电动汽车连接到充电桩，并在第二天早上上班时断离充电桩。此时，电动汽车接入充电桩的时间一般较长，且跨越夜间时期。因此，家庭充电模式下的电动汽车接入时间 $t^{\mathrm{hc}}$ 和出发时间 $t^{\mathrm{hd}}$ 遵循的分布规律如式（3.24）、式（3.25）所示[49]。

$$f\left(t^{\mathrm{hc}}\right)=\begin{cases}\dfrac{1}{\sqrt{2\pi}\sigma_{t^{\mathrm{hc}}}}\exp\left(-\dfrac{\left(t^{\mathrm{hc}}+24-\mu_{t^{\mathrm{hc}}}\right)^2}{2\sigma_{t^{\mathrm{hc}}}^2}\right), & 0<t^{\mathrm{hc}}\leqslant\mu_{t^{\mathrm{hc}}}-12\\[3mm]\dfrac{1}{\sqrt{2\pi}\sigma_{t^{\mathrm{hc}}}}\exp\left(-\dfrac{\left(t^{\mathrm{hc}}-\mu_{t^{\mathrm{hc}}}\right)^2}{2\sigma_{t^{\mathrm{hc}}}^2}\right), & \mu_{t^{\mathrm{hc}}}-12<t^{\mathrm{hc}}\leqslant24\end{cases} \tag{3.24}$$

$$f\left(t^{\mathrm{hd}}\right)=\begin{cases}\dfrac{1}{\sqrt{2\pi}\sigma_{t^{\mathrm{hd}}}}\exp\left(-\dfrac{\left(t^{\mathrm{hd}}-\mu_{t^{\mathrm{hd}}}\right)^2}{2\sigma_{t^{\mathrm{hd}}}^2}\right), & 0<t^{\mathrm{hd}}\leqslant\mu_{t^{\mathrm{hd}}}+12\\[3mm]\dfrac{1}{\sqrt{2\pi}\sigma_{t^{\mathrm{hd}}}}\exp\left(-\dfrac{\left(t^{\mathrm{hd}}-24-\mu_{t^{\mathrm{hd}}}\right)^2}{2\sigma_{t^{\mathrm{hd}}}^2}\right), & \mu_{t^{\mathrm{hd}}}+12<t^{\mathrm{hd}}\leqslant24\end{cases} \tag{3.25}$$

其中，家庭充电模式下的电动汽车接入时间 $t^{\mathrm{hc}}$ 的概率密度函数的均值和方差分别为 $\mu_{t^{\mathrm{hc}}}$、$\sigma_{t^{\mathrm{hc}}}$；出发时间 $t^{\mathrm{hd}}$ 的概率密度函数的均值和方差分别为 $\mu_{t^{\mathrm{hd}}}$、$\sigma_{t^{\mathrm{hd}}}$。参考文献[49]，设置 $\mu_{t^{\mathrm{hc}}}=18$，$\sigma_{t^{\mathrm{hc}}}=3.3$，$\mu_{t^{\mathrm{hd}}}=8$，$\sigma_{t^{\mathrm{hd}}}=3.24$。根据电动汽车接入

充电桩和断离充电桩的时间分布，生成家庭充电模式中 100 辆、200 辆、300 辆和
500 辆电动汽车的仿真数据，如图 3.4 所示。其中，图 3.4（a）、图 3.4（c）、图
3.4（e）、图 3.4（g）表示电动汽车接入充电桩时间的仿真结果，图 3.4（b）、图
3.4（d）、图 3.4（f）、图 3.4（h）表示电动汽车断离充电桩时间的仿真结果。

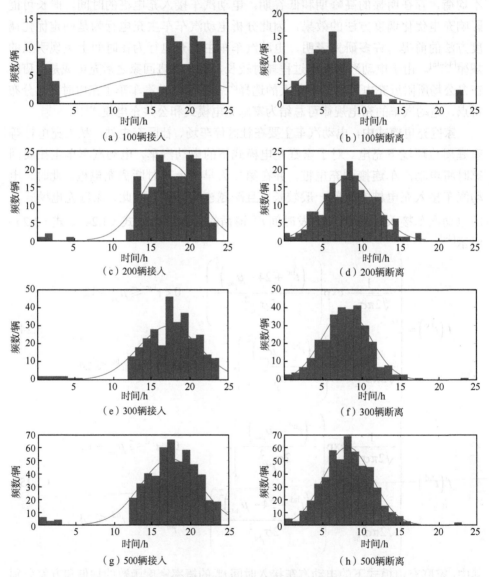

图 3.4　家庭充电模式中电动汽车充电规律仿真结果

图中条块表示对应时间的频数，曲线表示频数拟合的曲线

在公共充电模式下，电动汽车车主在到达工作场所时将电动汽车连接到充电

桩，并在下班时断离充电桩。因此，公共充电模式下的电动汽车接入时间 $t^{\mathrm{pc}}$ 和出发时间 $t^{\mathrm{pd}}$ 遵循的分布规律如式（3.26）、式（3.27）所示[49]。

$$
f\left(t^{\mathrm{pc}}\right)=
\begin{cases}
\dfrac{1}{\sqrt{2\pi}\sigma_{t^{\mathrm{pc}}}}\exp\left(-\dfrac{\left(t^{\mathrm{pc}}-\mu_{t^{\mathrm{pc}}}\right)^2}{2\sigma_{t^{\mathrm{pc}}}^{~2}}\right), & 0<t^{\mathrm{pc}}\leqslant\mu_{t^{\mathrm{pc}}}+12 \\[4ex]
\dfrac{1}{\sqrt{2\pi}\sigma_{t^{\mathrm{pc}}}}\exp\left(-\dfrac{\left(t^{\mathrm{pc}}-24-\mu_{t^{\mathrm{pc}}}\right)^2}{2\sigma_{t^{\mathrm{pc}}}^{~2}}\right), & \mu_{t^{\mathrm{pc}}}+12<t^{\mathrm{pc}}\leqslant 24
\end{cases}
\tag{3.26}
$$

$$
f\left(t^{\mathrm{pd}}\right)=
\begin{cases}
\dfrac{1}{\sqrt{2\pi}\sigma_{t^{\mathrm{pd}}}}\exp\left(-\dfrac{\left(t^{\mathrm{pd}}+24-\mu_{t^{\mathrm{pd}}}\right)^2}{2\sigma_{t^{\mathrm{pd}}}^{~2}}\right), & 0<t^{\mathrm{pd}}\leqslant\mu_{t^{\mathrm{pd}}}-12 \\[4ex]
\dfrac{1}{\sqrt{2\pi}\sigma_{t^{\mathrm{pd}}}}\exp\left(-\dfrac{\left(t^{\mathrm{pd}}-\mu_{t^{\mathrm{pd}}}\right)^2}{2\sigma_{t^{\mathrm{pd}}}^{~2}}\right), & \mu_{t^{\mathrm{pd}}}-12<t^{\mathrm{pd}}\leqslant 24
\end{cases}
\tag{3.27}
$$

其中，公共模式下的电动汽车接入时间 $t^{\mathrm{pc}}$ 的概率密度函数的均值和方差分别为 $\mu_{t^{\mathrm{pc}}}$、$\sigma_{t^{\mathrm{pc}}}$；出发时间 $t^{\mathrm{pd}}$ 的概率密度函数的均值和方差分别为 $\mu_{t^{\mathrm{pd}}}$、$\sigma_{t^{\mathrm{pd}}}$。参考文献[49]，设置 $\mu_{t^{\mathrm{pc}}}=8.5$，$\sigma_{t^{\mathrm{pc}}}=3.3$，$\mu_{t^{\mathrm{pd}}}=17.5$，$\sigma_{t^{\mathrm{pd}}}=3.24$。根据电动汽车接入充电桩和断离充电桩的时间分布，生成公共充电模式中 100 辆、200 辆、300 辆、500 辆电动汽车的仿真数据，如图 3.5 所示。其中，图 3.5（a）、图 3.5（c）、图 3.5（e）、图 3.5（g）表示电动汽车接入充电桩时间的仿真结果，图 3.5（b）、图 3.5（d）、图 3.5（f）、图 3.5（h）表示电动汽车断离充电桩时间的仿真结果。

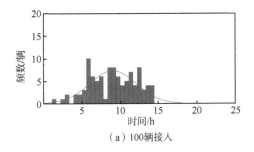

（a）100 辆接入

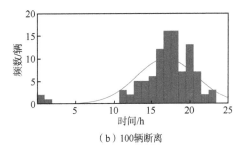

（b）100 辆断离

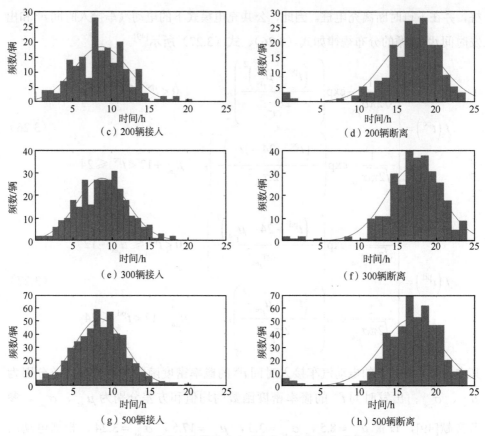

图 3.5　公共充电模式中电动汽车充电规律仿真结果

图中条块表示对应时间的频数，曲线表示频数拟合的曲线

## 3.3　实验结果分析与讨论

为验证电动汽车有序充电调度模型的有效性，基于蒙特卡罗模拟方法进行算例分析。首先确定了模型中部分关键参数的取值、生成常规数据。其次选取了三辆电动汽车在无序充电模型和有序充电模型中的充电过程进行对比分析，以说明本章方法的作用机理。再次分析了不同数量电动汽车情况下优化调度方法的有效性。最后分析了不同充电模式对调度结果有效性的影响。

### 3.3.1　参数设置

基于蒙特卡罗模拟方法生成仿真实验数据，并在 MATLAB 软件中调用

YALMIP 和 CPLEX 求解器进行模型求解。如前文所述，电动汽车车主的充电行为存在一定规律。这种规律可能会对本章所提的有序充电调度方法的有效性存在影响，因此实验部分同时考虑了家庭充电模式和公共充电模式两种情况。两种充电模式的区别主要体现在其接入充电桩的时间和离开充电桩的时间分布，家庭充电模式中电动汽车倾向于在下班时段将电动汽车接入充电桩并在上班时段将电动汽车断离充电桩；公共充电模式中电动汽车车主倾向于在上班时段将电动汽车接入充电桩并在下班时段将电动汽车断离充电桩。两种充电模式中的常规负荷、分时电价、电动汽车接入与断离充电桩时的 SOC 等数据分布并不会受充电模式的影响。

实验中同时考虑了无序充电模型和有序充电模型两种情况，并作为对照。无序充电模型中，电动汽车接入充电桩即开始以恒定功率充电，充电过程不受任何因素干扰，当电动汽车充到足够的电量或到达预先设定的离开时间时自动停止充电。有序充电模型中，电动汽车将被根据其充电需求的紧急程度分为有紧急充电需求的电动汽车和有非紧急充电需求的电动汽车。其中，有紧急充电需求的电动汽车将被以快速充电方式充电，其充电功率更高且充电过程不受任何因素干扰，当电动汽车充到足够的电量或达到预先设定的离开时间时自动停止充电；有非紧急充电需求的电动汽车将被以慢速充电方式充电，充电功率较低且充电过程可能会在保证其充电需求可以被满足的条件下被中断，充电过程将会在电动汽车充到足够的电量时结束。

在有序充电模型中，提供了快速充电方式和慢速充电方式两种方式。快速充电方式用于为有紧急充电需求的电动汽车充电，结合对充电紧急度指标 $U_i$ 的定义可知，有紧急充电需求的电动汽车无法在接入时间段内以慢速充电模式的充电功率获得充足的电量。快速充电模式具有更高的充电功率，允许电动汽车在接入时间段内获得更多的电量，使得接入时间较短的电动汽车有获取足够电量的可能。慢速充电模式中，电动汽车的充电功率较低且其充电过程会被调度，但在调度过程中可以保证电动汽车的充电需求得到满足，充电费用也较低。

实验中各部分的常规数据取值规定如下。参考文献[50]生成电网常规负荷分布数据，没有考虑不同类型区域的特点。生成的常规负荷分布数据如图 3.6 所示。分时电价取值如图 3.7 所示。参考文献[50, 51]，$SOC_i^c$ 服从[0.1, 0.3]的连续均匀分布。假定 $SOC_i^d$ 服从[0.7, 0.9]的连续均匀分布。无序充电模型中的充电功率 $p^u$ 设定为 7 kW，慢速充电方式充电功率 $p^{slow}$、快速充电方式充电功率 $p^{fast}$ 分别设定为 7 kW 和 10 kW。快速充电方式的服务费为 2.5 元/次。设定充电效率 $\eta$ 为 0.9。为便于实验表示，取所有电动汽车具有相同的电池容量 $Cap_{battery}$，并设定电池容量为 30 kW·h[52]。

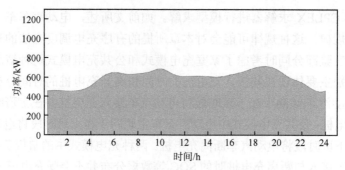

图 3.6　电网常规负荷分布数据图

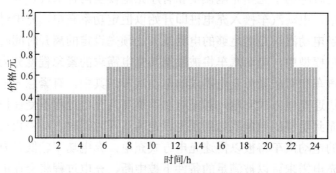

图 3.7　分时电价取值图[53]

### 3.3.2　无序充电与有序充电调度结果对比

为说明提出的有序充电调度方法对电动汽车充电过程的作用,仿真了公共充电模式中 100 辆电动汽车的调度情况,并选取三辆电动汽车作为示例。家庭充电模式中,电动汽车的被调度过程与公共充电模式中类似,因此仅选取三个车辆进行说明。通过对比三辆电动汽车在无序充电方法和有序充电方法中,接入充电桩时间段内的充电过程说明有序充电调度方法的作用机理。如前文所述,根据充电需求的紧急性,电动汽车将被分为两类并由此决定其以快速充电方式或慢速充电方式充电。选取两辆具有紧急充电需求的电动汽车和一辆具有非紧急充电需求的电动汽车,讨论其在无序充电模型和有序充电模型中的充电过程。编号为 61、76 的电动汽车具有紧急充电需求,编号为 83 的电动汽车具有非紧急充电需求。

编号为 61、76 的电动汽车有紧急充电需求。无序充电模型中,这两辆电动汽车的实际充电量分别为 6.30 kW·h、15.75 kW·h,均低于期望充电量。这是由于无序充电模型中,电动汽车的充电功率较低,在电动汽车的接入时间内无法获取充足的电量。

有序充电模型中,编号为 61、76 的电动汽车均被以快速充电方式充电,相关数据展示在表 3.1 中。与无序充电模型相比，这两辆电动汽车在有序充电模型中的充电时间区间没有变化，但在充电时间区间内的充电功率更高。编号 61 的电动汽车的实际充电量为 9 kW·h，低于其需求电量 20.31 kW·h。这是由于该电动汽车实际接入电网的时间长度为 4 个时间区间，在该模型中的充电时长为 60 min，其仅能获得 9 kW·h 电量。该充电量已经高于无序充电模式下可以获取的电量 6.30 kW·h，但由于接入时间实在过短而需求电量过高，该电动汽车的充电需求不可能被满足。编号 76 的电动汽车实际充电量为 22.5 kW·h，高于其需求电量 20.28 kW·h。此电动汽车接入充电桩的时间 10 个时间区间，即 150 min。因此其在接入时间段内可获取 22.5 kW·h 电量。在建模时，将调度时间按照每 15 min 为一个区间分段，规定每个时间区间内的充电过程连续且充电功率保持不变。因此只要电动汽车的充电需求在上一个时间区间结束时未能得到满足，且该电动汽车尚未断离充电桩，充电过程就将在下一个时间区间内继续进行。所以在算例中可能出现实际充电量高于需求电量不超过 2.25 kW·h，进而导致 $\mathrm{SOC}_i^{\mathrm{end}}$ 大于 $\mathrm{SOC}_i^d$ 的情况。当确定的时间区间划分粒度进一步缩小时，由时间划分带来的充电量超过需求电量的问题即可以被解决。

表 3.1 三辆电动汽车充电调度结果

| 编号 | $U_i$ | $\Gamma_i^c$ | $\Gamma_i^d$ | $\Gamma_i^{\mathrm{end}}$ | $\mathrm{SOC}_i^c$ | $\mathrm{SOC}_i^d$ | $\mathrm{SOC}_i^{\mathrm{end}}$ | 需求电量 /（kW·h） | 实际充电量（无序）/（kW·h） | 实际充电量（有序）/（kW·h） |
|---|---|---|---|---|---|---|---|---|---|---|
| 61 | −15.576 | 50 | 53 | 53 | 0.177 | 0.854 | 0.477 | 20.31 | 6.30 | 9.00 |
| 76 | −6.117 | 54 | 63 | 63 | 0.154 | 0.830 | 0.904 | 20.28 | 15.75 | 22.50 |
| 83 | 12.037 | 23 | 45 | 37 | 0.140 | 0.893 | 0.927 | 22.59 | 23.61 | 23.61 |

编号为 83 的电动汽车有非紧急的充电需求，说明其可以在接入时间段内以慢速充电方式获取足够的电量。在无序充电模型中，该电动汽车的实际充电量为 23.61 kW·h，高于需求电量的 22.59 kW·h，其充电过程从第 23 个时间区间开始，一直保持 7 kW 的充电功率充电，并在第 37 个时间区间末尾完成充电，早于预期的断离时间 8 个时间区间。

有序充电模型中，编号 83 的电动汽车实际充电量为 23.61 kW·h，高于需求电量的 22.59 kW·h，其充电过程被划分为三个阶段：第 23～35 个时间区间、第 37 个时间区间以及第 40 个时间区间，充电功率一直保持在 7 kW。从实际充电时间长度来看，无序充电模型和有序充电模型中，电动汽车实际的充电时长均为 15 个时间区间，即 225 min，实际充电量均为 23.61 kW·h。由此可知，有序充电调度方法的作用是将充电负荷转移到更符合电网负荷分布、分时电价分布的时间区间内。有序充电调度方法满足了电动汽车的充电需求，但使得该电动汽车的充电实际结束时间延迟了 3 个时间区间，即 45 min。假设电动汽车不会早于其提交的离开时间断离充电桩，因此这个 45 min 的延迟不会影响车主的出行计划。此外，同样受到时间区间划分粒度的影响，61、76 号电动汽车也出现了有序实际充电量高于无序实际充电量的情况。

选取了三辆电动汽车，分别分析了它们在无序充电模型和有序充电模型中的充电过程、充电电量相关数据。实验结果说明，当电动汽车有紧急充电需求时，其在无序充电模型和有序充电模型中的充电时间分布是一致的，区别在于有序充电模型提供了更高的充电功率，使得部分在无序充电模型中无法被满足的充电需求可以被满足。当电动汽车具有非紧急充电需求时，其在无序充电模型和有序充电模型中的充电功率相同，实际充电时长也相同，因此在两种情况下电动汽车的实际充电量也相同。有序充电模型基于电网中常规负荷分布、分时电价、其他电动汽车的充电负荷等信息调度电动汽车的充电过程，可能会导致其充电过程在电动汽车的接入时间段内被切分为多个小段。此时，电动汽车的实际充电结束时间可能晚于无序充电模型中的，但一定会在车主预先提交的预期断离充电桩时间前完成充电，因此有序充电方法对电动汽车充电过程的调度在车主角度是感知不到的，不会影响车主的出行计划。

### 3.3.3　不同电动汽车数量仿真结果与分析

3.3.2 节通过选取电动汽车的充电过程，说明有序充电方法对电动汽车充电过程的作用，证明了所提的有序充电方法可以满足更多具有紧急充电需求的电动汽车，同时可以实现电动汽车充电负荷的转移。当参与有序充电调度的电动汽车数量规模增长时，基于规模效应可以实现整个电网中充电负荷的合理分布，实现降低负荷峰谷差、降低总充电费用的目标。考虑到电动汽车车主不同的充电行为习惯，会影响充电负荷的分布，进而影响有序充电调度方法的有效性。分别对家庭充电模式和公共充电模式中不同数量情况下电动汽车的充电有序调度进行算例仿真，分析有序充电调度方法可以实现的优化效果。

#### 1. 家庭充电模式仿真结果与分析

家庭充电模式中，电动汽车车主倾向于在傍晚下班时将电动汽车接入充电桩，并在第二天早上上班时将电动汽车断离充电桩[54]。因此，为清楚地表现这部分汽车的充电过程，选取中午 12：00 到次日中午 12：00 共 24 h 的时间区间作为分析区间。分别计算 100 辆、200 辆、300 辆和 500 辆电动汽车在无序充电模型和有序充电模型中的充电负荷和总充电费用。相关数据在表 3.2 列出。

表 3.2　家庭充电模式不同数量电动汽车无序充电模型与有序充电模型结果

| 电动汽车数/辆 | 项目 | 总负荷峰谷差/kW | 总充电费用/元 | 目标函数值 |
|---|---|---|---|---|
| 100 | 无序充电模型 | 327.258 | 1746.378 | 1.363 |
| | 有序充电模型 | 314.902 | 1413.995 | 1.064 |
| | 减少量 | −12.356 | 332.383 | −0.299 |
| | 减少比例 | −3.776% | −19.033% | −21.937% |
| 200 | 无序充电模型 | 698.305 | 3865.050 | 1.716 |
| | 有序充电模型 | 468.430 | 3201.063 | 1.262 |
| | 减少量 | −229.875 | −663.987 | −0.454 |
| | 减少比例 | −32.919% | −17.179% | −26.457% |
| 300 | 无序充电模型 | 995.748 | 5807.778 | 1.700 |
| | 有序充电模型 | 722.516 | 4827.943 | 1.279 |
| | 减少量 | −273.232 | −979.835 | −0.421 |
| | 减少比例 | −27.440% | −16.871% | −24.765% |
| 500 | 无序充电模型 | 1453.848 | 9573.358 | 1.712 |
| | 有序充电模型 | 1047.046 | 8034.123 | 1.306 |
| | 减少量 | −406.802 | −1539.235 | −0.406 |
| | 减少比例 | −27.981% | −16.078% | −23.715% |

　　无序充电模型中，充电负荷主要集中在 12：00～04：00，而 17：00～21：00 是常规负荷的高峰时段，这一部分的充电负荷抬升了总负荷，形成了总负荷峰值。参考分时电价的分布，17：00～22：00 是高电价时段，这一时段的总充电费用较高。此后的 22：00～23：00 时段内，电价略降，但是充电负荷有所上升，因此这个时段内的充电负荷充电费用也较高。

　　有序充电模型中，总负荷均呈现"凹"字形，在 17：00～18：00 左右骤降、在 7：00～10：00 左右回升，中间区段的充电负荷较小且分布均匀。总充电费用分布与总负荷分布类似，但受到分时电价影响，部分时间区间的形状略有不同。

　　从总负荷分布来看，有序充电模型中的负荷分布相对均匀。无序充电模型中的负荷分布更集中，呈现单峰形状，变化较平滑；有序充电模型中的负荷分布呈"凹"字形，按照连贯性划分，总负荷分布大致可以分为三个阶段：增长、均匀、降低。均匀段的总负荷基本保持平坦，且数值明显低于增长段和降低段。无论在无序充电模型还是有序充电模型中，总负荷峰谷差均会随着电动汽车车辆规模的增长而增长。这是由于在调度时间相同的情况下，电动汽车数量增长意味着充电负荷量的增加。在无序充电模型中，充电负荷不会被调度、开始充电时间即为电动汽车接入充电桩的时间。假设电动汽车接入时间服从正态分布，所以当车辆规模不断增加时, 会加剧充电高峰时段的充电负荷, 而负荷谷值时段的充电负荷量仍然较低, 从而导致负荷峰谷差的进一步扩大。在有序充电模型中, 虽然充电负荷可以被调度, 当电动汽车数量增长时, 调度压力进一步增长, 从而导致负荷峰谷差随之扩大。如表 3.2 所示, 在 100 辆、200 辆、300 辆、500 辆电动汽车规模下, 有序充电模型比无序充电模型中负荷峰谷差值分别降低 3.776%、32.919%、27.440%、27.981%。总体而言, 有序充电模型可以有效降低电网的总负荷峰谷差。

从总充电费用来看, 有序充电模型有效降低了总充电费用。如表 3.2 所示, 在 100 辆、200 辆、300 辆、500 辆电动汽车规模下, 有序充电模型比无序充电模型中总充电费用分别降低 19.033%、17.179%、16.871%、16.078%。有序充电模型有效降低了 17:00~24:00 的充电负荷。参考分时电价的分布, 17:00~22:00 是一个高电价时段, 22:00~1:00 是一个次高电价时间段。有序充电方法成功将该时间段内的充电负荷大幅转移至 1:00~12:00 之内, 而 1:00~6:00 为低电价时间段, 6:00~8:00 是次高电价时间段, 8:00~12:00 为高电价时间段[①]。总的来说, 原本集中在高电价时间段内的充电负荷被分散至次高、低电价时间段, 因此总充电费用得以有效降低。

### 2. 公共充电模式仿真结果与分析

在公共充电模式中, 电动汽车车主倾向于在早上上班时将电动汽车接入充电桩, 并在傍晚下班时将电动汽车断离充电桩。因此, 为清楚地表现这部分汽车的充电过程, 选取 0:00 到 24:00 共 24 h 的时间区间作为分析区间。分别计算 100 辆、200 辆、300 辆和 500 辆电动汽车在无序充电模型和有序充电模型中的充电负荷和总充电费用。相关数据在表 3.3 中列出。

表 3.3  公共充电模式不同数量电动汽车无序充电模型与有序充电模型结果

| 电动汽车数/辆 | 项目 | 总负荷峰谷差/kW | 总充电费用/元 | 目标函数值 |
|---|---|---|---|---|
| 100 | 无序充电模型 | 476.262 | 1856.715 | 1.353 |
| | 有序充电模型 | 422.305 | 1713.710 | 1.113 |
| | 减少量 | −53.957 | −143.005 | −0.240 |
| | 减少比例 | −11.329% | −7.702% | −17.738% |
| 200 | 无序充电模型 | 726.778 | 3620.138 | 1.346 |
| | 有序充电模型 | 633.635 | 3484.573 | 1.161 |
| | 减少量 | −93.143 | −135.565 | −0.185 |
| | 减少比例 | −12.816% | −3.745% | −13.744% |

---

① 参考分时电价的时间区间含下界不含上界。

续表

| 电动汽车数/辆 | 项目 | 总负荷峰谷差/kW | 总充电费用/元 | 目标函数值 |
|---|---|---|---|---|
| 300 | 无序充电模型 | 971.648 | 5553.818 | 1.340 |
| | 有序充电模型 | 761.344 | 5281.460 | 1.041 |
| | 减少量 | −210.304 | −272.358 | −0.299 |
| | 减少比例 | −21.644% | −4.904% | −22.313% |
| 500 | 无序充电模型 | 1596.262 | 9201.675 | 1.350 |
| | 有序充电模型 | 1270.871 | 8687.838 | 1.062 |
| | 减少量 | −325.391 | −513.837 | −0.288 |
| | 减少比例 | −20.385% | −5.584% | −21.333% |

在无序充电模型中，总负荷分布呈现单峰形。100 辆、200 辆、300 辆、500 辆电动汽车规模下，充电负荷均主要集中在 2：00～18：00 内，负荷峰值出现在 10：00 左右。由于无序充电模型中，电动汽车充电过程从其接入充电桩开始一直持续至充到足够的电量之后结束，且假设电动汽车的接入时间、接入时的 SOC、预期的 SOC 等数值均服从相同的分布，所以车辆规模的增长没有改变充电负荷的分布形状和时间上的分布情况。总充电费用分布同样呈现类似单峰形状，但 8：00～13：00 是分时电价的一个高峰时段，加之充电负荷在该范围内较为集中，因此该时段内的总充电费用明显高出其他时段。

在有序充电模型中，总负荷分布呈现"凹"字形，但随着电动汽车车辆规模的扩大，中段部分也呈现了一个小高峰。充电负荷在 7：00～8：00 左右明显下降，并在 19：00～20：00 左右上升。参考分时电价的分布，8：00～13：00 是一个高电价时段，8：00 之前充电负荷大幅下降可能是由于电价的上升和该时段是电动汽车大量接入充电桩的时间，可调度时间充足几个方面因素的叠加影响形成的。总充电费用的分布与充电负荷分布较为相似，但受到分时电价的影响，充电负荷量相近的情况下，高电价时段的充电费用明显高于中、低电价时段，这个差异随着电动汽车数量规模的扩大越发明显。

从总负荷分布来看，有序充电调度方法显著降低了负荷波动。在 100 辆、200 辆、300 辆、500 辆电动汽车规模下以及在无序充电模型中，负荷的高峰时段在 8：00～13：00 左右，而在有序充电模型中，高峰时段均往后移。充电负荷在 7：00～8：00 左右大幅降低，这可能是由于 8：00 开始是高电价时段。此外，根据电动汽车接入充电桩的时间分布，8：00 左右是电动汽车接入的高峰时段，大量刚接入充电桩的电动汽车给电动汽车充电调度提供了一定的可调度基础，这可能也是总充电负荷在这一时段大幅下降的一个原因。有序充电模型中负荷峰值均低于无序充电模型的，且随着电动汽车车辆规模的扩大，二者的差异也随之扩大。

如表 3.3 所示，在 100 辆、200 辆、300 辆、500 辆电动汽车规模下，有序充电模型比无序充电模型中总负荷峰谷差分别降低 11.329%、12.816%、21.644%、20.385%。总体而言，有序充电调度方法可以有效降低电网的总负荷峰谷差。

从总费用分布来看，有序充电模型有效降低了总充电费用。如表 3.3 所示，在 100 辆、200 辆、300 辆、500 辆电动汽车规模下，有序充电模型比无序充电模型中总充电费用分别降低 7.702%、3.745%、4.904%、5.584%。对比来看，无序充电模型中，总充电费用在 8：00～13：00 这一时段内呈现明显的高峰，但有序充电模型通过负荷转移充分降低了这一时段内的总充电费用。通过将 8：00～ 13：00 左右的充电负荷后置，增加了中电价时段 16：00～17：00 的充电负荷，但同时另一个高电价时段 17：00～22：00 的充电负荷也大幅上升，所以综合来看有序充电模型降低充电费用的作用效果并未十分明显。此外，随着电动汽车车辆规模的增长，8：00～13：00 区段的总充电费用降低幅度扩大，但相应的在 17：00～22：00 的总充电费用增长也越发明显。

### 3.3.4　家庭充电模式与公共充电仿真结果对比

按照电动汽车充电行为规律，将电动汽车充电行为划分为家庭充电模式和公共充电模式，并分别对家庭充电模式和公共充电模式进行分析。由于不同充电模式中电动汽车接入充电桩的时间不同，可能对有序充电调度方法的有效性存在影响，为此对比了有序充电模型在家庭充电模式和公共充电模式中的表现。

家庭充电模式与公共充电模式的总负荷分布大体一致，但家庭充电模式中的总负荷分布整体趋势上略平缓于公共充电模式，且这种平缓未能在总负荷峰谷差这一指标上显示出来。无序充电模型中，家庭充电模式和公共充电模式中的总负荷分布均呈单峰形，但由于两种充电模式中电动汽车接入和断离充电桩的时间各自服从不同分布规律，所以二者的负荷峰值出现的时间不同。有序充电模型中，家庭充电模式和公共充电模式中的总充电费用分布均呈"凹"字形，但家庭充电模式总负荷中段呈现更均匀的状态，而公共充电模式随车辆规模增长逐渐演化出新的总负荷小高峰。根据电动汽车充电信息的分布规律，家庭充电模式中电动汽车接入和断离充电桩的时间分别服从均值为 18：00、8：00 的正态分布，公共充电模式中，电动汽车接入和断离充电桩的时间分别服从均值为 8：30、17：30 的正态分布。总的来看，家庭充电模式中电动汽车的平均接入时长约为 14 h，而公共充电模式中这一时间缩短到 9 h 左右。假设两种充电模式中电动汽车的需求电量并无差异，均服从同一概率分布。因此，在相同的车辆规模下，公共充电模式可能需要在更短的时间内满足相同电量的电动汽车充电需求。这也就意味着，公共充电模式的调度压力相对更大，从而使有序充电模型下，家庭充电模式的总负荷分布相较于公共充电模式更平缓。

　　家庭充电模式中，有序充电模型对总充电费用的降低效果更明显。这是由于在家庭充电模式中，电动汽车接入和断离充电桩的时间分别服从均值为 18：00、8：00 的正态分布，低电价时间段 0：00～6：00 被包含在多数电动汽车的接入时间内。当有序充电模型对充电负荷进行调度时，更多的充电负荷可以被转移至低电价时间段内，由此电价差异对于总充电费用的降低效果更为明显。公共充电模式中，电动汽车接入和断离充电桩的时间分别服从均值为 8：30、17：30 的正态分布，唯一的低电价时间段 0：00～6：00 被排除在多数电动汽车的充电时段内，因此有序充电模型调度充电负荷时更多的是将充电负荷转移至中、高电价时段。这种情况下，有序充电模型与无序充电模型的总充电费用差值较小，使家庭充电模式比公共充电模式降低总充电费用的效果更好。

　　为探究不同充电模式对有序充电模型的有效性，对比了相同电动汽车数量情况下，家庭充电模式和公共充电模式中有序充电模型与无序充电模型的总负荷分布、总充电费用分布。分析结果表明，从整体趋势上来看，家庭充电模式的总负荷分布略平缓于公共充电模式；家庭充电模式对总充电费用的降低效果更好。由此，不同充电模式确实对有序充电模型的有效性存在一定影响。这主要是受到不同充电行为规律所覆盖的分时电价分布、常规负荷分布的不一致，以及电动汽车接入充电桩时长的影响。

## 3.4　结　　论

　　电动汽车正以前所未有的速度大规模普及，而大规模电动汽车的无序充电将会给电网带来不小的冲击。对此，提出一种电动汽车有序充电模型，旨在通过对电动汽车充电过程中负荷的调度，削弱电动汽车充电负荷对电网的负面影响、同时降低电动汽车的充电费用。本章提出的电动汽车有序充电模型是时间维度的调度。为证明所提调度方法的有效性，引入无序充电调度模型。此外，为说明有序充电模型的有效性，对无序充电模型和有序充电模型进行算例分析。实验结果验证了提出的电动汽车有序充电模型，可以有效降低大规模电动汽车无序充电带来的电网负荷波动性，并在一定程度上降低用户的充电费用。通过对电动汽车充电负荷的有序调度，可以进一步提高电网对充电负荷的承载能力，一定程度上缓解由电动汽车规模增长带来的电网压力。此外，还考虑了电动汽车充电需求的差异性，更加符合实际应用场景。

# 参 考 文 献

[1] Lu J, Chen Y, Hao J-K, et al. The time-dependent electric vehicle routing problem: model and solution[J]. Expert Systems with Applications, 2020, 161: 113593.

[2] Montoya A, Guéret C, Mendoza J E, et al. A multi-space sampling heuristic for the green vehicle routing problem[J]. Transportation Research Part C: Emerging Technologies, 2016, 70: 113-128.

[3] 丁屹峰, 曾爽, 张宝群, 等. 光伏-直流智能充电桩有序充电策略与应用效果[J/OL]. 中国电力. https://link.cnki.net/urlid/11.3265.TM.20231027.1401.004.

[4] 张天培. 中国新能源汽车保有量达 2041 万辆[N/OL]. 人民日报海外版, (2024-01-12) [2024-03-18]. http://www.cnenergynews.cn/hangye/2024/01/12/detail_news_20240112143905. html.

[5] Lin H, Dang J, Zheng H, et al. Two-stage electric vehicle charging optimization model considering dynamic virtual price-based demand response and a hierarchical non-cooperative game[J]. Sustainable Cities and Society, 2023, 97: 104715.

[6] Yang A, Wang H, Li B, et al. Capacity optimization of hybrid energy storage system for microgrid based on electric vehicles' orderly charging/discharging strategy[J]. Journal of Cleaner Production, 2023, 411: 137346.

[7] Li Y, Wang J, Cao Y. Multi-objective distributed robust cooperative optimization model of multiple integrated energy systems considering uncertainty of renewable energy and participation of electric vehicles[J]. Sustainable Cities and Society, 2024, 104(2): 105308.

[8] Hai T, Zhou J, Khaki M. Optimal planning and design of integrated energy systems in a microgrid incorporating electric vehicles and fuel cell system[J]. Journal of Power Sources, 2023, 561: 232694.

[9] 陈晓彤. 双碳目标下电动汽车有序充电策略研究现状[J]. 机电工程技术, 2023, 52(4): 136-140.

[10] Yin W-J, Ming Z-F. Electric vehicle charging and discharging scheduling strategy based on local search and competitive learning particle swarm optimization algorithm[J]. Journal of Energy Storage, 2021, 42: 102966.

[11] Ranjan M, Shankar R. A literature survey on load frequency control considering renewable energy integration in power system: recent trends and future prospects[J]. Journal of Energy Storage, 2022, 45: 103717.

[12] Huang Z, Guo Z, Ma P, et al. Economic-environmental scheduling of microgrid considering V2G-enabled electric vehicles integration[J]. Sustainable Energy, Grids and Networks, 2022, 32: 100872.

[13] Singh B, Sharma A K. Benefit maximization and optimal scheduling of renewable energy sources integrated system considering the impact of energy storage device and plug-in electric vehicle load demand[J]. Journal of Energy Storage, 2022, 54: 105245.

[14] Buzna L, De Falco P, Ferruzzi G, et al. An ensemble methodology for hierarchical probabilistic electric vehicle load forecasting at regular charging stations[J]. Applied Energy, 2021, 283: 116337.

[15] Ren L, Yuan M, Jiao X. Electric vehicle charging and discharging scheduling strategy based on dynamic electricity price[J]. Engineering Applications of Artificial Intelligence, 2023, 123: 106320.

[16] Wu J, Su H, Meng J, et al. Electric vehicle charging scheduling considering infrastructure constraints[J]. Energy, 2023, 278: 127806.

[17] Yin W, Qin X. Cooperative optimization strategy for large-scale electric vehicle charging and discharging[J]. Energy, 2022, 258: 124969.

[18] Zou W, Sun Y, Gao D-C, et al. A review on integration of surging plug-in electric vehicles charging in energy-flexible buildings: impacts analysis, collaborative management technologies, and future perspective[J]. Applied Energy, 2023, 331: 120393.

[19] Zhang L, Sun C, Cai G, et al. Charging and discharging optimization strategy for electric vehicles considering elasticity demand response[J]. eTransportation, 2023, 18: 100262.

[20] Li J, Wang G, Wang X, et al. Smart charging strategy for electric vehicles based on marginal carbon emission factors and time-of-use price[J]. Sustainable Cities and Society, 2023, 96: 104708.

[21] Cheng X, Zhang R, Bu S. A data-driven approach for collaborative optimization of large-scale electric vehicles considering energy consumption uncertainty[J]. Electric Power Systems Research, 2023, 221: 109461.

[22] Das H, Rahman M, Li S, et al. Electric vehicles standards, charging infrastructure, and impact on grid integration: a technological review[J]. Renewable and Sustainable Energy Reviews, 2020, 120: 109618.

[23] Liu H, Huang K, Wang N, et al. Optimal dispatch for participation of electric vehicles in frequency regulation based on area control error and area regulation requirement[J]. Applied Energy, 2019, 240: 46-55.

[24] Moon H, Park S Y, Jeong C, et al. Forecasting electricity demand of electric vehicles by analyzing consumers' charging patterns[J]. Transportation Research Part D: Transport and Environment, 2018, 62: 64-79.

[25] Zhou K, Cheng L, Lu X, et al. Scheduling model of electric vehicles charging considering inconvenience and dynamic electricity prices[J]. Applied Energy, 2020, 276: 115455.

[26] Timpner J, Wolf L. Design and evaluation of charging station scheduling strategies for electric vehicles[J]. IEEE Transactions on Intelligent Transportation Systems, 2014, 15(2): 579-588.

[27] Zhu J, He C, Cheung K, et al. Coordination planning of integrated energy system and electric vehicle charging station considering carbon emission reduction[J]. IEEE Transactions on Industry Applications, 2023, 59(6): 7555-7569.

[28] 马乔. 基于电动汽车充电负荷时空分布预测的充电站布局优化及有序充放电策略研究[D]. 西安: 西安理工大学, 2023.

[29] Hou H, Xue M, Xu Y, et al. Multi-objective economic dispatch of a microgrid considering electric vehicle and transferable load[J]. Applied Energy, 2020, 262: 114489.

[30] Liu L, Liu S, Wu L, et al. Forecasting the development trend of new energy vehicles in China by an optimized fractional discrete grey power model[J]. Journal of Cleaner Production, 2022, 372:

133708.

[31] Brinkel N, Schram W, AlSkaif T, et al. Should we reinforce the grid? Cost and emission optimization of electric vehicle charging under different transformer limits[J]. Applied Energy, 2020, 276: 115285.

[32] Pasha J, Li B, Elmi Z, et al. Electric vehicle scheduling: state of the art, critical challenges, and future research opportunities[J]. Journal of Industrial Information Integration, 2024, 38: 100561.

[33] Guo Z, Bian H, Zhou C, et al. An electric vehicle charging load prediction model for different functional areas based on multithreaded acceleration[J]. Journal of Energy Storage, 2023, 73: 108921.

[34] Zheng K, Xu H, Long Z, et al. Coherent hierarchical probabilistic forecasting of electric vehicle charging demand[J]. IEEE Transactions on Industry Applications, 2023, (19): 1-12.

[35] Zhao Z, Lee C K, Ren J. A two-level charging scheduling method for public electric vehicle charging stations considering heterogeneous demand and nonlinear charging profile[J]. Applied Energy, 2024, 355: 122278.

[36] Geetha B, Prakash A, Jeyasudha S, et al. Hybrid approach based combined allocation of electric vehicle charging stations and capacitors in distribution systems[J]. Journal of Energy Storage, 2023, 72: 108273.

[37] 陈浩然, 赵晓丽. 考虑分布式光伏发电的电动汽车充电策略研究[J]. 中国管理科学, 2023, 31(4): 161-170.

[38] 陈鹏, 刘友波, 袁川, 等. 考虑电动汽车充电模式的配电网可开放容量提升改造策略[J/OL]. 电网技术. https://doi.org/10.13335/j.1000-3673.pst.2023.2236.

[39] 黄学良, 刘永东, 沈斐, 等. 电动汽车与电网互动: 综述与展望[J]. 电力系统自动化, 2024, 48: 3-23.

[40] 包宁宁, 刘晓波. 分时电价下电动汽车有序充放电优化策略[J]. 电力科学与工程, 2023, 39(2): 14-20.

[41] 李旭东, 杨烨, 李帆琪, 等. 计及电价不确定性和容量衰减的电动汽车充放电商业模式[J]. 中国电力, 2023, 56(1): 38-48.

[42] Akhavan-Rezai E, Shaaban M, El-Saadany E, et al. Uncoordinated charging impacts of electric vehicles on electric distribution grids: normal and fast charging comparison[C]. Proceedings of the 2012 IEEE Power and Energy Society General Meeting, San Diego: IEEE, 2012: 1-7.

[43] Su J, Lie T, Zamora R. A rolling horizon scheduling of aggregated electric vehicles charging under the electricity exchange market[J]. Applied Energy, 2020, 275: 115406.

[44] Crozier C, Morstyn T, McCulloch M. Capturing diversity in electric vehicle charging behaviour for network capacity estimation[J]. Transportation Research Part D: Transport and Environment, 2021, 93: 102762.

[45] Helmus J R, Lees M H, van den Hoed R. A data driven typology of electric vehicle user types and charging sessions[J]. Transportation Research Part C: Emerging Technologies, 2020, 115: 102637.

[46] Franke T, Krems J F. Understanding charging behaviour of electric vehicle users[J]. Transportation Research Part F: Traffic Psychology and Behaviour, 2013, 21: 75-89.

[47] Lee J H, Chakraborty D, Hardman S J, et al. Exploring electric vehicle charging patterns: mixed usage of charging infrastructure[J]. Transportation Research Part D: Transport and Environment, 2020, 79: 102249.

[48] Lu X, Zhou K, Yang S, et al. Multi-objective optimal load dispatch of microgrid with stochastic access of electric vehicles[J]. Journal of Cleaner Production, 2018, 195: 187-199.

[49] Luo Y, Zhu T, Wan S, et al. Optimal charging scheduling for large-scale EV (electric vehicle) deployment based on the interaction of the smart-grid and intelligent-transport systems[J]. Energy, 2016, 97: 359-368.

[50] Zheng Y, Shang Y, Shao Z, et al. A novel real-time scheduling strategy with near-linear complexity for integrating large-scale electric vehicles into smart grid[J]. Applied Energy, 2018, 217: 1-13.

[51] Jian L, Zheng Y, Shao Z. High efficient valley-filling strategy for centralized coordinated charging of large-scale electric vehicles[J]. Applied Energy, 2017, 186: 46-55.

[52] Jian L, Zheng Y, Xiao X, et al. Optimal scheduling for vehicle-to-grid operation with stochastic connection of plug-in electric vehicles to smart grid[J]. Applied Energy, 2015, 146: 150-161.

[53] Lu X, Zhou K, Yang S. Multi-objective optimal dispatch of microgrid containing electric vehicles[J]. Journal of Cleaner Production, 2017, 165: 1572-1581.

[54] Zhou K, Cheng L, Wen L, et al. A coordinated charging scheduling method for electric vehicles considering different charging demands[J]. Energy, 2020, 213: 118882.

# 第 4 章　数据中心多能互补优化调度

数据中心是重要的信息基础设施，是为计算机、存储设备、服务器和网络等信息处理及支撑设备的安全可靠稳定运行而建设的物理空间[1]。数据中心内部的用电设备主要分为电气设备、冷却设备和 IT 设备，其中，电气设备用于照明、供配电和交直流转换等，冷却设备用于保持服务器正常工作的温/湿度，IT 设备用于传输、存储和处理数据[2, 3]。数据中心能源使用效率（power usage effectiveness，PUE）指标是量化数据中心能耗的常用方法之一，通过 IT 设备的总能耗直接计算数据中心的总能耗[4]。目前，国内外数据中心 PUE 指标大多控制在 1.3～3.0[5]。数据中心作为新型基础设施之一，已经应用于生产和生活各个环节，是各行业数字化转型的重要支撑。

随着人工智能以及"人工智能+"行业应用的快速发展，社会对数据信息的处理、存储、传输、交换和管理的需求急剧增长。在此背景下，数据中心的建设数量和规模不断地扩大[6, 7]。然而，数据中心的能源消耗巨大。2018 年，全球数据中心耗电量约为 205 TW·h，约占全球耗电量的 1%[8]。到 2030 年全球数据中心耗电量保守估计为 1137 TW·h[9]。目前电力系统中火力发电占比仍然较高，全球数据中心巨大的电力消耗势必将导致大量的碳排放。全球数据中心的碳排放量约占总碳排放量的 0.3%[10]，到 2030 年这一份额将增长至 8%[11]。我国数据中心行业的用电量和碳排放量也不容忽视。2018 年我国数据中心共消耗了 1609 亿 kW·h 的电量，约占全社会总用电量的 2%，排放二氧化碳共 9855 万 t[12]。2022 年，我国数据中心耗电量达到 2700 亿 kW·h，占全社会用电量约 3%，随着互联网数字化进程加速推进，预计到 2025 年，全国数据中心用电量占全社会用电量的比重将提升至 5%，到 2030 年全国数据中心耗电量将接近 4000 亿 kW·h，数据中心减排迫在眉睫[13]。

数据中心不仅是未来经济社会发展的支柱，也是关系新型基础设施节能降耗的关键环节[14]。因此如何降低数据中心能耗、实现绿色发展，已经成为各国政府高度重视的问题。欧盟发布了数据中心能源效率行为准则的最佳实践指南，旨在通过增进对数据中心内能源需求的了解、提高认识以及推荐节能策略，激励数据中心运营商和所有者以经济的方式减少能源消耗[15]。新加坡印发绿色数据中心技术路线图，为数据中心的可持续发展提出了一个框架[16]。该路线图建议数据中心采取多种策略，包括降低新加坡热带气候下高昂的制冷成本、提高 IT 设备的能耗比例以及集成和优化传统设备。日本提出绿色增长战略，通过发展光学电子技术和其他技术，实现数据中心的节能，助力 2040 年实现信息通信产业的碳中和[17]。中国工业和信息化部印发了《新型数据中心发展三年行动计划（2021—2023 年）》，提出要用 3 年时间，基本形成布局合理、技术先进、绿色低碳、算力规模与数字经济增长相适应的新型数据中心发展格局[18]。

对于全球数据中心运营商而言，不断上涨的能耗成本和碳排放已成为其面临的重大运营问题[19, 20]。因此，利用低价和清洁的可再生能源已成为数据中心的迫切需要[21]。现如今，许多数据中心运营商开始将可再生能源纳入其能源供应体系中。例如，自 2010 年以来，谷歌（Google）已投资约 33 亿美元，推动包括数据中心运营在内的全球业务使用清洁绿色能源[22]。然而，可再生能源出力受天气的影响大，具有间歇性和波动性[23]。为了解决这个问题，有必要对数据中心能耗进行优化，在降低运行成本的同时应对可再生能源带来的不确定性。

在此背景下，本章首先利用数据中心能耗特点和能效评价指标，建立了数据中心的能耗模型，并考虑了该能耗模型的不确定性。其次使用分布鲁棒优化，建立了数据中心两阶段能耗优化模型。根据该模型特殊的两阶段结构，提出基于列与约束生成（column-and-constraint generation，C&CG）算法的具体流程来求解两阶段能耗优化模型。最后利用真实的数据中心工作负载数据，进行了仿真实验并分析了相应的实验结果。

## 4.1　数据中心能耗优化基础

本节主要利用数据中心能耗特点和能效评价指标，建立了数据中心的能耗模型，以及介绍了不确定优化方法。首先，介绍了数据中心内部的基础设施，并分析其运行特性和能耗特点。其次，介绍了数据中心运营商常用的能效评价指标。再次，考虑能耗特点和电能利用效率指标，建立了能衡量数据中心能耗的模型。最后，介绍了本章需要用到的不确定性优化方法。

### 4.1.1　数据中心能耗分析

数据中心构造复杂，其内部的基础设施主要包括 IT 设备、供电系统、制冷设备和照明等其他设备[24]，这些设施的能耗量占数据中心能耗总量的比例如图 4.1 所示。可以发现，数据中心的能耗除满足 IT 设备运行外，主要用于制冷设备、供电系统等数据中心机房的配套设施，部分用于照明等其他设备。其中，IT 设备与制冷设备占数据中心总能耗的比例最大,二者的占比合计达到 80%。以下将对不同基础设施的作用、运行特性和能耗情况进行介绍。

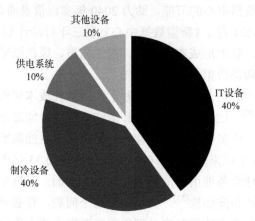

图 4.1　数据中心主要基础设施的能耗占比

　　IT 设备是数据中心的核心基础设施,包括服务器机架、存储设备和交换机等。服务器机架是 IT 设备中最重要的设备,负责处理众多数据密集型的业务,并确保服务质量(quality of service,QoS)[25]。服务质量是指网络为各种工作负载分配带宽,以减少网络上数据丢失、延迟等事件的发生,从而保证服务质量[26]。例如,重要的应用程序、语音和视频通话、商业交易等在网络设备中可借助设置服务质量以较高的优先级得到服务。存储设备用于保存数据中心内数以万计的数据,交换机则用于数据通信,将中心内所有的服务器互连起来。整个数据中心较大一部分能耗用于服务器的运算,但 CPU 一般只有 30%的时间处于高负载的运行状态,其余时间大多处在“空闲”的状态,这大大降低了 CPU 的平均利用率(36%左右)。为保障内存、磁盘等设备的运行,“空闲”状态下服务器的能耗相当于其峰值的2/3。然而,鉴于不确定的峰值流量,数据中心运行过程中往往会开启所有的服务器,这将不可避免地产生无谓的能源消耗[27]。

　　常见的大型数据中心的供电系统有两路市电输入,其中一路为市电和后备电源(柴油发电机组);另一路为从其他变电站输出的市电。双路混合供电方式以市电作为主供电源,以高压直流或不间断电源系统供电(uninterruptible power system,UPS)作为保障基础[28]。市电直供的基本系统架构包含一个服务器(含双路),第一路市电与第一路服务器电源连接,第二路市电与不间断电源系统供电的一端连接,不间断电源系统供电输出侧与第二路服务器电源连接。该双路供电架构可有效确保数据中心的供电安全,即便存在一路市电发生故障的情况,另一路市电及其所连接的保障电源设备可以立刻投入运行,使服务器设备能够不间断地工作[29]。

制冷设备是确保为数据中心内的设施提供足够的冷却、通风和湿度控制的相关设备，以保持所有设备处于理想的运行温度范围内，是数据中心的关键子系统之一。由于数据中心对于空气的温度和湿度要求较高，制冷设备直接关系到数据中心设备的安全、稳定运行。按照所使用的冷源载体种类可将数据中心的制冷方式分为风冷、液冷和两相冷却[30]。风冷是指使用传统的机房空调机组（computer room air conditioning，CRAC）先冷却空气，再将冷空气送入机房。冷空气为服务器的 CPU 降温后将热空气送回到机房空调机组。但是，因为气体的热流密度不高，降温效率较差，风冷的方式具有能源消耗高和运行噪声大的缺点。近年来，随着数据中心内设备逐渐密集化布置，数据中心开始尝试使用液态流体作为热量交互的媒介，从发热处将机房产生的热量传递到远处后冷却，即液冷。由于液体制冷剂的比热容量大于空气，冷却效率远高于风冷，可以有效地解决密集型服务器的冷却问题，降低制冷设备的能源消耗和运行噪声。目前液冷技术包括冷板式液冷和浸没式液冷技术。以阿里巴巴在千岛湖建设的数据中心为例，该中心利用低温的千岛湖深层水作为热量交换的媒介，有效地降低了制冷能耗。

与风冷和液冷（均未改变冷源载体的物理状态）不同的是，在两相制冷设备中，数据中心电子元件被浸没在介质传热液中，这种介质传热液沸点低且它的导热性能优于空气和水。流体在产热部件表面吸热汽化，上升的蒸汽带走电子元件产生的热量。冷却的过程是通过传热液蒸发自然发生的，不需要花费任何额外的能量。正是这种简单和方便性减少了传统的冷却硬件，从而使两相冷却获得了更好的冷却效率。与风冷或液冷相比，这种制冷方式消耗的能源要少得多。

其他设备是除 IT 设备、供电系统、制冷设备之外数据中心内其他的系统，包括照明系统、楼宇自动化系统、输配电系统和监控系统等。其中，数据中心依托建筑设置，根据不同区域、不同位置和不同设施，采用合理的照明设计和灯具布置，在达到照明目的的同时实现节能。

总之，数据中心能耗水平主要取决于服务器机架和制冷设备的能耗，而这些设备的能耗受到数据中心访问量和计算量的影响。在访问量高峰期，数据中心的工作负载率处于峰值，服务器机架保持高负载的运行状态，能耗上升的同时向周边环境散发更多的热量。为了使数据中心保持正常的运行稳定，提升制冷设备的运行功率。一般来说，数据中心的访问量具有潮汐特征，白天访问量多于黑夜，节假日的多于正常工作日。此外，数据中心的能耗水平也与内部其他设备的能耗有关。数据中心内的温度、湿度等环境因素会影响其他设备的运行，从而对其能耗水平造成影响。

### 4.1.2 数据中心能效指标

数据中心为 IT 设备供电以高效处理工作负载,并使用制冷设备带走 IT 设备产生的热量,这个过程消耗了大量的能源。数据中心行业对电力严重依赖,这导致了数据中心迫切需要使用指标来衡量其运行效率[31]。本节介绍了用于测量数据中心能源效率的几个关键的指标。

PUE 指标常用于测量数据中心的能效水平,它是数据中心总耗电量 $E_{\text{Total}}$ 与 IT 设备能耗量 $E_{\text{IT}}$ 的比值,一般用年均 PUE 指标表示,计算如式(4.1)所示。电能利用效率的理想值是 1,正常值在 1.3 到 2 之间,越接近 1 表明用于 IT 设备的电能占比越高,用于制冷、供配电等非 IT 设备能耗占比越低。虽然 PUE 指标被广泛认为是数据中心的首选能效指标,但一个好的 PUE 指标并不足以保证数据中心具有较高的整体运行效率,因为 PUE 指标并没有考虑计算资源的实际利用率(如服务器的利用率等)。为降低数据中心的 PUE 指标和减少能源消耗,运营商已经开始采取优化制冷设备、安装节能照明设备等改进措施。

$$\text{PUE} = \frac{E_{\text{Total}}}{E_{\text{IT}}} \tag{4.1}$$

可再生能源利用率(renewable energy ratio,RER)也常被用于测量数据中心的能效水平,该指标表示数据中心总耗电量 $E_{\text{Total}}$ 中可再生能源消耗量 $E_{\text{RES}}$ 的占比。该指标在实践中常用于判断数据中心内绿色供电的水平,以促进可再生能源的利用,计算如式(4.2)所示。

$$\text{RER} = \frac{E_{\text{RES}}}{E_{\text{Total}}} \tag{4.2}$$

为建设绿色数据中心,减少碳排放已成为运营商的主要运营目标之一。为衡量数据中心能耗的碳效率,现有研究提出了多个评估指标。碳利用效率(carbon usage effectiveness,CUE)是一个被广泛采用的数据中心碳利用效率评估指标[32]。碳利用效率的计算公式表述如下:

$$\text{CUE} = \beta \times \text{PUE} \tag{4.3}$$

其中,$\beta$ 为电网碳排放因子(单位为 kgCO2eq/(kW·h)),表示主电网中生产 1 kW·h 电能时的碳排放量。CUE 的最小值为 0,表示主电网中的电能全部由清洁的可再生能源提供。此外,数据中心采用现场可再生能源供电时,计算碳利用效率过程中需要从数据中心总能耗中减去来自可再生能源的电能。从数据中心运营商的角度来看,碳利用效率的值应尽可能小,以减少数据中心运行对全球气候变化的影响。

近来,谷歌公司为了实现全天候 CFE(carbon free energy,无碳能源)运行的宏伟目标，提出了 CFE 得分指标$CFE_{Score}$，用于度量数据中心每小时利用的无碳能源与总能耗量的比值[33]。根据定义，$CFE_{Score}$ 的计算公式如下：

$$CFE_{Score} = \frac{CFE_{grid} + CFE_{contracted}}{E_{Total}} \quad (4.4)$$

其中，$CFE_{grid}$ 为来自主电网的 CFE，可通过数据中心向主电网的购电量乘主电网的可再生能源渗透比例求得；$CFE_{contracted}$ 为数据中心供电的 CFE。和 CUE 指标相比，$CFE_{Score}$ 是一个更全面的指标，因为它考虑了现场可再生能源供应和来自主电网的 CFE。此外，$CFE_{Score}$ 的最大值是 100%，表示数据中心的电力负荷均由 CFE 满足，实现全天候无碳化运行。

然而，$CFE_{Score}$ 指标可能无法体现主电网碳强度的显著变化。例如，假设在两个不同地点 A 和 B 各自有一个总电力负荷为 1 MW·h 的数据中心。该数据中心与当地可再生能源项目签订了 0.8 MW·h 的 CFE 合同，其余 0.2 MW·h 的电能由主电网提供。假设 A 地和 B 地主电网的可再生能源渗透比例相同，则这两个数据中心的$CFE_{Score}$ 将是完全相同的。但是如果 A 地主电网的非可再生能源电力是通过燃煤产生的，B 地主电网的非可再生能源电力是通过燃烧天然气产生的，由于煤的碳强度比天然气高，A 地数据中心的实际碳排放将远远高于 B 地数据中心。因此，有必要引入一个与实际碳排放相关的指标来比较不同数据中心的碳效率。

谷歌公司也在近期的白皮书中提出另一个避免排放（avoided emissions）指标，该指标旨在优先考虑不同的可再生能源采购项目。避免排放指标用来比较有 CFE 和没有 CFE 时数据中心碳排放的差异，计算如式（4.5）所示。当某一数据中心避免排放指标（$e_{Avoided\ Emissions}$）越大，说明该数据中心采购可再生能源项目对降低其碳排放的意义越大。在这种情况下，该数据中心应更多地考虑签订 CFE 项目而非向主电网购电来满足其能源消耗。

$$e_{Avoided\ Emissions} = \beta \cdot CFE_{contracted} \quad (4.5)$$

### 4.1.3　数据中心能耗建模

如前文所述，数据中心内部包含诸多基础设施，如服务器机组等 IT 设备、供电系统、制冷设备和照明等其他设施。本节介绍了在整个数据中心层面上进行的能耗建模工作，它可以计算上述所有组件所消耗的能量，所建立的模型是基于数据中心的能效指标 PUE 开发的。所考虑的数据中心配置了分布式电源，其能源系统基本结构如图 4.2 所示。

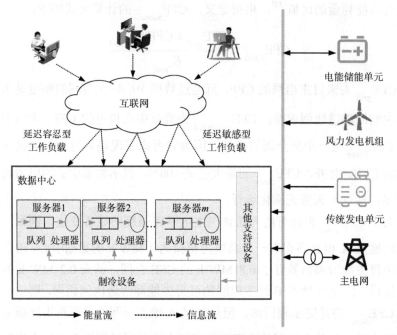

图 4.2　数据中心的能源系统基本结构

首先，模型是对一个真实系统的抽象，准确的数据中心能耗模型是其进行能耗管理的基础[31]。数据中心能耗模型存在多种用途，包括以下几点。

（1）设计数据中心能源系统。在数据中心设备组件和能源系统的初始设计过程中，能耗模型是不可或缺的。通过使用数据中心能耗模型，可以评估每个设计选择对于数据中心能耗的影响。

（2）预测数据中心能源效率。在日常运行过程中，运营商可以通过能耗模型了解数据中心的电力使用模式，以实现数据中心能效最大化。由于实际测量数据无法预测数据中心未来的能耗水平，仅仅依靠物理能耗测量并不能提供解决方案。此外，能耗测量数据也无法反映数据中心计算资源的使用情况和能耗水平之间的联系。相较而言，能耗模型易于操作并对运行参数的变化更有适应性。

（3）优化数据中心能源消耗。根据数据中心能耗模型，可以建立用数学公式表示的能耗优化策略，为实现数据中心能耗优化目标创造机会。

其次，由于风力发电的成本低，是大规模设施中使用最广泛的可再生能源[22]，以配置现场风力发电机组的数据中心为研究对象。数据中心通过向主电网购电、启动传统发电单元（conventional generator，CG）和风力发电机组满足自身的电力负荷。电能储能单元用于平衡数据中心的电力供应和需求，即当数据中心的电力供应大于需求时，电能储能单元可以将多余的电能存储起来；当数据中心的电力供应小于需求时，电能储能单元可以将存储的电能释放出来以满足电力负荷需求。此外，数据中心可以将多余的电力出售给主电网，从而有机会利用电价波动实现从电力市场获利。

数据中心内的服务器机架用于处理终端用户的服务请求，假设数据中心内的所有服务器机架都有相同的配置。此外，延迟敏感型工作负载必须在一个调度时段内处理完成。延迟容忍型工作负载则相对更加灵活，其要求在一个调度周期（24 h）结束之前得到处理。因此，延迟容忍型工作负载到达时，数据中心无须立即对其进行处理，而是根据自身运行条件和实际需要在最后期限之前的某一时间段内将该种工作负载处理完成。

为建立数据中心能耗模型，需要对数据中心所处理的工作负载进行建模。可以用一个活动区间 $T_r := \left\{ S_r, \cdots, E_r \right\}$ 来具体化第 $r$ 个延迟容忍型工作负载，其中 $S_r$ 和 $E_r$ 分别为第 $r$ 个延迟容忍型工作负载到达数据中心的时间段和完成处理的时间段。令集合 $\boldsymbol{\Phi}_t^{\mathrm{DT}}$ 为在所有第 $t$ 时段到达数据中心的延迟容忍型工作负载，则数据中心在第 $t$ 时段需要处理的工作负载总数 $L_t$ 可以通过式（4.6）求得

$$L_t = A_t + \sum_{r \in \boldsymbol{\Phi}_t^{\mathrm{DT}}} y_r^t \tag{4.6}$$

其中，$A_t$ 为数据中心在第 $t$ 时段需要处理的延迟敏感型工作负载；$y_r^t$ 为一个二进制变量，表示第 $r$ 个延迟容忍型工作负载在第 $t$ 时段的执行状态。如果 $y_r^t$ 为 1，则表示第 $r$ 个延迟容忍型工作负载在第 $t$ 时段得到执行；如果 $y_r^t$ 为 0，则表示第 $r$ 个延迟容忍型工作负载在第 $t$ 时段未得到执行。

在第 $t$ 时段结束之后，仍然缓存在数据中心的工作负载总数 $Q_t^{\mathrm{DT}}$ 通过式（4.7）计算，即上一调度时段缓冲的工作负载数加上本调度时段未处理的工作负载数。注意，由于延迟敏感型工作负载必须在一个调度时段内处理完毕，因此所有缓存在数据中心内的工作负载均为延迟容忍型。

$$Q_t^{\mathrm{DT}} = Q_{t-1}^{\mathrm{DT}} + \sum_{r \in \boldsymbol{\Phi}_t^{\mathrm{DT}}} \left( 1 - y_r^t \right) \tag{4.7}$$

随后，数据中心在 $t$ 时段的能耗 $P_t^{\mathrm{IDC}}$ 可通过利用 PUE 指标计算求得[31, 34]，如式（4.8）所示。其中，$m$ 为数据中心中服务器机架的数量；$P_{\mathrm{idle}}$ 和 $P_{\mathrm{peak}}$ 分别为单个服务器机架在空闲和工作时的能耗；$u_t$ 为在第 $t$ 时段的服务器平均利用率，可

以通过数据中心在第 $t$ 时段需要处理的工作负载总数 $L_t$、服务器机架数量 $m$ 和单个服务器处理速率 $v$ 计算求得，如式（4.9）所示；$(\text{PUE}-1) \cdot P_{\text{peak}}$ 则为一台服务器机架所对应的非 IT 设备的能耗。

$$P_t^{\text{IDC}} = m[P_{\text{idle}} + \left(P_{\text{peak}} - P_{\text{idle}}\right)u_t + \left(\text{PUE}-1\right) \cdot P_{\text{peak}}]  \tag{4.8}$$

$$u_t = \frac{L_t}{mv}  \tag{4.9}$$

### 4.1.4　不确定性优化方法

由于观测或测量误差等不确定性因素，实际问题的优化模型中通常包含不确定性参数。常规处理数学规划模型的方法已经不适用包含不确定参数的优化问题，因此学者提出了许多不确定处理技术。其中，随机规划和鲁棒优化由于较好地解决了包含不确定参数的数学问题，普遍应用在金融、能源、供应链和工程等领域。

随机规划有一个重要的假设，即不确定参数的真实概率分布必须已知或可估计[35]。如果满足这一条件，并且不确定优化问题可以转化为计算上易于处理的模型，那么随机规划就是解决当前不确定优化问题的首选方法。常见的随机规划模型包括两种。

#### 1. 基于 "here-and-now" 的机会约束规划模型

在该类模型中，不确定参数只存在于约束条件中，其数学模型如式（4.10）所示。其中，$h(\cdot)$ 为目标函数；$g(\cdot)$ 为不等式约束或等式约束；$\Pr(\cdot)$ 为事件发生的概率；$x$ 为决策变量；$\chi$ 为 $x$ 的定义域；$\tilde{\xi}$ 为不确定性参数；$i$ 为约束条件的指数；$m$ 为约束条件的个数。由于目标函数中不存在不确定参数，该模型需要在没有获得关于不确定参数的信息前就做出决策。这样的做法往往会使得部分最后的决策结果会违反约束条件，因此，该模型预先设定一个风险管理的置信水平 $\alpha$，最终决策结果不满足约束条件的概率不能超过该值。$\alpha$ 的值取决于决策者对于风险的偏好，风险厌恶型的决策者往往会选取较大的 $\alpha$ 值，而风险偏好型的决策者往往会选取较小的 $\alpha$ 值。

$$\begin{aligned} &\inf_{x \in \chi} h(x) \\ &\text{s.t. } \Pr[g_i(x, \tilde{\xi}) \leqslant 0] \geqslant \alpha, \quad i = 1, 2, 3, \cdots, m \end{aligned}  \tag{4.10}$$

## 2. 基于"wait-and-see"的期望模型

在该类模型中，不确定参数同时存在于目标函数和约束条件中，其数学模型如式（4.11）所示。其中，$E_p(\cdot)$ 为函数的期望值。由于目标函数和约束条件中同时存在不确定参数，该模型是在获得关于不确定参数的信息后做出的决策，最终的决策结果一般不会违反约束条件。如果不确定参数 $\tilde{\xi}$ 的概率分布已知，可以使用离散随机数来表示，形成多个需要优化的场景，将含不确定参数的优化问题转化为确定性规划。为提高计算效率，常使用场景削减技术，在保证尽可能保留不确定参数特征的前提下，将需要优化的场景的规模削减至合适的数量。

$$\inf_{x \in \chi} E_p[h(x, \tilde{\xi})]$$
$$\text{s.t. } E_p[g_i(x, \tilde{\xi})] \leqslant 0, \quad i = 1, 2, 3, \cdots, m \tag{4.11}$$

鲁棒优化不假设不确定参数的概率分布是已知的，而是假设不确定参数位于事先构建的不确定集 $U$ 中，并在不确定集上最小化最坏情况成本[36]，其数学模型的表示如式（4.12）所示。因此，所有决策变量的值都是在不确定参数信息未获得前确定的，是"here-and-now"的。含不确定参数的优化问题的约束条件是"硬性的"，即当不确定参数处于预先设定的不确定集中时，最后的决策结果不允许违反约束。不确定集的类型按照构建方式的不同可分为盒式、多面体和椭球不确定集等，模型的鲁棒性可通过不确定性预算 $\Gamma$ 控制。决策者可基于其对潜在不确定性的理解选择合适的 $\Gamma$ 值，具体来说，风险厌恶型的决策者倾向于选择较大的 $\Gamma$ 值。

$$\inf_{x \in \chi} \sup_{\tilde{\xi} \in U}[h(x, \tilde{\xi})]$$
$$\text{s.t. } \sup_{\tilde{\xi} \in U}[g_i(x, \tilde{\xi})] \leqslant 0, \quad i = 1, 2, 3, \cdots, m \tag{4.12}$$

区别于上述两种不确定处理技术，分布鲁棒优化用于考虑参数分布的不确定性。它的目标是在给定的模糊集中找到对不同可能分布具有鲁棒性的解决方案[37]，其数学模型如式（4.13）所示。在随机规划中，目标函数和约束是基于对不确定参数分布的假设来制定的。在鲁棒优化中，不确定参数的概率信息没有得到充分利用。然而，在真实的场景中，真实的数据分布可能是未知的，或受到变化的影响，因而分布鲁棒优化通过考虑一组可能的分布而不是单个分布来解决这个问题。

$$\inf_{x \in \chi} \sup_{p \in P} E_p[h(x, \tilde{\xi})]$$
$$\text{s.t. } \sup_{p \in P} E_p[g_i(x, \tilde{\xi})] \leqslant 0, \quad i = 1, 2, 3, \cdots, m \tag{4.13}$$

根据模糊集的构建方式，可将分布鲁棒优化方法分为两种类型，即基于统计矩的分布鲁棒优化和基于距离的分布鲁棒优化。基于统计矩的分布鲁棒优化方法根据预先设定的矩信息（均值和方差）构建模糊集：

$$\Omega = \left\{ P\left(\tilde{\xi}\right) \left| \begin{array}{l} \int P\left(\tilde{\xi}\right)\mathrm{d}\tilde{\xi} = 1 \\ E\left(\tilde{\xi}\right) = \mu_0 \\ E\left[\left(\tilde{\xi} - \mu\right)^2\right] = \sigma_0^2 \end{array} \right. \right\} \tag{4.14}$$

其中，第一行为 $\tilde{\xi}$ 不确定事件发生的概率的总和为 1；$\mu_0$ 和 $\sigma_0^2$ 分别为不确定参数的均值和方差。进一步地，考虑矩信息的不确定性，可以构建基于不确定矩的模糊集，如式（4.15）所示，其中 $\sum_0$ 为不确定参数的协方差矩阵；$\gamma_1$ 和 $\gamma_2$ 分别为期望的椭球不确定集下和半定锥不确定集下的限值。

$$\Omega = \left\{ P\left(\tilde{\xi}\right) \left| \begin{array}{l} \int P\left(\tilde{\xi}\right)\mathrm{d}\tilde{\xi} = 1 \\ \left[E\left(\tilde{\xi}\right) - \mu_0\right]^T \sum_0^{-1} \left[E\left(\tilde{\xi}\right) - \mu_0\right] \leqslant \gamma_1, \ \gamma_1 \geqslant 0 \\ E\left[(\tilde{\xi} - \mu_0)(\tilde{\xi} - \mu_0)^T\right] \leqslant \gamma_2 \sum_0, \ \gamma_2 \geqslant 0 \end{array} \right. \right\} \tag{4.15}$$

虽然基于统计矩的分布鲁棒优化具有矩信息易获得、模型等价转化容易等优势，但基于矩的模糊集难以充分利用额外的历史数据样本。在新增数据样本的情况下，除非动态更新矩信息的估计，否则优化结果不会得到改善[38]。与基于统计矩的方法不同，基于距离的分布鲁棒优化采用预先定义的半径和各种概率度量来构建模糊集，如式（4.16）所示。概率度量的方法 $D(\cdot)$ 用于计算模糊分布与从历史数据样本中获得的经验分布之间的概率距离，预先设定的半径 $d$ 用于约束该概率距离。基于大数定律，当历史数据样本增加时，从这些历史数据中获得的关于不确定参数的经验分布将逐渐接近其真实分布。因此，基于距离的分布鲁棒优化可以从额外的历史数据样本中受益。此外，通过使用基于距离的分布鲁棒优化，决策者也可以调整距离 $d$ 来体现其对待风险的态度。具体来说，风险厌恶型的决策者可能会选择一个相对较大的 $d$ 值，以便考虑更多的不确定参数的潜在分布。

$$\Omega = \left\{ P\left(\tilde{\xi}\right) \left| D\left(P\left(\tilde{\xi}\right) \middle\| P_0\right) \leqslant d \right. \right\} \tag{4.16}$$

## 4.2　基于分布鲁棒的数据中心能耗优化模型与方法

本节利用分布鲁棒优化，建立了数据中心能耗优化模型，随后根据该模型特殊的两阶段结构，提出了高效的求解方法。首先，建立基于分布鲁棒的数据中心两阶段能耗优化模型，包括目标函数和约束条件。其次，将模型转化为便于理解的矩阵紧凑形式，并介绍了联合 1-范式和 ∞-范式构建模糊集的方法。最后，提出基于列与约束生成算法的具体流程来求解两阶段能耗优化模型。

## 4.2.1　目标函数

利用分布鲁棒优化处理现场风电的不确定性，提出了数据中心的能耗优化模型，其目标函数如式（4.17）所示。可以看出，目标函数具有两阶段的结构，包括日前运行阶段和实时平衡阶段。在第一阶段，模型的目标是基于预测风电功率，最小化日前运行成本和碳排放成本。在第二阶段，模型的目标是在风电功率最坏概率分布实现的情况下最小化实时再调度成本。

$$\min\left\{\sum_{t=1}^{T}\Big[O\big(x_t\big)+\mathrm{Ca}\big(x_t\big)\Big]+\max\min p_k\cdot C\big(y_{t,k}\big)\right\} \tag{4.17}$$

其中，$T$ 为调度周期；$O\big(x_t\big)$ 为第 $t$ 时段的运行成本；$\mathrm{Ca}\big(x_t\big)$ 为第 $t$ 时段的碳排放成本；$p_k$ 为第 $k$ 个典型风电功率场景的概率；$C\big(y_{t,k}\big)$ 为在场景 $k$ 下第 $t$ 时段的再调度成本。

第一阶段运行成本的计算如式（4.18）所示，该项成本包括主电网与数据中心之间的交易成本、传统发电单元的运行成本 $C_{\mathrm{CG}}$、电能储能单元的折旧成本 $C_{\mathrm{BESS}}$ 和工作负载调度的部署开销 $C_{\mathrm{DO}}$。

$$O\big(x_t\big)=\left(\pi_t^{\mathrm{buy}}\cdot P_t^{\mathrm{buy}}-\pi_t^{\mathrm{sell}}\cdot P_t^{\mathrm{sell}}\right)\cdot\Delta t+C_{\mathrm{CG}}+C_{\mathrm{BESS}}+C_{\mathrm{DO}} \tag{4.18}$$

其中，$\pi_t^{\mathrm{buy}}$ 和 $\pi_t^{\mathrm{sell}}$ 分别为第 $t$ 时段购/售电价格；$P_t^{\mathrm{buy}}$ 和 $P_t^{\mathrm{sell}}$ 分别为第 $t$ 时段数据中心向主电网的购/售电量；$\Delta t$ 为时间间隔。

基于现有文献[39]，采用二次多项式对传统发电单元的运行成本进行建模，表达式如下：

$$C_{\mathrm{CG}}=\left[a\big(P_t^{\mathrm{CG}}\big)^2+bP_t^{\mathrm{CG}}+c\right]\cdot\Delta t \tag{4.19}$$

其中，$a$、$b$ 和 $c$ 均为传统发电单元的运行参数；$P_t^{\mathrm{CG}}$ 为传统发电单元在第 $t$ 时段的发电功率。

电能储能单元的折旧成本是电池运行过程中需要考虑的最重要的因素之一，其表达式如下：

$$C_{\mathrm{BESS}} = \left( P_{\mathrm{ch},t}^{\mathrm{BESS}} + P_{\mathrm{dch},t}^{\mathrm{BESS}} \right) \cdot \delta \cdot \Delta t \qquad (4.20)$$

其中，$P_{\mathrm{ch},t}^{\mathrm{BESS}}$ 和 $P_{\mathrm{dch},t}^{\mathrm{BESS}}$ 分别为第 $t$ 时段电能储能单元的充/放电功率；$\delta$ 为电能储能单元的单位折旧成本[24]。可通过投资成本 $C_{\mathrm{CAP}}$、电池循环寿命 $\delta_{\mathrm{lifecycle}}$、电池容量 $B_{\mathrm{BESS}}$ 和电池最大放电深度 $d_{\mathrm{DOD}}$ 计算 $\delta$，如式（4.21）所示。

$$\delta = \frac{C_{\mathrm{CAP}}}{2\delta_{\mathrm{lifecycle}} B_{\mathrm{BESS}} d_{\mathrm{DOD}}} \qquad (4.21)$$

部署开销为调度延迟容忍型工作负载所产生的成本，通过式（4.22）计算。其中，$C_{\mathrm{do}}$ 为单位工作负载的部署成本。

$$C_{\mathrm{DO}} = C_{\mathrm{do}} \cdot \sum_{r \in \Phi_t^{\mathrm{DT}}} \left( 1 - y_r^t \right) \qquad (4.22)$$

为了实现数据中心的绿色发展，减少数据中心在运行过程中产生的二氧化碳，所提出的模型在第一阶段还考虑了碳排放成本，表述如式（4.23）所示。其中，$u_{\mathrm{grid}}$ 和 $u_{\mathrm{CG}}$ 分别为主电网和传统发电单元的碳排放系数；$C_{\mathrm{tre}}$ 为单位碳排放的成本。

$$\mathrm{Ca}(x_t) = C_{\mathrm{tre}} \cdot \left( P_t^{\mathrm{buy}} \cdot u_{\mathrm{grid}} + P_t^{\mathrm{CG}} \cdot u_{\mathrm{CG}} \right) \cdot \Delta t \qquad (4.23)$$

在实时平衡的第二阶段，数据中心在风电功率的最坏概率分布下，制定再调度策略，由此产生相应的成本，计算如式（4.24）所示。再调度成本包括：传统发电单元的调整成本以及额外产生的发电成本，由式（4.25）表示。其中，$P_{t,k,u}^{\mathrm{CG}}$ 和 $P_{t,k,d}^{\mathrm{CG}}$ 分别为传统发电单元在第 $t$ 时段第 $k$ 个实际风电功率样本下向上和向下调整的功率，且传统发电单元在第 $t$ 时段第 $k$ 个实际风电功率样本下不能同时向上和向下调整；$c_{t,u}^{\mathrm{CG}}$ 和 $c_{t,d}^{\mathrm{CG}}$ 分别为第 $t$ 时段传统发电单元向上和向下调整功率的单位惩罚成本。

$$C\left( y_{t,k} \right) = \sum_{t=1}^{T} \left( \Delta C_t^{\mathrm{CG}} + \Delta C_t^{\mathrm{GRID}} + \Delta C_t^{\mathrm{CE}} \right) \qquad (4.24)$$

$$\Delta C_t^{\mathrm{CG}} = \begin{cases} c_{t,u}^{\mathrm{CG}} \cdot P_{t,k,u}^{\mathrm{CG}} + a\left( P_{t,k,u}^{\mathrm{CG}} \right)^2 + b P_{t,k,u}^{\mathrm{CG}} + \\ c_{t,d}^{\mathrm{CG}} \cdot P_{t,k,d}^{\mathrm{CG}} - \left[ a\left( P_{t,k,d}^{\mathrm{CG}} \right)^2 + b P_{t,k,d}^{\mathrm{CG}} \right] \end{cases} \cdot \Delta t, \quad P_{t,k,u}^{\mathrm{CG}} \cdot P_{t,k,d}^{\mathrm{CG}} = 0 \qquad (4.25)$$

其中，$\Delta C_t^{\mathrm{CG}}$ 为第 $t$ 时段传统发电单元的调整成本以及额外产生的发电成本之和；$a$、$b$ 为传统发电单元向上或向下调整功率的系数；$\Delta C_t^{\mathrm{GRID}}$ 为第 $t$ 时段因实时电力交易和日前电力交易偏差产生的惩罚成本和再购售电产生的交易成本；$\Delta C_t^{CE}$ 为第 $t$ 时段由调整传统发电单元出力和电力交易而产生的额外碳排放成本。

在不确定风电功率实现后，因实时电力交易和日前电力交易偏差产生的惩罚成本和再购售电产生的交易成本，由式（4.26）表示。当日前预测风电出力大于实际风电出力时，数据中心在第二阶段向主电网再购电；当日前预测风电出力小于实际风电出力时，数据中心在第二阶段向主电网再售电。其中，$P_{t,k}^{buy}$ 和 $P_{t,k}^{sell}$ 分别为第 $t$ 时段第 $k$ 个实际风电出力样本下数据中心向主电网再购电和再售电的数量；$c_t^{buy}$ 和 $c_t^{sell}$ 分别为在第 $t$ 时段再购电和再售电的单位惩罚成本。

调整传统发电单元出力和电力交易而产生的额外碳排放成本，由式（4.27）表示。

$$\Delta C_t^{GRID} = \begin{cases} P_{t,k}^{buy} \cdot \left( \pi_t^{buy} + c_t^{buy} \right) \cdot \Delta t, & P_t^{WT} - P_{t,k}^{WT} > 0 \\ P_{t,k}^{sell} \cdot \left( \pi_t^{sell} - c_t^{sell} \right) \cdot \Delta t, & P_t^{WT} - P_{t,k}^{WT} \leqslant 0 \end{cases} \quad (4.26)$$

$$\Delta C_t^{CE} = C_{tre} \cdot \left[ \left( P_{t,k,u}^{CG} - P_{t,k,d}^{CG} \right) \cdot u_{CG} + P_{t,k}^{buy} \cdot u_{grid} \right] \cdot \Delta t \quad (4.27)$$

其中，$P_t^{WT}$ 为第 $t$ 时段预测的风力发电量；$P_{t,k}^{WT}$ 为第 $t$ 时段场景 $k$ 下的风力发电量；$C_{tre}$ 为碳排放的单位处理成本。

### 4.2.2　约束条件

#### 1. 第一阶段日前运行约束

1）工作负载处理约束

为了保证数据中心的安全运行，数据中心在任一调度时段处理的工作负载数量不能超过其工作负载处理能力的最大容量，相关约束如式（4.28）。其中，$u_{max}$ 为数据中心服务器机架的最大利用率。式（4.29）表示每个延迟容忍型工作负载只分配到一个调度时段处理，并确保每个延迟容忍型工作负载在截止日期前被执行。式（4.30）表示调度伊始缓存在数据中心内的工作负载数量 $Q_0^{DT}$ 与一个调度周期结束后缓存在数据中心的工作负载数量 $Q_T^{DT}$ 相同，说明在该调度周期内所有接收的服务请求都得到了有效处理。式（4.31）确保缓存在数据中心内的工作负载数量不超过数据中心的最大缓存容量 $Q_{max}^{DT}$。

$$m \geqslant \frac{\max\limits_{t \in [1,T]} L_t}{u_{\max} \cdot v} \tag{4.28}$$

$$\sum_{t=S_r}^{E_r} y_r^t = 1, \, \forall r \in \boldsymbol{\varPhi}_t^{\mathrm{DT}}, \, \forall t \tag{4.29}$$

$$Q_0^{\mathrm{DT}} = Q_T^{\mathrm{DT}} \tag{4.30}$$

$$0 \leqslant Q_t^{\mathrm{DT}} \leqslant Q_{\max}^{\mathrm{DT}} \tag{4.31}$$

2）传统发电单元约束

为了确保传统发电单元的安全运行，其在第 $t$ 时段的发电功率 $P_t^{\mathrm{CG}}$ 需要限制在一定范围之内，如式（4.32）所示。其中，$P_{\min}^{\mathrm{CG}}$ 和 $P_{\max}^{\mathrm{CG}}$ 分别为传统发电单元的输出功率的下界和上界。传统发电单元在单位时间内增加或减少的出力是其爬坡功率。受设备性能影响，传统发电单元运行过程中需要满足爬坡功率约束，如式（4.33）所示。其中，RD 为传统发电单元在单位时间内最大减少的出力；RU 为传统发电单元在单位时间内最大增加的出力。

$$P_{\min}^{\mathrm{CG}} \leqslant P_t^{\mathrm{CG}} \leqslant P_{\max}^{\mathrm{CG}} \tag{4.32}$$

$$-\mathrm{RD} \leqslant P_t^{\mathrm{CG}} - P_{t-1}^{\mathrm{CG}} \leqslant \mathrm{RU} \tag{4.33}$$

3）电能储能单元约束

电能储能单元为确保安全平稳运行需要满足一系列约束条件，如式（4.34）~式（4.39）所示。其中，式（4.34）为电能储能单元的能源平衡约束。$E_t^{\mathrm{BESS}}$ 为在第 $t$ 时段电能储能单元所存储的电量；$P_{\mathrm{ch},t}^{\mathrm{BESS}}$ 和 $P_{\mathrm{dch},t}^{\mathrm{BESS}}$ 分别为第 $t$ 时段该设备的充/放电功率；$\eta_{\mathrm{ch}}^{\mathrm{BESS}}$ 和 $\eta_{\mathrm{dch}}^{\mathrm{BESS}}$ 分别为电能储能单元的充/放电效率。式（4.35）为该设备的容量约束，其中，$E_{\min}^{\mathrm{BESS}}$ 和 $E_{\max}^{\mathrm{BESS}}$ 分别为电能储能单元存储容量的下界和上界。

式（4.36）和式（4.37）分别约束了在第 $t$ 时段该设备的充电功率和放电功率，其中，$P_{\mathrm{ch},\max}^{\mathrm{BESS}}$ 为该设备的充电功率的上界；而 $P_{\mathrm{dch},\max}^{\mathrm{BESS}}$ 则为放电功率的上界；$I_t^{\mathrm{ch}}$ 和 $I_t^{\mathrm{dch}}$ 为二进制变量，分别指示电能储能单元的充电状态和放电状态；$E_0^{\mathrm{BESS}}$ 为调度伊始电能储能单元内存储的电量。以 $I_t^{\mathrm{ch}}$ 为例，当 $I_t^{\mathrm{ch}}$ 为 1 时，该设备在第 $t$ 时段处于放电状态；当 $I_t^{\mathrm{ch}}$ 为 0 时，该设备不放电（可能充电或不工作）。式（4.39）则保证了电能储能单元在任一调度时段内不能同时充电或放电。此外，电能储能单元内存储的电能总量要求在一个调度周期结束后保持不变，由式（4.39）保证，

其中 $E_0^{\mathrm{BESS}}$ 为电能储能单元在调度开始时存储的电能总量；$E_T^{\mathrm{BESS}}$ 为电能储能单元在调度周期 $T$ 结束时存储的电能总量。

$$E_t^{\mathrm{BESS}} = E_{t-1}^{\mathrm{BESS}} + P_{\mathrm{ch},t}^{\mathrm{BESS}} \cdot \Delta t \cdot \eta_{\mathrm{ch}}^{\mathrm{BESS}} - \frac{P_{\mathrm{dch},t}^{\mathrm{BESS}} \cdot \Delta t}{\eta_{\mathrm{dch}}^{\mathrm{BESS}}} \tag{4.34}$$

$$E_{\min}^{\mathrm{BESS}} \leqslant E_t^{\mathrm{BESS}} \leqslant E_{\max}^{\mathrm{BESS}} \tag{4.35}$$

$$0 \leqslant P_{\mathrm{ch},t}^{\mathrm{BESS}} \leqslant P_{\mathrm{ch},\max}^{\mathrm{BESS}} \cdot I_t^{\mathrm{ch}} \tag{4.36}$$

$$0 \leqslant P_{\mathrm{dch},t}^{\mathrm{BESS}} \leqslant P_{\mathrm{dch},\max}^{\mathrm{BESS}} \cdot I_t^{\mathrm{dch}} \tag{4.37}$$

$$I_t^{\mathrm{ch}} + I_t^{\mathrm{dch}} \leqslant 1 \tag{4.38}$$

$$E_0^{\mathrm{BESS}} = E_T^{\mathrm{BESS}} \tag{4.39}$$

4）主电网传输功率约束

为保障线路安全，主电网和数据中心之间的功率传输不能超过传输限制。具体表现为，当数据中心向主电网购电时需满足约束式（4.40）；当数据中心向主电网售电时需满足约束式（4.41）。其中，$L_{\max}^{\mathrm{buy}}$ 和 $L_{\max}^{\mathrm{sell}}$ 分别为最大购电功率和最大售电功率。

$$0 \leqslant P_t^{\mathrm{buy}} \leqslant L_{\max}^{\mathrm{buy}} \tag{4.40}$$

$$0 \leqslant P_t^{\mathrm{sell}} \leqslant L_{\max}^{\mathrm{sell}} \tag{4.41}$$

5）数据中心功率平衡约束

在日前调度阶段，数据中心需要保证每一个调度时段内的电力供需平衡，以维持其正常运行。数据中心的功率平衡约束如式（4.42）所示，其中，等式左侧为电力供应，等式右侧为电力消耗。

$$P_t^{\mathrm{buy}} + P_t^{\mathrm{CG}} + P_{\mathrm{dch},t}^{\mathrm{BESS}} + P_t^{\mathrm{WT}} = P_t^{\mathrm{IDC}} + P_t^{\mathrm{sell}} + P_{\mathrm{ch},t}^{\mathrm{BESS}} \tag{4.42}$$

## 2. 第二阶段实时平衡约束

在不确定风电功率揭露的第二阶段，数据中心通过调整与主电网的交易量（再购电量和再售电量）以及传统发电单元的输出功率，从而实现电力供需的实时平衡。在这个阶段，数据中心运行必须满足以下约束条件。

式（4.43）和式（4.44）表示在对传统发电单元进行功率调整后，该设备仍然满足输出功率和爬坡功率约束。

$$P_{\min}^{\mathrm{CG}} \leqslant P_t^{\mathrm{CG}} + P_{t,k,u}^{\mathrm{CG}} - P_{t,k,d}^{\mathrm{CG}} \leqslant P_{\max}^{\mathrm{CG}} \tag{4.43}$$

$$-\mathrm{RD} \leqslant \left( P_t^{\mathrm{CG}} + P_{t,k,u}^{\mathrm{CG}} - P_{t,k,d}^{\mathrm{CG}} \right) - \left( P_{t-1}^{\mathrm{CG}} + P_{t-1,k,u}^{\mathrm{CG}} - P_{t-1,k,d}^{\mathrm{CG}} \right) \leqslant \mathrm{RU} \tag{4.44}$$

数据中心调整与主电网之间的交易量后，数据中心的购电功率和售电功率仍需满足线路传输约束，如式（4.45）和式（4.46）所示。

$$0 \leqslant P_t^{\text{buy}} + P_{t,k}^{\text{buy}} \leqslant L_{\max}^{\text{buy}} \tag{4.45}$$

$$0 \leqslant P_t^{\text{sell}} + P_{t,k}^{\text{sell}} \leqslant L_{\max}^{\text{sell}} \tag{4.46}$$

在第二阶段，数据中心需要保持实时功率平衡，如式（4.47）所示。此外，第二阶段的所有调整变量均需满足非负约束，如式（4.48）所示。

$$P_t^{\text{WT}} + P_{t,k,d}^{\text{CG}} + P_{t,k}^{\text{sell}} = P_{t,k}^{\text{WT}} + P_{t,k,u}^{\text{CG}} + P_{t,k}^{\text{buy}} \tag{4.47}$$

$$P_{t,k,u}^{\text{CG}}, P_{t,k,d}^{\text{CG}}, P_{t,k}^{\text{buy}}, P_{t,k}^{\text{sell}} \geqslant 0 \tag{4.48}$$

### 4.2.3　模型求解方法

本节首先将上述所提出的两阶段能耗优化模型用便于理解的矩阵紧凑形式表示，其次构建基于 1-范式和 $\infty$-范式的模糊集来约束风电功率的概率分布，最后设计了高效求解两阶段能耗优化模型的具体流程。

#### 1. 矩阵紧凑形式

$N_1$ 和 $M_1$ 分别为第一阶段决策变量和约束条件的集合；$N_2$ 和 $M_2$ 分别为第二阶段决策变量和约束条件的集合。随后，上述所提出的两阶段能耗优化模型可以重新表述为如式（4.49）所示的矩阵紧凑形式：

$$\min c_1^{\text{T}} x + \max_{p_k \in \Omega} \sum_{k=1}^{K} p_k \cdot \min c_2^{\text{T}} y_k, \tag{4.49}$$

其中，$x$ 为向量，包含日前运行阶段的决策变量；$y_k$ 也为向量，包含在第 $k$ 个实际风电功率样本下实时平衡阶段的决策变量；$c_1^{\text{T}} \in R^{|N_1|}$ 和 $c_2^{\text{T}} \in R^{|N_2|}$ 分别为第一阶段和第二阶段的系数向量。

第一阶段的约束条件转化为不等式（4.50），第二阶段的约束条件转化为不等式（4.51）。其中包含系数矩阵 $A \in R^{|M_1| \times |N_1|}$，$E \in R^{|M_2| \times |N_1|}$，$G \in R^{|M_2| \times |N_2|}$ 和向量 $b \in R^{|M_1|}$，$h(v_k) \in R^{|M_2|}$。注意，不等式（4.51）右侧向量的值取决于典型风力发电场景 $v_k$。

$$Ax \geqslant b \tag{4.50}$$

$$Ex + Gy_k \geqslant h(v_k), \quad k = 1, 2, \cdots, K \tag{4.51}$$

所提出的两阶段数据中心能耗优化模型与现有基于随机规划和鲁棒优化的能耗优化模型存在根本区别，具体体现在所提模型在模糊集 $\Omega$ 中寻找最坏情况的风电功率的概率分布，并在该概率分布下寻找使得数据中心再调度成本最小的解。

## 2. 模糊集构建

给定 $M$ 个风电功率的历史数据样本，通过使用现有的场景缩减技术提取 $K$ 个典型风力发电场景 $V_K=(v_1,v_2,\cdots,v_K)$。令 $P_0=(p_1^0,p_2^0,\cdots,p_k^0)$ 表示每个典型风电出力场景的初始概率。由于真实的风电功率的概率分布是未知的，因此需要构建一个模糊集来包含所有可能的风电功率的模糊分布，详细的构建过程如下所示。

文献[40]提出两种模糊集的构建方法，即分别使用 1-范式和 $\infty$-范式。结合上述两种方法来构建模糊集，如式（4.52）所示。其中，$p_k^0$ 为第 $k$ 个典型风电出力场景初始概率。

$$\Omega=\left\{\{p_k\}\left|\begin{array}{l}p_k\geqslant 0,k=1,2,\cdots,K\\[2mm]\displaystyle\sum_{k=1}^{K}p_k=1\\[2mm]\displaystyle\sum_{k=1}^{K}\left|p_k-p_k^0\right|\leqslant\theta_1\\[2mm]\displaystyle\max_{1\leqslant k\leqslant K}\left|p_k-p_k^0\right|\leqslant\theta_\infty\end{array}\right.\right\}\tag{4.52}$$

基于文献[40]，风电功率的历史数据规模与容忍度之间的关系如式（4.53）所示。其中，$\theta_1$ 为在 1-范式下的最大允许偏差；$\theta_\infty$ 为在 $\infty$-范式下的最大允许偏差。

$$\begin{cases}\Pr\left\{\displaystyle\sum_{k=1}^{K}\left|p_k-p_k^0\right|\leqslant\theta_1\right\}\geqslant 1-2Ke^{-\frac{2M\theta_1}{K}}\\[4mm]\Pr\left\{\displaystyle\max_{1\leqslant k\leqslant K}\left|p_k-p_k^0\right|\leqslant\theta_\infty\right\}\geqslant 1-2Ke^{-2M\theta_\infty}\end{cases}\tag{4.53}$$

式（4.53）右侧表示模糊集的置信水平，它们是预先设定的参数。令 $\alpha_1$ 和 $\alpha_\infty$ 分别为 1-范式和 $\infty$-范式下的置信水平，随后得到置信水平和相应容忍度的关系，如式（4.54）所示。

$$\begin{cases}\theta_1=\dfrac{K}{2M}\ln\dfrac{2K}{1-\alpha_1}\\[4mm]\theta_\infty=\dfrac{1}{2M}\ln\dfrac{2K}{1-\alpha_\infty}\end{cases}\tag{4.54}$$

最后，通过引入辅助变量 $y_k$ 和 $z_k$ 使模型线性化，则式（4.52）中第三项和第四项约束条件可以重新表述见不等式（4.55）：

$$\begin{cases} \sum_{k=1}^{K} y_k \leqslant \theta_1 \\ z_k \leqslant \theta_\infty \\ y_k \geqslant p_k - p_k^0 \quad , \forall k \in [1, K] \\ y_k \geqslant p_k^0 - p_k \\ z_k \geqslant p_k - p_k^0 \\ z_k \geqslant p_k^0 - p_k \end{cases} \tag{4.55}$$

### 3. 列与约束生成算法

所提的数据中心能耗优化模型具有特殊的两阶段结构，所以使用一种名为列与约束生成[41, 42]的切割平面算法来求解该模型。该算法利用主-子问题框架来实现，其中主问题为最小化总成本；子问题为在风电功率最坏概率分布下，最小化实时再调度成本。随后，该算法通过迭代，依次求解主问题和子问题，使主-子问题的差值小于收敛阈值，从而获得最优解。该算法求解所提数据中心能耗优化模型的具体步骤如下所示，为了使求解过程更加直观，图4.3给出具体的求解流程。

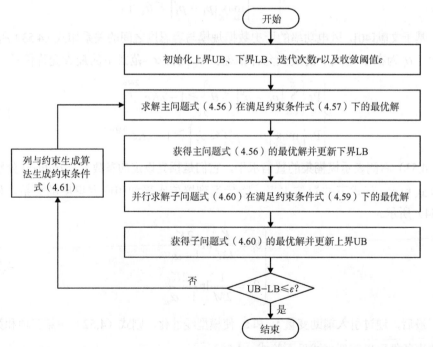

图 4.3 列与约束生成算法的求解流程

步骤1：初始化。给定收敛阈值$\varepsilon$的值，令上界UB和下界LB分别为$\infty$和$-\infty$，

令迭代次数 $r=0$。

步骤 2：对主问题进行求解。该问题的目标函数如式（4.56）所示，约束条件为式（4.57）。在式（4.56）中，$\eta$ 为一个辅助变量，表示最坏风电功率概率分布下的实时再调度成本；在式（4.57）中，$p_{l,k}$ 为在第 $l$ 次迭代中求解子问题得到的最坏风电功率的概率分布；$\boldsymbol{y}_{l,k}$ 为由最优切平面或可行切平面所产生的辅助向量；$l$ 为在第 $l$ 次迭代。由于主问题已被线性化为混合整数线性规划，可通过现有的商业求解器 Gurobi 高效地求解。所得最优解表示为 $\left(\boldsymbol{x}_{r+1}^{*}, \eta_{r+1}^{*}, \boldsymbol{y}_{1,k}^{*}, \boldsymbol{y}_{2,k}^{*}, \cdots, \boldsymbol{y}_{r,k}^{*}\right)$，$\forall k \in [1, K]$，下界更新为 $\mathrm{LB} = \max\left\{\mathrm{LB}, \boldsymbol{c}_1^{\mathrm{T}} \boldsymbol{x}_{r+1}^{*} + \eta_{r+1}^{*}\right\}$。

$$\min_{x, \eta} \boldsymbol{c}_1^{\mathrm{T}} \boldsymbol{x} + \eta \tag{4.56}$$

$$\mathrm{s.t.} \begin{cases} \boldsymbol{AX} \geqslant \mathrm{b} \\ \eta \geqslant \displaystyle\sum_{k=1}^{K} p_{l,k} \cdot \boldsymbol{c}_2^{\mathrm{T}} \boldsymbol{y}_{l,k}, & \forall l \leqslant r, \forall k \in [1, K] \\ \boldsymbol{Ex} + \boldsymbol{Gy}_{l,k} \geqslant \boldsymbol{h}_l(\boldsymbol{v}_k), & \forall l \leqslant r, \forall k \in [1, K] \end{cases} \tag{4.57}$$

步骤 3：对子问题进行求解。该问题的目标函数和约束条件分别表述为式（4.58）和式（4.59）。该子问题具有双层"最大-最小"框架，搜索模糊集内风电功率的最坏概率分布，以及最小化最坏概率分布下的实时再调度成本。根据步骤 2 得到的计算结果，该次迭代下的 $\boldsymbol{y}_k$ 易于求解，内部"min"问题可以直接分解为一些小尺度问题，然后通过并行高效求解。为了便于理解，使用 $f_k(\boldsymbol{x}_{r+1}^{*}, \boldsymbol{v}_k)$ 代表线性规划问题 $\min_{\boldsymbol{y}_k} \boldsymbol{c}_2^{\mathrm{T}} \boldsymbol{y}_k$。随后，子问题的目标函数式（4.58）可以重新表述为式（4.60）。在求解子问题之后得到的最优解表示为 $\left(p_{r+1,k}^{*}, \boldsymbol{y}_{r+1,k}^{*}\right)$，$\forall k \in [1, K]$，最后上界更新为 $\mathrm{UB} = \min\left\{\mathrm{UB}, \boldsymbol{c}_1^{\mathrm{T}} \boldsymbol{x}_{r+1}^{*} + \displaystyle\sum_{k=1}^{K} p_{r+1,k}^{*} \cdot \boldsymbol{c}_2^{\mathrm{T}} \boldsymbol{y}_{r+1,k}^{*}\right\}$。

$$\max_{p_k \in \Omega} \sum_{k=1}^{K} p_k \cdot \min_{\boldsymbol{y}_k} \boldsymbol{c}_2^{\mathrm{T}} \boldsymbol{y}_k \tag{4.58}$$

$$\mathrm{s.t.} \quad \boldsymbol{Ex}_{r+1}^{*} + \boldsymbol{Gy}_k \geqslant \boldsymbol{h}(\boldsymbol{v}_k) \tag{4.59}$$

$$\max_{p_k \in \Omega} \sum_{k=1}^{K} p_k \cdot f_k(\boldsymbol{x}_{r+1}^{*}, \boldsymbol{v}_k) \tag{4.60}$$

步骤 4：计算上下边界的差值并判断迭代终止条件。若满足 $(\mathrm{UB} - \mathrm{LB}) \leqslant \varepsilon$，返回 $\boldsymbol{x}_{r+1}^{*}$ 作为数据中心日前调度的最优解，并终止迭代。若不满足 $(\mathrm{UB} - \mathrm{LB}) \leqslant \varepsilon$，则令 $p_{r+1,k} = p_{r+1,k}^{*}$，算法进入步骤 5。

步骤 5：更新 $r = r+1$，生成辅助向量 $\boldsymbol{y}_{r,k}$，并将约束条件式（4.61）添加入主问题。随后，算法返回步骤 2。

$$\begin{cases} \eta \geq \max_{p_k \in \Omega} \sum_{k=1}^{K} p_{r,k} \cdot \boldsymbol{c}_2^{\mathrm{T}} \boldsymbol{y}_{r,k}, & \forall k \in [1,K] \\ \boldsymbol{Ex} + \boldsymbol{Gy}_{r,k} \geq \boldsymbol{h}_r(\boldsymbol{v}_k), & \forall k \in [1,K] \end{cases} \tag{4.61}$$

此外，由于主问题和子问题都是线性的，列与约束生成算法的计算复杂度取决于典型风力发电场景数量 $K$。关于列与约束生成算法计算复杂度分析的更多细节，可参照文献[42]。

## 4.3 实验结果分析与讨论

本节利用真实的数据中心工作负载数据，进行了仿真实验并分析了相应的实验结果。首先，介绍了仿真实验的实验数据和参数设置，设置了不同的调度场景并对不同场景下的实验结果进行比较分析。其次，依次进行敏感性分析、模型比较分析和模型可扩展性分析，验证了本章建立的数据中心能耗优化模型与方法的有效性。

### 4.3.1 实验数据和设置

本实验调度周期设置为 1 天，优化计算间隔设置为 1 h，故共有 24 个调度时段。假设数据中心内拥有 3000 台服务器机架，每台服务器机架的平均服务速率为每秒处理 2 个请求[43]。至于传统发电单元的运行成本，根据文献[44]，设置参数 $a = c = 0$，$b = (1/T)\sum_{t=1}^{T} \pi_t^{\text{buy}}$。本节实验使用的数据中心工作负载数据来源于公开数据集，并假设在每个计算时段内到达的工作负载中延迟敏感型和延迟容忍型各占一半[45]。其中，延迟容忍型工作负载允许在一个调度周期结束前完成，而延迟敏感型工作负载必须在到达数据中心后立即得到处理。

实验中使用的电力零售价格数据为新加坡国家电力市场的历史数据[46]。电力零售价格和基于现有预测方法获得的预测风电功率如图 4.4 所示。此外，向电网出售电力的价格设置为购电价格的 90%，模糊集构建的置信度设置为 $\alpha_1 = \alpha_\infty = 0.9$。最后，电能储能单元的参数设置见表 4.1[47]，其他重要的实验参数见表 4.2[48, 49]，表 4.2 中 $P_{\text{peak}}$ 为服务器的平均峰值功耗；$P_{\text{idle}}$ 为服务器的平均空闲功耗。

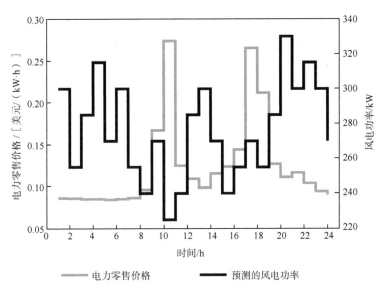

图 4.4　电力零售价格和预测的风电功率

**表 4.1　电能储能单元的参数设置**

| 参数 | 单位 | 数值 |
|---|---|---|
| 投资成本 | 美元 | 100 000 |
| 电池循环寿命 | | 3 000 |
| 初始容量 | kW·h | 500 |
| 储能容量上/下限 | kW·h | 100/900 |
| 最大充/放电功率 | kW | 300/300 |
| 最大放电深度 | | 0.8 |
| 充/放电效率 | | 0.9/0.9 |

**表 4.2　实验参数的设置**

| 参数 | 单位 | 数值 |
|---|---|---|
| $P_{peak}/P_{idle}$ | W | 200/100 |
| PUE | | 1.5 |
| $u_{max}$ | | 90% |
| $C_{tre}$ | min/kg | 3.36 |
| $u_{grid}/u_{CG}$ | kg/（kW·h） | 0.889/0.680 |
| RU/RD | kW/h | 100/100 |

　　假设不确定的风电功率服从多元正态分布，该分布的均值是日前预测风电功率，方差等于其均值的 1/3[40]。通过蒙特卡罗模拟生成 1000 组历史数据样本。此外，假设最大风电功率的预测误差为其预测值的 20%。随后，利用现有的场景消

减技术, 得到 10 个典型的风电功率情景。

设计了四个调度场景, 分析电能储能单元和工作负载调度对实验结果的影响。所有调度方案均考虑了不确定的风电功率和传统发电单元, 表 4.3 总结了四种调度场景的设置。

表 4.3　四个调度场景的设置

| 调度场景 | 风力发电单元 | 传统发电单元 | 电能储能单元 | 工作负载调度 |
|---|---|---|---|---|
| 调度场景 1 | ✓ | ✓ | | |
| 调度场景 2 | ✓ | ✓ | ✓ | |
| 调度场景 3 | ✓ | ✓ | | ✓ |
| 调度场景 4 | ✓ | ✓ | ✓ | ✓ |

注: 表中 "✓" 表示相应场景中包含对应项

(1) 调度场景 1。数据中心在没有电能储能单元和工作负载调度的情况下运行, 这是一个基准调度场景。

(2) 调度场景 2。在数据中心运行过程中考虑电能储能单元, 该场景用于研究电能储能单元对数据中心总成本的影响。

(3) 调度场景 3。在数据中心运行过程中考虑工作负载调度, 该场景用于研究工作负载调度对数据中心总成本的影响。

(4) 调度场景 4。在数据中心运行过程中同时考虑电能储能单元和工作负载调度, 这是所提数据中心能耗优化模型考虑的场景, 用于研究联合调度电能储能单元和工作负载调度对数据中心总成本的影响。

## 4.3.2　调度结果分析

调度场景 1、2、3 和 4 下的日前调度结果分别如图 4.5 (a)、图 4.5 (b)、图 4.5 (c) 和图 4.5 (d) 所示。其中, WT 表示日前预测的风电功率, CG 表示传统发电单元的输出功率, BESS 表示电能储能单元的充放电功率 (如果电能储能单元处于放电状态, 则 BESS 为正值; 如果电能储能单元处于充电状态, 则 BESS 为负值), 主电网表示数据中心和主电网之间的交互功率 (如果数据中心向主电网购电, 则主电网为正值; 否则如果数据中心向主电网售电, 则主电网为负值), 负荷表示数据中心的电力负荷。

可以看出, 所有调度场景中, 数据中心在各个日前调度时刻都能够保持功率平衡, 说明提出的方法能为数据中心提供稳定的能源供应。结合图 4.4 和图 4.5 可以看出, 在调度场景 1 中, 从主电网购电的数量与电力价格大致呈负相关的关系。当电力价格较高时, 数据中心从主电网的购电数量较少; 当电力价格较低时, 数据中

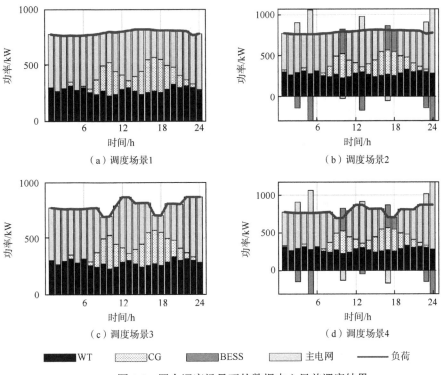

（a）调度场景1　　　　　　　　　　（b）调度场景2

（c）调度场景3　　　　　　　　　　（d）调度场景4

WT　　CG　　BESS　　主电网　　负荷

图 4.5　四个调度场景下的数据中心日前调度结果

心从主电网的购电数量较多。传统发电单元易于调整，因而其在电力价格相对较高时输出的功率更高，在电力价格相对较低时输出的功率更低，从而有助于降低数据中心的总成本。

如图 4.5 所示，在调度场景 2 中，电能储能单元在电价相对较低的时段充电，在电价相对较高的时段放电，从而可以利用电能储能单元实现套利的目的。在 10：00～11：00 和 17：00～18：00，电价达到峰值，传统发电单元和电能储能单元以最大功率运行，以确保数据中心在满足自身运行所需电能的同时能向主电网售电而获利。因而，当数据中心配置电能储能单元时，其在运行过程中可以有效应对未来电价的波动，从而降低总成本。

如图 4.5 和图 4.6 所示，和调度场景 1 相比，调度场景 3 下数据中心的电力负荷在进行工作负载调度后得到显著的改变。具体地，高电价时段的延迟容忍型工作负载转移到低电价时段。这有效地表明了工作负载调度可以有助于实现削峰填谷，即在电价较高、主电网供电压力较大的时刻降低数据中心的电力负荷；在电价较低、主电网供电压力较小的时刻增加数据中心的电力负荷。延迟敏感型工作负载到达数据中心后得到及时处理，在第 $t$ 时段仅有延迟容忍型工作负载尚未被完全处理。

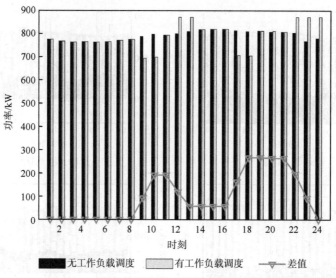

图 4.6　工作负载调度前后数据中心的电力负荷

　　将缓存在数据中心内的工作负载转换为电力负荷偏差，如图 4.6 所示。其中，差值表示有无工作负载调度时数据中心电力负荷的差值，它始终大于等于 0，且当差值增加时表示此时段部分的工作负载转移到之后的调度时段；当差值不变时表示此时段的工作负载刚好被处理完但缓存的工作负载未得到处理；当差值减少时表示此时段的工作负载被处理完且部分缓存的工作负载也得到处理。由图 4.6 可知，当一个调度周期结束后（调度时段达到 24 h），差值为 0。这表示所有延迟容忍型工作负载都在截止时间前得到了处理，说明数据中心的服务质量得到了保证。

　　如图 4.5 所示，和调度场景 2 相比，调度场景 4 下数据中心在高电价时段（10 h、17 h）向主电网出售更多的电，这有助于提高数据中心的售电收益。此外，电能储能单元在 13 h 时段充电量减少，在 18 h 时段放电量减少，这有助于减少电能储能单元的折旧成本。这是因为通过进行工作负载调度，调度场景 4 下的数据中心在 13 h 时段处理更多的工作负载，在 17 h 和 18 h 时段处理更少的工作负载。

　　本节也比较了不同调度场景下数据中心的运行成本、碳排放成本、再调度成本和总成本，结果如表 4.4 所示。可以观察到，所有调度场景的再调度成本相近，说明电能储能单元和工作负载的调度决策是在第一阶段做出的，对第二阶段决策的影响很小。

表 4.4　不同调度场景下的成本比较（单位：美元）

| 成本 | 调度场景 1 | 调度场景 2 | 调度场景 3 | 调度场景 4 |
|---|---|---|---|---|
| 运行成本 | 1438.0 | 1360.2 | 1399.4 | 1331.6 |
| 碳排放成本 | 347.4 | 355.8 | 347.4 | 361.2 |

续表

| 成本 | 调度场景 1 | 调度场景 2 | 调度场景 3 | 调度场景 4 |
|---|---|---|---|---|
| 再调度成本 | 38.9 | 37.1 | 38.9 | 37.4 |
| 总成本 | 1824.3 | 1753.1 | 1785.7 | 1730.2 |

和调度场景 1 相比，调度场景 2 和 4 下数据中心的总成本下降，但碳排放成本升高。这是由于当数据中心运行过程中有电能储能单元参与时，数据中心往往会利用传统发电单元产生更多的电能，多余的电能存储在电能储能单元中并在电价较高的时候出售给主电网。虽然传统发电单元产生更多的电能导致碳排放成本升高，但数据中心从向主电网售电中获利更多。

和调度场景 1 相比，即便是考虑了电能储能单元的折旧成本，调度场景 2 下数据中心的总成本降低了 3.90%。调度场景 3 下数据中心的总成本相比于调度场景 1 降低了 2.12%，这表明工作负载调度是一种有效降低数据中心总成本的方法。在调度场景 4 下，数据中心的总成本是 4 个调度场景中最低的，相比于调度场景 1 降低了 5.16%。由此，充分验证了同时考虑电能储能单元和工作负载调度对降低数据中心总成本的有效性。

### 4.3.3　敏感性分析

#### 1. 可再生能源的影响

在调度场景 4 下，比较数据中心不配置现场可再生能源和配置现场可再生能源的两种运行情况，两种设置下的日前运行结果如表 4.5 所示。由表 4.5 可知，一方面，数据中心配置现场可再生能源后，运行成本和碳排放成本分别降低 36.92%和34.95%。这是因为数据中心使用低价、清洁的风电替代发电成本高、碳排放成本高的传统发电单元。另一方面，风力发电的波动性给数据中心的能耗管理带来了冲击，要求对电力供需进行实时平衡，结果产生了再调度成本。综合考虑这两个方面，可以得出配置可再生能源的优点大于缺点这一结论，因为配置现场可再生能源后数据中心的总成本降低了 35.11%。

表 4.5　有无配置现场可再生能源下的成本比较（单位：美元）

| 不同情景 | 运行成本 | 碳排放成本 | 再调度成本 | 总成本 |
|---|---|---|---|---|
| 配置现场可再生能源 | 1331.6 | 361.2 | 37.4 | 1730.1 |
| 不配置现场可再生能源 | 2111.1 | 555.3 | 0 | 2666.4 |
| 差值 | 779.5 | 194.1 | −37.4 | 936.3 |

## 2. 延迟容忍型工作负载比例和单位部署成本的影响

为了探究延迟容忍型工作负载比例和单位部署成本对数据中心能耗管理的影响，以下界为 0，上界为 2，梯度为 0.25 设置延迟容忍型工作负载与延迟敏感型工作负载的比例，并从 $10^{-7} \sim 10^{-5}$ 美元选取 9 个单位部署成本值。与此同时，工作负载的总数（延迟敏感型工作负载数和容忍延迟型工作负载数之和）保持不变，实验结果如图 4.7 所示。

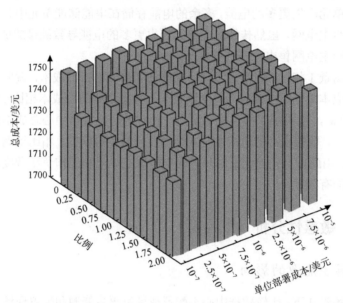

图 4.7 不同延迟容忍型工作负载比例和单位部署成本下的总成本

由图 4.7 可知，当单位部署成本小于 $10^{-6}$ 美元时，数据中心的总成本会随着容忍延迟型与延迟敏感型工作负载的比例的增加而降低。此外，当单位部署成本高于 $10^{-6}$ 时，工作负载调度对数据中心的总成本没有影响。这是因为当单位工作负载部署成本过高时，数据中心无法通过延迟容忍型工作负载在电力市场上实施套利的策略。相反，当单位部署成本小于 $10^{-6}$ 美元时，数据中心的总成本随单位部署成本的降低而降低。因此，当选择合适的单位部署成本时，工作负载调度对降低数据中心的总成本有积极的影响。

## 3. 历史风电功率的数据规模的影响

本节将风电功率的历史数据样本的规模从 200 个逐渐上升到 5000 个，以探究其对数据中心运行成本的影响。即随着历史数据样本数量的增加，数据中心相关的成本将会如何变化，实验结果如表 4.6 所示。

表 4.6 不同规模的风电功率历史数据下的成本比较（单位：美元）

| 成本 | 历史数据样本的规模 | | | | |
|---|---|---|---|---|---|
| | 200 个 | 500 个 | 1000 个 | 2000 个 | 5000 个 |
| 运行成本 | 1334.3 | 1331.2 | 1331.6 | 1328.8 | 1327.2 |
| 碳排放成本 | 360.2 | 361.3 | 361.2 | 361.7 | 362.5 |
| 再调度成本 | 54.2 | 44.2 | 37.4 | 36.3 | 30.3 |
| 总成本 | 1748.7 | 1736.7 | 1730.2 | 1726.8 | 1720.0 |

由表 4.6 可知，当风电功率的历史数据规模从 200 个上升到 5000 个时，数据中心的运行成本和碳排放成本几乎保持不变，但再调度成本降低了 44.1%。这是因为在给定的置信度下，包含风电功率所有可能概率分布的模糊集随着历史数据样本量的变大而减小。在这种情况下，数据中心面临的风电功率的不确定性减小，数据中心的总成本从 1748.7 美元降低至 1720.0 美元。由此可以得出结论，当数据中心运营商拥有更多的可再生能源的历史数据样本时，数据中心可以获得保守性较低的能耗优化策略。

### 4. 置信区间的影响

为了验证置信区间对于数据中心总成本的影响，本节在 1000 个历史风电功率数据下，设置不同的 $\alpha_1$ 和 $\alpha_\infty$ 值进行仿真实验，实验结果如表 4.7 所示。可以发现，随着 $\alpha_1$ 和 $\alpha_\infty$ 值的增加，数据中心的总成本也在增加。其原因是，随着置信区间的增加，模糊集变大，风电功率的不确定性增加，数据中心需要在实时平衡阶段进行更多的调整。

表 4.7 不同置信区间下的总成本比较（单位：美元）

| 项目 | $\alpha_\infty=0.20$ | $\alpha_\infty=0.90$ | $\alpha_\infty=0.99$ |
|---|---|---|---|
| $\alpha_1=0.20$ | 1729.99 | 1730.09 | 1730.15 |
| $\alpha_1=0.90$ | 1729.99 | 1730.15 | 1730.65 |
| $\alpha_1=0.99$ | 1729.99 | 1730.22 | 1730.81 |

此外，本节也比较了构建模糊集过程中利用综合范式（结合 1-范式和∞-范式）与仅仅利用 1-范式或∞-范式的实验结果。给定 $\alpha_\infty$ 的值为 0.90，$\alpha_1$ 分别选取 0.20、0.90 和 0.99，利用综合范式和仅利用 1-范式构建模糊集的比较实验结果如表 4.8 所示。可以发现，利用综合范式构建模糊集比仅利用 1-范式构建模糊集得到更低的数据中心总成本，即结果更不保守。给定 $\alpha_1$ 的值为 0.90，$\alpha_\infty$ 分别选取 0.20、0.90 和 0.99，利用综合范式和仅利用∞-范式构建模糊集的比较实验结果如表 4.9

所示。可以发现，利用综合范式构建模糊集也比仅利用∞-范式构建模糊集得到更低或相等的数据中心总成本，即结果更不保守。因此，可以得出结论，利用综合范式构建模糊集的方法要比仅依靠单一范式构建模糊集的方法更有效。

**表 4.8　综合范式构建模糊集与 1-范式构建模糊集的总成本比较**（单位：美元）

| $\alpha_1$ | 综合范式 | 1-范式 |
| --- | --- | --- |
| 0.20 | 1730.09 | 1730.28 |
| 0.90 | 1730.15 | 1731.11 |
| 0.99 | 1730.22 | 1731.16 |

**表 4.9　综合范式构建模糊集与∞-范式构建模糊集的总成本比较**（单位：美元）

| $\alpha_\infty$ | 综合范式 | ∞-范式 |
| --- | --- | --- |
| 0.20 | 1729.99 | 1729.99 |
| 0.90 | 1730.15 | 1730.22 |
| 0.99 | 1730.65 | 1730.81 |

### 4.3.4　模型比较分析

在本节，考虑不同的风电功率的历史数据规模下，将提出的基于分布鲁棒的数据中心能耗优化模型与现有研究中基于随机规划[50]和鲁棒优化[34]的数据中心能耗优化模型进行比较。这两个模型的目标函数分别如式（4.62）和式（4.63）所示：

$$\min\left\{\sum_{t=1}^{T}\left[O(x_t)+\mathrm{Ca}(x_t)+\sum_{s=1}^{N}p_sC(y_{t,s})\right]\right\}, \tag{4.62}$$

$$\min\max_{P_t^{\mathrm{WT}}\in U_t}\left\{\sum_{t=1}^{T}\left[O(x_t)+\mathrm{Ca}(x_t)\right]\right\}, \tag{4.63}$$

其中，$p_s$ 为场景 $s$ 发生的概率；$N$ 为场景总数；$U_t$ 为包含不确定风电功率的所有可能情况的不确定集 $C(y_{t,s})$ 为在场景 $s$ 下第 $t$ 时段的再调度成本。在调度场景 4 下，从数据中心总成本、样本外性能[51]和随机规划模型计算时间三个方面比较提出的能耗优化模型和现有文献中的模型。在样本外性能分析中，本节生成额外 200 个风电功率的历史数据样本，以计算给定第一阶段决策变量下的期望再调度成本，实验结果如图 4.8 和表 4.10 所示。

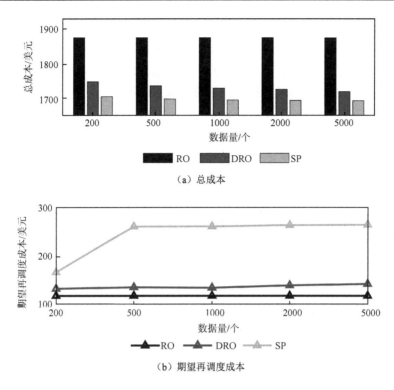

（a）总成本

（b）期望再调度成本

图 4.8　鲁棒优化、分布鲁棒优化和随机规划模型的比较结果

RO 表示鲁棒优化，DRO 表示分布鲁棒优化，SP 表示随机规划

表 4.10　不同样本量情况下不同方法的计算时间比较

| 项目 | 样本量/个 | | | | |
|---|---|---|---|---|---|
| | 200 | 500 | 1000 | 2000 | 5000 |
| RO/美元 | 5.40 | 5.31 | 5.62 | 5.58 | 5.94 |
| DRO/美元 | 78.54 | 78.66 | 79.53 | 78.00 | 48.22 |
| SP/美元 | 127.12 | 314.01 | 733.26 | 1895.80 | 7823.64 |

　　如图 4.8 所示，数据中心在利用随机规划模型进行能耗优化时的总成本最低，但样本外性能最差，这说明随机规划模型的结果过于乐观、鲁棒性不足。此外，随着风电功率的历史数据规模的增加，随机规划模型的计算负担也越来越重。

　　数据中心在利用鲁棒优化模型进行能耗管理时的期望再调度成本最低，这意味着它可以保证数据中心运行的鲁棒性。然而，鲁棒优化模型是在识别最坏风电功率情况时进行的优化，这使在该模型优化下的数据中心总成本比其他两种模型要高得多。

　　所提出的分布鲁棒优化模型的总成本和期望再调度成本均介于随机规划模型

和鲁棒优化模型之间，这是因为模糊集利用了一部分风电功率的概率分布信息。即分布鲁棒优化模型在模糊集中寻找风电功率的最坏概率分布，然后对数据中心能耗进行优化。此外，随着风电功率的历史数据样本的增多，所提能耗优化模型得到的总成本与随机规划模型得到的总成本越来越接近。

三种模型计算复杂性的比较如表 4.10 所示，所提的基于分布鲁棒的数据中心能耗优化模型所需的计算时间介于鲁棒优化和随机规划之间，是可接受的。特别地，当历史风电功率数据量达到 5000 个时，分布鲁棒优化所需的计算时间少于该模型在历史风电功率数据较少时所需的计算时间。这是由于当风电功率的历史样本数据增加时，模糊集逐渐变小，风电功率的模糊分布逐渐接近其真实分布。在这种情况下，列与约束生成算法求解分布鲁棒优化所需的迭代次数减少。由上述分析可知，所提的数据中心能耗优化模型将结果的保守性和计算复杂度保持在相对较低的水平，同时也保证了数据中心运行的鲁棒性。

### 4.3.5　模型可扩展性验证

软件系统的可扩展性设计为模型的可扩展提供了理论支撑，它是指在该系统处理新任务时，将对原有系统功能的影响降到最低，即不用对先前设计进行调整或调整很少[52]。软件系统的可扩展性是衡量一个软件好坏的标准之一，同理，模型的可扩展亦是评价一个模型好坏的关键。现有许多研究已经致力于对模型的可扩展性进行研究，如文献[53, 54]等。数据中心能耗优化模型往往需要具备良好的可扩展性，原因是现实中风力发电往往存在许多模式。此外，清洁可再生能源种类也有很多，除风能外还有太阳能、潮汐能等，因此，好的数据中心能耗优化模型需要能扩展到处理不同的可再生能源对数据中心安全运行产生的冲击。鉴于此，本节实验主要从不同风力发电模式和不同类型的可再生能源这两个方面来验证所提的数据中心能耗优化模型的可扩展。

#### 1. 对不同风力发电模式的扩展性

本节考虑了三种不同的风力发电模式，以表明所提出的能耗优化模型对各种风力发电模式具有可扩展性。具体来说，案例 1、案例 2 和案例 3 分别从均匀分布、威布尔分布和 $t$ 位置尺度分布生成风电功率的历史数据。每个案例均生成 400 个样本，其中 200 个样本用于数据中心的最优能耗管理，另外 200 个样本用于样本外性能分析，实验结果如表 4.11 所示。此外，在 3 种风力发电模式下，求解分布鲁棒优化模型所需要的时间较少，该模型具有较高的计算效率。

表 4.11　不同风力发电模式下的实验结果

| 案例 | 模型 | 总成本/美元 | 期望再调度成本/美元 | 计算时间/s |
|---|---|---|---|---|
| 1 | RO | 1874.99 | 118.59 | 6.90 |
| | DRO | 1743.66 | 135.47 | 79.18 |
| | SP | 1509.42 | 372.54 | 121.60 |
| 2 | RO | 1874.99 | 117.78 | 5.28 |
| | DRO | 1802.80 | 200.22 | 79.61 |
| | SP | 1513.60 | 473.03 | 125.58 |
| 3 | RO | 1874.99 | 117.28 | 4.60 |
| | DRO | 1738.17 | 114.90 | 78.54 |
| | SP | 1510.39 | 366.86 | 124.74 |

### 2. 对不同类型的可再生能源的扩展性

为了利用太阳能，一些数据中心已经在屋顶安装了现场光伏板。考虑到现场光伏发电的不确定性，所提的能耗优化模型也适用于这类数据中心的能耗优化。提出的模型可以协调购售电量、工作负载调度、光伏发电、电能储能单元充放电和传统发电单元出力，在满足数据中心电力负荷和应对不确定光伏发电的同时，降低数据中心的总成本。光伏发电数据来源于数据库[55]，从中收集 5000 个历史数据样本用于数据中心能耗优化，实验结果如图 4.9 所示。电能储能单元在电价低谷时段充电，在电价高峰时段放电。此外，在 3：00、5：00、22：00～24：00，太阳发电功率为零且电力价格相对较低时，数据中心向主电网购买的电力超过其实际的电力负荷。

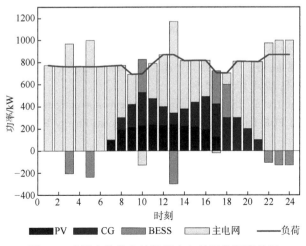

图 4.9　配置光伏发电的数据中心的日前调度结果

# 4.4 结　　论

　　本章研究的数据中心能耗优化模型与方法，在确保数据中心安全运行的前提下，使得配置现场可再生能源的数据中心的总成本最小化。考虑不确定现场可再生能源出力，建立了数据中心的能耗优化模型。首先，对数据中心主要的基础设施进行介绍，并分析了这些设备的能耗特点。基于数据中心能耗特点和能效指标PUE，建立了能衡量数据中心能耗的模型。其次，利用分布鲁棒构建数据中心的能耗优化模型，意在可再生能源出力的最坏概率分布下寻找使总成本最小的决策。所提数据中心能耗优化模型表现为两阶段形式，分别为日前运行阶段和实时平衡阶段。基于所提出的数据中心能耗优化模型特殊的两阶段结构，提出了能够高效求解该模型的方法。最后，利用真实的数据中心工作负载数据进行仿真实验，验证了所提能耗优化模型与方法的优越性。仿真实验结果说明了数据中心联合调度电能储能单元和工作负载对于降低数据中心总成本的有效性。总的来说，提出的能耗优化模型在保持数据中心运行鲁棒性的同时，能够将优化结果的保守性和计算复杂度保持在相对较低的水平。此外，所提数据中心能耗优化模型可扩展到处理多种风力发电模式和不同类型的现场可再生能源，具有良好的可扩展性。

# 参 考 文 献

[1] 张希良, 黄晓丹, 张达, 等. 碳中和目标下的能源经济转型路径与政策研究[J]. 管理世界, 2022, 38(1): 35-66.

[2] 王德文. 基于云计算的电力数据中心基础架构及其关键技术[J]. 电力系统自动化, 2012, 36(11): 67-71, 107.

[3] Mytton D, Ashtine M. Sources of data center energy estimates: a comprehensive review[J]. Joule, 2022, 6(9): 2032-2056.

[4] 苏娟, 董彦君, 赵晶, 等. "东数西算"背景下多数据中心联合消纳可再生能源途径研究综述[J]. 高电压技术, 2024, 50(1): 55-64.

[5] Liu Y, Wei X, Xiao J, et al. Energy consumption and emission mitigation prediction based on data center traffic and PUE for global data centers[J]. Global Energy Interconnection, 2020, 3(3): 272-282.

[6] 杨震, 赵静洲, 林依挺, 等. 数据中心PUE能效优化的机器学习方法[J]. 系统工程理论与实践, 2022, 42(3): 801-810.

[7] Lin X, Zuo L, Yin L, et al. An idea to efficiently recover the waste heat of data centers by constructing an integrated system with carbon dioxide heat pump, mechanical subcooling cycle and lithium bromide-water absorption refrigeration cycle[J]. Energy Conversion and Management, 2022, 256: 115398.

[8] Masanet E, Shehabi A, Lei N, et al. Recalibrating global data center energy-use estimates[J]. Science, 2020, 367(6481): 984-986.

[9] Andrae A S, Edler T. On global electricity usage of communication technology: trends to 2030[J]. Challenges, 2015, 6(1): 117-157.

[10] Jones N. The information factories[J]. Nature, 2018, 561(7722): 163-166.

[11] Cao Z, Zhou X, Hu H, et al. Toward a systematic survey for carbon neutral data centers[J]. IEEE Communications & Surveys Tutorials, 2022, 24(2): 895-936.

[12] 张文佺, 张素芳, 王晓烨, 等. 点亮绿色云端: 中国数据中心能耗与可再生能源使用潜力研究[R]. 北京: 绿色和平, 2020.

[13] 董梓童. "数电"协同　绿色发展[N/OL]. 中国能源报, (2023-10-16) [2024-03-18]. http://paper.people.com.cn/zgnyb/images/2023-10/16/09/zgnyb2023101609.pdf.

[14] 国家发展改革委, 中央网信办, 工业和信息化部, 国家能源局. 关于印发《贯彻落实碳达峰碳中和目标要求　推动数据中心和 5G 等新型基础设施绿色高质量发展实施方案》的通知[EB/OL]. (2021-11-30)[2023-12-05]. https://www.ndrc.gov.cn/xwdt/tzgg/202112/t20211208_1307105.html?code=&state=123.

[15] European Commission. European code of conduct for energy efficiency in data centres[EB/OL]. (2022-02-02)[2023-12-05]. https://joint-research-centre.ec.europa.eu/scientific-activities-z/energy-efficiency/energy-efficiency-products/code-conduct-ict/european-code-conduct-energy-efficiency-data-centres_en.

[16] National Climate Change Secretariat. Green data centre technology roadmap[EB/OL]. (2023-10-12) [2024-03-26]. https://www.nccs.gov.sg/files/docs/default-source/default-document-library/green-data-centre-technology-roadmap.pdf.

[17] 中国科学院科技战略咨询研究院. 日本《绿色增长战略》提出 2050 碳中和发展路线图[EB/OL]. (2021-03-22)[2023-12-10]. https://casisd.cas.cn/zkcg/ydkb/kjqykb/2021/202102/ 202103/t20210322_5981073.html.

[18] 工业和信息化部. 工业和信息化部关于印发《新型数据中心发展三年行动计划（2021—2023 年）》的通知[EB/OL]. (2021-07-04)[2023-12-10]. https://hubca.miit.gov.cn/zwgk/zcwj/wjfb/art/2021/art_a80cc57c9e1f4f4e811835c8f5899d98.html.

[19] Xu Y, Liu R, Tang L, et al. Risk-averse multi-objective optimization of multi-energy microgrids integrated with power-to-hydrogen technology, electric vehicles and data center under a hybrid robust-stochastic technique[J]. Sustainable Cities and Society, 2022, 79: 103699.

[20] 杨挺, 姜含, 侯昱丞, 等. 基于计算负荷时-空双维迁移的互联多数据中心碳中和调控方法研究[J]. 中国电机工程学报, 2022, 42(1): 164-177.

[21] Chen X, Jiang S, Chen Y, et al. Energy-saving superconducting power delivery from renewable energy source to a 100-MW-class data center[J]. Applied Energy, 2022, 310: 118602.

[22] Wen L, Zhou K, Feng W, et al. Demand side management in smart grid: a dynamic-price-based demand response model[J]. IEEE Transactions on Engineering Management, 2024, 71: 1439-1451.

[23] 陆信辉, 周开乐, 杨善林. 能源互联网环境下基于分布鲁棒优化的能量枢纽负荷优化调度[J]. 系统工程理论与实践, 2021, 41(11): 2850-2864.

[24] Chen S, Li P, Ji H, et al. Operational flexibility of active distribution networks with the potential from data centers[J]. Applied Energy, 2021, 293: 116935.

[25] Belady C L, Malone C G. Metrics and an infrastructure model to evaluate data center efficiency[C]. Proceedings of the International Electronic Packaging Technical Conference and Exhibition, Vancouver: Electronic and Photonic Packaging Division, 2007.

[26] Cho J, Park B, Jang S. Development of an independent modular air containment system for high-density data centers: experimental investigation of row-based cooling performance and PUE[J]. Energy, 2022, 258: 124787.

[27] Chu W, Hsu C, Tsui Y, et al. Experimental investigation on thermal management for small container data center[J]. Journal of Building Engineering, 2019, 21: 317-327.

[28] Shehabi A, Smith S J, Masanet E, et al. Data center growth in the United States: decoupling the demand for services from electricity use[J]. Environmental Research Letters, 2018, 13(12): 124030.

[29] Zhu Y, Zhang Q, Zeng L, et al. An advanced control strategy of hybrid cooling system with cold water storage system in data center[J]. Energy, 2024, 291: 130304.

[30] 陈心拓, 周黎旸, 张程宾, 等. 绿色高能效数据中心散热冷却技术研究现状及发展趋势[J]. 中国工程科学, 2022, 24(4): 94-104.

[31] Dayarathna M, Wen Y, Fan R. Data center energy consumption modeling: a survey[J]. IEEE Communications Surveys & Tutorials, 2016, 18(1): 732-794.

[32] Belady C. Carbon usage effectiveness (CUE): A green grid data center sustainability metric [EB/OL]. (2010-12-02)[2023-12-10]. https://airatwork.com/wp-content/uploads/The-Green-Grid-White-Paper-32-CUE-Usage-Guidelines.pdf.

[33] Google. 24/7 Carbon-free energy: Methodologies and metrics[EB/OL]. (2021-02-01) [2023-12-10]. https://sustainability.google/reports/24x7-carbon-free-energy-methodologies-metrics/.

[34] Jawad M, Qureshi M B, Khan M U, et al. A robust optimization technique for energy cost minimization of cloud data centers[J]. IEEE Transactions on Cloud Computing, 2021, 9(2): 447-460.

[35] Birge J R, Louveaux F. Introduction to Stochastic Programming[M]. Berlin: Springer Science & Business Media, 2011.

[36] Gorissen B L, Yanıkoğlu İ, den Hertog D. A practical guide to robust optimization[J]. Omega, 2015, 53: 124-137.

[37] 杜刚, 赵冬梅, 刘鑫. 计及风电不确定性优化调度研究综述[J]. 中国电机工程学报, 2023, 43(7): 2608-2627.

[38] Arrigo A, Ordoudis C, Kazempour J, et al. Wasserstein distributionally robust chance-constrained optimization for energy and reserve dispatch: an exact and physically-bounded formulation[J]. European Journal of Operational Research, 2022, 296(1): 304-322.

[39] Huang W, Zheng W, Hill D J. Distributionally robust optimal power flow in multi-microgrids with decomposition and guaranteed convergence[J]. IEEE Transactions on Smart Grid, 2021, 12(1): 43-55.

[40] Yang G, Zhang G, Cao D, et al. China's ambitious low-carbon goals require fostering city-level

renewable energy transitions[J]. iScience, 2023, 26(3): 106263.

[41] Zhao C, Guan Y. Data-driven stochastic unit commitment for integrating wind generation[J]. IEEE Transactions on Power Systems, 2016, 31(4): 2587-2596.

[42] Zhang Y, Liu Y, Shu S, et al. A data-driven distributionally robust optimization model for multi-energy coupled system considering the temporal-spatial correlation and distribution uncertainty of renewable energy sources[J]. Energy, 2021, 216: 119171.

[43] Zeng B, Zhao L. Solving two-stage robust optimization problems using a column-and-constraint generation method[J]. Operations Research Letters, 2013, 41(5): 457-461.

[44] Yu L, Jiang T, Cao Y. Energy cost minimization for distributed internet data centers in smart microgrids considering power outages[J]. IEEE Transactions on Parallel and Distributed Systems, 2015, 26(1): 120-130.

[45] Chen T, Zhang Y, Wang X, et al. Robust workload and energy management for sustainable data centers[J]. IEEE Journal on Selected Areas in Communications, 2016, 34(3): 651-664.

[46] Yang T, Zhao Y, Pen H, et al. Data center holistic demand response algorithm to smooth microgrid tie-line power fluctuation[J]. Applied Energy, 2018, 231: 277-287.

[47] Lu R, Hong S II, Yu M. Demand response for home energy management using reinforcement learning and artificial neural network[J]. IEEE Transactions on Smart Grid, 2019, 10(6): 6629-6639.

[48] Zhou K, Cheng L, Lu X, et al. Scheduling model of electric vehicles charging considering inconvenience and dynamic electricity prices[J]. Applied Energy, 2020, 276: 115455.

[49] Lu X, Liu Z, Ma L, et al. A robust optimization approach for optimal load dispatch of community energy hub[J]. Applied Energy, 2020, 259: 114195.

[50] Guo C, Luo F, Cai Z, et al. Integrated planning of internet data centers and battery energy storage systems in smart grids[J]. Applied Energy, 2021, 281: 116093.

[51] Kwon S. Ensuring renewable energy utilization with quality of service guarantee for energy-efficient data center operations[J]. Applied Energy, 2020, 276: 115424.

[52] Zhang Y, Liu F, Wang Z, et al. Robust scheduling of virtual power plant under exogenous and endogenous uncertainties[J]. IEEE Transactions on Power Systems, 2022, 37(2): 1311-1325.

[53] Al-Said Ahmad A, Andras P. Scalability analysis comparisons of cloud-based software services[J]. Journal of Cloud Computing, 2019, 8(1): 1-17.

[54] Gabel S, Timoshenko A. Product choice with large assortments: a scalable deep-learning model[J]. Management Science, 2022, 68(3): 1808-1827.

[55] Qu G, Wierman A, Li N. Scalable reinforcement learning for multiagent networked systems[J]. Operations Research, 2022, 70(6): 3601-3628.

# 第5章 基于价格的需求响应策略

　　价格型需求响应是通过使用各种电价方案引导电力用户调整原有的用电模式，包括其用电负荷、用电时间、用电方式等[1, 2]。常见的价格型需求响应有分时电价、尖峰电价、实时电价等[3-5]。在分时电价方案下，用户的购电价格取决于用电的时间区间，通常是把一天划分为峰时段、谷时段、平时段，其中峰时段的购电价格要明显高于平时段和谷时段的购电价格，从而引导用户减少峰时段的用电负荷，并把部分可转移电力负荷调整到谷时段[6]。尖峰电价与分时电价略有区别，当电力系统的可靠性受到威胁时，正常的峰时段电价会被一个更高的电价所代替[7, 8]，尖峰电价是一种缓解负荷尖峰期电力供需矛盾和提高电力系统可靠性的有效方法[9]。实时电价一般每小时变化一次，它反映了批发电力价格的波动情况，通常用户会提前一天或者一小时获知购电价格信息[10, 11]。实时定价是更直接、更有效的方法，可以有效地引导用户根据不同的电价信号调整其原有的消费模式。更重要的是，高效的实时定价可以保证供需双方都受益，从而提供双赢的结果[12, 13]。

　　随着新型电力系统建设的加快推进，电力需求响应机制将发挥更加重要的调节作用，充分调动需求侧负荷的主动性以适应间歇性新能源出力变化有助于电网的平衡[14-16]。价格型需求响应作为调节电力需求的最有效的工具之一，能够鼓励用户更谨慎、更明智地消费电力[17, 18]。价格型需求响应通过调整电价来反映供需关系，鼓励用户在电力需求高峰时段减少用电，实施成本较低，更符合市场经济原则[19, 20]。

　　在价格型需求响应方面，国内外学者主要从价格型需求响应策略的设计[21-23]、价格型需求响应模型的建立[24, 25]、最优价格策略的求解[26-28]等几个方面进行了探索。在设计价格型需求响应策略时，学者主要考虑了用户用能不确定性、成本、技术等因素[29-31]。在建立价格型需求响应模型时，学者更多围绕并网或孤岛微网中能耗的协调、能源建筑社区的需求管理、用户需求弹性以及电动汽车车队的充放电协调等场景来构建模型[32-34]。在求解最优价格策略时，主要有两种思路：一是用优化方法解决社会福利最大化的问题[35, 36]；另一种是运用博弈论方法研究供需双方的均衡和收益[37]。

　　然而，很多价格型需求响应模型都是通过模拟实验验证的，模型中参数的设定可能与实际不符，这可能会得出不符合现实的结果[38, 39]。同时，价格型需求响应策略的设计通常需要考虑用户的电力消费习惯、经济收入、个人偏好等因素,所制订的电价方案也应该具有一定的国际或区域差异性[40-42]。因此,能够适应不同情景的价格型需求响应策略亟待进一步探究[43]。此外,随着风能、太阳能等间歇性可再生能源发电比例的不断提高,还需要深入分析可再生能源对价格型需求响应策略设计与实施的影响[44,45]。

针对现有研究的不足,在对用户电力负荷特征识别并确定用户类型的基础上,针对不同类型用户构建了差异化的价格型需求响应模型;然后把所提出的价格型需求响应模型转换为完全信息动态博弈问题,并使用逆向归纳法证明了纳什均衡解的存在,进而求解得到了最优的动态电价策略;最后使用真实数据集对所提出的基于负荷特征的价格型需求响应模型进行了验证。

## 5.1 需求响应模型构建

随着可再生能源发电占比的不断提高,未来的电力系统必须能够解决可再生能源的不确定性和间歇性所造成的电力供需失衡问题[46,47]。此外,为了更好地调动需求响应资源和提高电力系统的可靠性,需要保证终端用户与电力系统之间的动态交互,而能源互联网环境下,能量与信息可以实现双向自由地流动,这为用户参与需求响应提供了支撑[48,49]。

图 5.1 给出了能源互联网环境下电力交易的示意图。设定每个用户都配备了

图 5.1 能源互联网环境下电力交易示意图

光伏发电系统、智能用电终端、智能电表、智能用电管理系统等。用户首先会使用光伏发电满足自己的电力需求，当光伏发电量不足时，用户才会向售电公司进行购电，而当光伏发电充足时，用户会把多余的光伏发电量卖给售电公司，其次售电公司再卖给有用电需求的用户。此外，一旦售电公司所收购的光伏发电量无法被自己的用户所消纳时，多余的光伏发电量可以在电力批发市场进行交易，这既保证了售电公司的利益，也减少了可再生能源的浪费。

对于售电公司而言，他们能够实时地获取终端用户的数据，包括电力负荷、电压、电流、光伏输出功率、天气数据、地理信息、用户个人信息等，从而可以精准地预测用户的电力负荷需求和光伏输出功率[50, 51]。然后售电公司按照电力批发价格与发电厂签订购电协议，再以零售价格为用户提供电能，而为了削减高峰时段的负荷需求，降低电网的波动性，同时保障自己和用户的收益，售电公司需要制定出合理的电力零售价格，也就是所谓的价格型需求响应策略[52]。

在一个价格型需求响应过程中，售电公司会先根据用户的负荷特征制订出多种电价方案并向用户发布，当用户接收到电价信息后，会调整自己的电力负荷模式以节省用电成本，而反过来这又将影响售电公司的收益，售电公司则又会进一步对电价方案进行调整[53]。因此，用户与售电公司之间存在双向交互的过程，直到两者同时实现各自收益的最大化。

下面将对电力用户和售电公司的收益分别进行建模。

### 5.1.1 电力用户收益模型

电力用户从售电公司购电，需要支付电费，用户在时间区间 $t$ 内的购电成本 $B^t$ 可以表示为

$$B^t = P^t \times E^t \tag{5.1}$$

其中，$P^t$ 为时间区间 $t$ 内的电价；$E^t$ 为时间区间 $t$ 内用户的实际净电力需求。

当用户把多余的光伏发电卖给售电公司时，能够获得相应的收入以及来自政府部门的补贴，$RS^t$ 为时间区间 $t$ 内用户光伏发电收入和政府补贴之和，如式（5.2）所示：

$$RS^t = P_{pv}^t \times pv^t + \gamma \times PV^t \tag{5.2}$$

其中，$P_{pv}^t$ 为时间区间 $t$ 内的光伏上网电价；$pv^t$ 为用户在时间区间 $t$ 内的光伏上网电量；$PV^t$ 为时间区间 $t$ 内的光伏发电量；$\gamma$ 为光伏上网的政府补贴系数。需要注意的是，如果时间区间 $t$ 内用户的光伏发电量小于或等于他们的总电力需求，则 $pv^t$ 的值等于 0；如果时间区间 $t$ 内用户的光伏发电量可以满足他们的总电力需

求，则 $\mathrm{pv}^t$ 的值大于 0。

此外，当售电公司调整各个时间段的电价后，作为对电价的响应，用户会改变他们原有的电力负荷模式，同时用户对售电公司供电服务的满意度也会发生相应的变化，这里使用一个用户满意度成本函数表示用户实际用电量偏离原始用电量时的满意度，如式（5.3）所示：

$$\mathrm{SF}^t = \begin{cases} e^t \times \delta^t \times \left[\left(\dfrac{E^t}{e^t}\right)^{\varepsilon^t} - 1\right], & e^t \neq 0 \\[6mm] 0, & e^t = 0 \end{cases} \tag{5.3}$$

其中，

$$\delta^t = -\frac{p^t}{\varepsilon^t}, \quad \varepsilon^t = 1 + \frac{1}{\mathrm{ela}^t},$$

其中，$e^t$ 为时间区间 $t$ 内用户的原始净电力需求；$p^t$ 为时间区间 $t$ 内的原始电价；$\mathrm{ela}^t$ 为时间区间 $t$ 内的电力需求价格弹性。需要注意的是，如果时间区间 $t$ 内的光伏发电量无法满足用户的电力需求，则 $e^t$ 的值大于 0；如果时间区间 $t$ 内的光伏发电量等于或者大于用户的电力需求，则 $e^t$ 的值等于 0。

根据以上定义，用户在时间区间 $t$ 内的用户满意度成本 $\mathrm{SF}^t$ 有三种取值可能：当用户在时间区间 $t$ 内的实际净电力需求 $E^t$ 大于原始净电力需求 $e^t$ 时，$\mathrm{SF}^t$ 的值大于 0，表示用户对此时的电力供给不满意；当用户在时间区间 $t$ 内的实际净电力需求 $E^t$ 等于原始净电力需求 $e^t$ 时，$\mathrm{SF}^t$ 的值等于 0；而当用户在时间区间 $t$ 内的实际净电力需求 $E^t$ 小于原始净电力需求 $e^t$ 时，$\mathrm{SF}^t$ 的值小于 0，表示用户对此时的电力供给感到满意。

因此，用户的总收益 $\Phi_{\mathrm{users}}$ 等于光伏发电收入与补贴减去购电成本，再减去用户满意度成本，如式（5.4）所示：

$$\Phi_{\mathrm{users}} = \sum_{t=1}^{T} \mathrm{RS}^t - B^t - \mathrm{SF}^t \tag{5.4}$$

其中，$T$ 为时间区间的总数。

## 5.1.2　售电公司收益模型

售电公司的收益主要由五部分组成。

第一部分是售电收入，售电公司先将从光伏发电量小于原始电力需求的用户购买的电量转售给其他需要的用户，而当所有用户都消纳不了光伏发电时，售电公司则会把多余的光伏发电量转售给其他售电公司以获得相应利润，因此，售电公司在时间区间 $t$ 内的售电收入 $R^t$ 可以表示为

$$R^t = P^t \times (E_{esc}^t + E_{pv}^t) + P_{pv}^t \times e_{pv}^t \tag{5.5}$$

其中，

$$E_{esc}^t = E^t, \quad E_{pv}^t + e_{pv}^t = pv^t$$

其中，$E_{esc}^t$ 为售电公司在时间区间 $t$ 内售给用户的电量，并且等于在时间区间 $t$ 内从电力批发市场所购电量；$E_{pv}^t$ 为售电公司在时间区间 $t$ 内售给用户的光伏电量；$P_{pv}^t$ 为在时间区间 $t$ 内售电公司售出光伏发电的价格，这里假设 $P_{pv}^t$ 等于从用户购买光伏发电的价格；$e_{pv}^t$ 为在时间区间 $t$ 内售电公司在电力批发市场中售出的光伏电量。这里需要注意的是，如果在时间区间 $t$ 内全体用户的总光伏发电量无法满足他们的总电力需求时，则 $E_{esc}^t > 0$，$E_{pv}^t \geqslant 0$，$e_{pv}^t = 0$；如果在时间区间 $t$ 内全体用户的总光伏发电量等于他们的总电力需求时，则 $E_{esc}^t = 0$，$E_{pv}^t \geqslant 0$，$e_{pv}^t = 0$；如果在时间区间 $t$ 内全体用户的总光伏发电量大于他们的总电力需求时，则 $E_{esc}^t = 0$，$E_{pv}^t \geqslant 0$，$e_{pv}^t > 0$。

第二部分是向用户购买光伏发电的成本。一方面售电公司有责任提高可再生能源的消纳，从而减少发电厂的污染物排放；另一方面售电公司以较低的价格从用户购买光伏电量，然后再以高价卖给其他用户，以此获得一定的利润。在时间区间 $t$ 内，售电公司购买光伏发电的成本 $(C^t)$ 可以表示为

$$C^t = P_{pv}^t \times (E_{pv}^t + e_{pv}^t) \tag{5.6}$$

第三部分是用户的不满意度成本。售电公司在最大化自身利益的同时也要尽可能地提高用户的满意度。

第四部分是购电成本。售电公司从电力批发市场购入电量，然后提供给有用电需求的用户，售电公司在时间区间 $t$ 内的购电成本 $(W^t)$ 可以表示为

$$W^t = \mu^t \times E_{esc}^t \tag{5.7}$$

其中，$\mu^t$ 为在时间区间 $t$ 内的电力批发价格。

第五部分是电力系统的波动性成本。为了提高电力系统的稳定性，减少线损，降低运营维护成本，售电公司希望尽可能地保持较低的波动性。这里使用一段时间内用户在各子时间区间内的总电力需求与平均电力需求差的平方和表示电力系

统的波动性 $F$：

$$F = \sum_{t=1}^{T} \left( E_{sum}^{t} - \mu \right)^2 \qquad (5.8)$$

其中，

$$\mu = \frac{1}{T} \sum_{t=1}^{T} E_{sum}^{t}, \quad E_{sum}^{t} = E_{esc}^{t} + e_{pv}^{t},$$

其中，$\mu$ 为所选定时间段内用户的平均电力需求；$T$ 为时间区间的总数；$E_{sum}^{t}$ 为售电公司与用户间的传输电量。这里需要指出的是，由光伏发电的传输所造成的电力系统波动也被考虑在内。

综上，售电公司的总收益等于售电收入减去购买光伏发电的成本、用户满意度成本、购电成本、电力系统波动性成本，如式（5.9）所示：

$$\Phi_{esc} = \sum_{t=1}^{T} (R^t - C^t - SF^t - W^t) - \theta \times F \qquad (5.9)$$

其中，$\theta$ 为电力系统波动性成本的权重参数。

## 5.2 模型求解方法

电力用户与售电公司之间进行不断的动态交互直至得到最优电价方案的过程可以看作一个博弈过程[37]。在一个博弈过程中，决策的主体通过理性地选择各自的最优策略实现利益的最大化。假设在一个博弈过程中有 $N$ 个参与者，$S$ 表示参与者的策略集，$U$ 表示参与者的收益，则一个博弈可以表示为 $G = (S, U)$，在博弈过程中，每个参与者都会从他们各自的策略集 $S_i$ 中选择能够取得最大收益 $u_i$ 的最优策略 $s_i$。

在电力用户与售电公司的博弈过程中，售电公司是领导者，电力用户是跟随者，他们都希望最大化自己的利益，因此，这个博弈过程可以被看作斯塔克尔伯格博弈[54]。需要注意的是，同种类型的电力用户，即商业电力用户或居民电力用户，是作为一个整体与售电公司进行博弈。当售电公司改变电价以后，用户则会根据电价方案改变他们的电力需求，而当用户的电力需求改变后，售电公司又会重新调整电价，因此，电力用户与售电公司需要不断地进行博弈，直至找到能够同时使他们利益最大化的博弈策略，即最优的电价方案[55]。

在以上所定义的博弈模型中，售电公司会先确定电价方案并公布给用户，然后用户再根据电价信息调整他们的电力需求。为了获得最优的电价方案 $P^*$ 和相对应的用户的电力需求 $E^*$，需要找到博弈过程的纳什均衡点。纳什均衡，也叫作非合作博弈均衡，是指没有一个博弈者能够通过偏离当前策略获得更多利益的情形[56]。当用户与售电公司之间的博弈达到纳什均衡点时，用户的电力需求和电价都不会再发生变化，此时则有

$$\Phi_{esc}\left(P^*,E\right) \geqslant \Phi_{esc}\left(P,E^*\right), \quad \forall P \in \Theta, P \neq P^* \tag{5.10}$$

$$\Phi_{users}\left(P,E^*\right) \geqslant \Phi_{users}\left(P^*,E\right), \quad \forall E \in \Lambda, E \neq E^* \tag{5.11}$$

其中，$\Phi_{esc}$ 为售电公司的总收益；$P$ 为实际电价；$E$ 为用户的实际净电力需求；$\Phi_{users}$ 为电力用户的总收益；$\Theta$ 为电价的取值范围；$\Lambda$ 为用户电力需求的取值范围。

下面将使用逆向归纳法证明纳什均衡解的存在，进而求解得到最优的价格型需求响应策略。

### 5.2.1　电力用户的纳什均衡

在电力用户与售电公司的博弈过程中，先使电力用户的收益最大化，从而得到电力用户在响应售电公司所公布的电价后，在一天各个时间区间内的电力需求。然后，再把此时用户的电力需求带入售电公司的收益函数里，并对电价进行优化求解。因此，寻找电力用户纳什均衡的过程可以转化为一个优化问题，如式（5.12）和式（5.13）所示：

$$E^* = \text{argmax}\left(\Phi_{users}\right) \tag{5.12}$$

$$(P^*,E^*) = \text{argmax}(\Phi_{esc}) \tag{5.13}$$

对于这个优化问题的求解，可以先假设电价方案是已知的，这样就可以求出电力用户收益最大化时的电力需求。因此，电力用户的最大收益可以通过式（5.14）进行求解：

$$\max \Phi_{users} = \sum_{t=1}^{T} P_{pv}^t \times pv^t + \gamma \times PV^t - P^t \times E^t - e^t \times \delta^t \times \left[\left(\frac{E^t}{e^t}\right)^{\varepsilon^t} - 1\right] \tag{5.14}$$

$$\text{s.t.} \quad E_{min}^t \leqslant E^t \leqslant E_{max}^t, \quad t = 1,\cdots,T$$

其中，$E_{max}^t$ 和 $E_{min}^t$ 分别为 $E^t$ 的上下界，它们的取值受到发电厂发电能力的影响。

为了求解式（5.14），首先求 $\Phi_{users}$ 关于 $E^t$ 的一阶偏导数，如式（5.15）所示：

$$\frac{\partial \Phi_{users}}{\partial E^t} = -P^t - e^t \times \delta^t \times \varepsilon^t \times \left(E^t\right)^{\varepsilon^t - 1} \times \frac{1}{\left(e^t\right)^{\varepsilon^t}} \tag{5.15}$$

其次，令 $\Phi_{\text{users}}$ 的一阶偏导等于 0，则可以得到用户的实际净电力需求，如式（5.16）所示：

$$E^t = e^t \times \left(\frac{P^t}{p^t}\right)^{\frac{1}{\varepsilon^t - 1}} \tag{5.16}$$

与此同时，从式（5.16）也可以得到电价的表达式，如式（5.17）所示：

$$P^t = \left(\frac{E^t}{e^t}\right)^{\varepsilon^t - 1} \times p^t \tag{5.17}$$

最后，求 $\Phi_{\text{users}}$ 关于 $E^t$ 的二阶偏导数，如式（5.18）所示：

$$\frac{\partial^2 \Phi_{\text{users}}}{\partial E^t \partial E^t} = -\delta^t \times \varepsilon^t \times \left(\varepsilon^t - 1\right) \times \frac{\left(E^t\right)^{\varepsilon^t - 2}}{\left(e^t\right)^{\varepsilon^t - 1}} \tag{5.18}$$

根据 $\delta^t$、$\varepsilon^t$、$e^t$、$E^t$ 的取值范围可知，$\Phi_{\text{users}}$ 的二阶导数小于 0，又由于 $\Phi_{\text{users}}$ 存在一阶导数，所以在 $E^t$ 的取值范围内，有一个最优的 $E^*$ 使 $\Phi_{\text{users}}$ 取得最大值。因此，电力用户的纳什均衡得以证明。

### 5.2.2　售电公司的纳什均衡

把优化后的用户电力需求 $E^*$ 代入售电公司的收益函数，则售电公司的收益（$\Phi_{\text{esc}}$）可以表示为

$$\Phi_{\text{esc}} = \sum_{t=1}^{T} P^t \times \left(E_{\text{esc}}^t + E_{\text{pv}}^t\right) + P_{\text{pv}}^t \times e_{\text{pv}}^t - \mu^t \times E_{\text{esc}}^t - P_{\text{pv}}^t \times \left(E_{\text{pv}}^t + e_{\text{pv}}^t\right) - \text{SF}^t$$
$$-\theta \times \left[\left(E_{\text{esc}}^t + e_{\text{pv}}^t\right) - \frac{1}{T}\sum_{t=1}^{T}\left(E_{\text{esc}}^t + e_{\text{pv}}^t\right)\right]^2 \tag{5.19}$$

可以发现，除了 $P^t$ 是未知的变量，其他变量都是已知的。

然后，售电公司的最大利益可以通过式（5.20）和式（5.21）求出：

$$\max\Phi_{\text{esc}} = \sum_{t=1}^{T} P^t \times \left(E_{\text{esp}}^t\left(E^*\right) + E_{\text{pv}}^t\right) + P_{\text{pv}}^t \times e_{\text{pv}}^t - \mu^t \times E_{\text{esp}}^t\left(E^*\right) - P_{\text{pv}}^t \times \left(E_{\text{pv}}^t + e_{\text{pv}}^t\right)$$
$$-\text{SF}^t - \theta \times \left[\left(E_{\text{esp}}^t\left(E^*\right) + e_{\text{pv}}^t\right) - \frac{1}{T}\sum_{t=1}^{T}\left(E_{\text{esp}}^t\left(E^*\right) + e_{\text{pv}}^t\right)\right]^2 \tag{5.20}$$

$$\text{s.t. } \max\left(\mu^t, \left(\left(\frac{E_{\text{esp,max}}^t}{e_{\text{esp}}^t}\right)^{\varepsilon^t-1} \times p^t\right)\right) \leqslant P^t \leqslant \left(\frac{E_{\text{esp,min}}^t}{e_{\text{esp}}^t}\right)^{\varepsilon^t-1} \times p^t \quad （5.21）$$

其中，$E_{\text{esp}}^t$ 为发电厂在时间区间 $t$ 内的发电量；$E_{\text{esp,max}}^t$ 和 $E_{\text{esp,min}}^t$ 为发电厂在时间区间 $t$ 内的最大和最小发电量；$e_{\text{esp}}^t$ 为时间区间 $t$ 内用户的原始净电力需求。这里式（5.21）对售电价格的范围进行了约束，保证了最终的售电价格不低于批发电价，也不高于电力用户的最大承受范围，从而同时确保了售电公司和电力用户的收益。

因此，售电公司取得最大收益时所对应的售电价格可以表示为

$$P^* = \text{argmax}\left(\Phi_{\text{esc}}\right) \quad （5.22）$$

综上，售电公司的纳什均衡也得以证明。下面将给出价格型需求响应策略的求解过程，如图 5.2 所示。

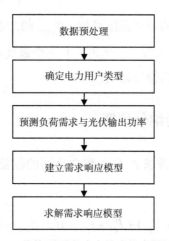

图 5.2　价格型需求响应策略的求解过程

价格型需求响应策略的求解过程主要包含以下步骤。

（1）数据预处理。对电力用户的负荷数据、光伏发电数据、环境数据、地理信息数据等进行预处理。

（2）确定电力用户类型。使用基于动态时间规整的负荷曲线聚类算法分析用户的历史电力负荷数据，并确定电力用户的类型。

（3）预测负荷需求与光伏输出功率。构建基于深度 RNN（recurrent neural network，循环神经网络）的预测模型，并对用户下一天的电力需求与光伏输出功率进行预测。

（4）建立需求响应模型。以参与需求响应各主体收益的最大化为目标建立价

格型需求响应模型。

（5）求解需求响应模型。把价格型需求响应模型转化为动态博弈问题，然后使用逆向归纳法对博弈均衡点进行求解。

## 5.3　实验结果分析与讨论

### 5.3.1　实验数据与参数设置

实验使用的数据包含了江苏省某市一园区内 8 栋商业和居民高层建筑在 2019 年 12 月 2 日至 2019 年 12 月 8 日间的电力负荷数据。该市是江苏省经济较发达的城市，工业是该市的主要支柱产业，工业用电量明显高于商业和居民用电量。但随着产业转型升级以及居民收入的增加，商业和居民用电量会快速攀升。

然而，该城市商业用电实行固定电价，为 0.7954 元/（kW·h），居民电价主要以固定电价为主，为 0.5283 元/（kW·h），同时售电公司也为居民用户提供了峰谷分时电价方案，该方案规定 08：00 至 21：00 之间电价为 0.5583 元/（kW·h），其他时间的电价为 0.3583 元/（kW·h）。但由于居民的总体用电量较少，选择峰谷电价所节约的电费有限，所以峰谷分时电价对用户的吸引力不大，目前选择该电价方案的用户只有很少一部分。因此，现有电价方案很难应对因持续上升的商业和居民用电所造成的电力供需不平衡、电网可靠性下降和运营成本上升等问题，亟须更加灵活多样的价格型需求响应策略，以调动商业和居民用户参与负荷调度的积极性。

由于商业用户与居民用户的电力需求价格弹性有所差异，因此需要分别设计适合不同类型用户的价格型需求响应策略。参考现有文献[57-59]，并按照实际电力消费趋势，可以得到我国商业用户和居民用户的电力需求价格弹性曲线，如图 5.3 所示，商业用户和居民用户的电力需求价格弹性随时间的变化而变化，他们的平均电力需求价格弹性分别为 –0.3425 和 –0.6958。

根据国家发展和改革委员会 2019 年 4 月 28 日发布的《关于完善光伏发电上网电价机制有关问题的通知》，江苏省集中式光伏上网电价为 0.55 元/（kW·h），全发电量政府补贴标准为 0.1 元/（kW·h）。在电力现货市场中，由于用户的负荷需求随时间在不断地变化，所以售电公司的单位购电成本也会随时间而变化。然而，电力现货市场正在加速建设和发展，目前江苏省是通过招投标的方式确定售电公司的月度单位购电价格，但不同月份的单位购电价格不同，如 2019 年 12 月的单位购电价格为 0.285 46 元/（kW·h），而 2019 年 8 月的单位购电价格为 0.363 05 元/（kW·h）。此外，实验把电力系统波动性权重参数 $\theta$ 设置为 0.001，商业用户实际净电力需求的最小值 $E_{min}^t$ 和最大值 $E_{max}^t$ 分别为原始净电力需求 $e^t$ 的 95% 和 120%，

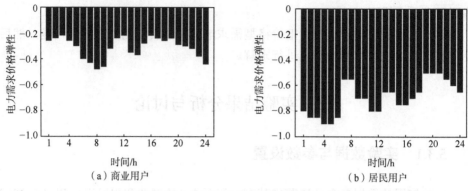

图 5.3　商业用户和居民用户的电力需求价格弹性

居民用户实际电力需求的最小值 $E_{\min}^t$ 和最大值 $E_{\max}^t$ 分别为原始电力需求 $e^t$ 的 90% 和 125%。

为了验证所提出的价格型需求响应模型的有效性，下面将以 2019 年 12 月 2 日为例分别探讨和分析商业用户和居民用户的电价方案。图 5.4 是商业用户和居民用户的原始电力需求曲线和相应的光伏输出功率曲线，需要指出的是居民用户没有配备光伏发电系统。此外，在实际中，用户的原始电力需求和光伏输出功率可以通过预测方法得到，但由于本节实验的数据量有限，不足以训练得到有效的预测模型，故实验假定用户的原始电力需求和光伏输出功率是已知的。

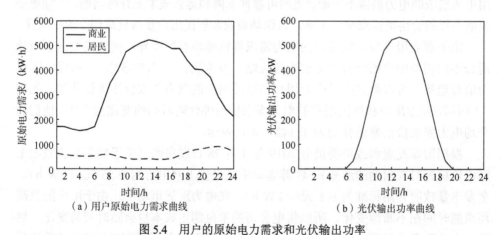

图 5.4　用户的原始电力需求和光伏输出功率

## 5.3.2　商业用户电价方案

式（5.20）和其约束条件式（5.21）可以被看作一个非线性规划问题，通过使用 Knitro 优化器对该优化问题进行求解，最终可以得到一天内各个小时的动态电价方案。图 5.5 是所求得的商业用户的动态电价方案。

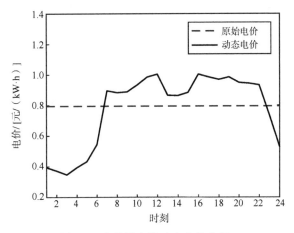

图 5.5　商业用户的动态电价方案

如图 5.5 所示，每个时间区间内的电价都是用户与售电公司博弈的纳什均衡点，相较于目前固定的商业电价，动态电价随着时间的变化而变化，在 07：00 至 22：00 电价较高，其他时间电价较低，这分别与商业用户电力需求的高峰期和低谷期相对应。

图 5.6 是商业用户采用动态电价方案后的实际电力需求。

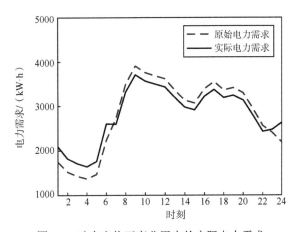

图 5.6　动态电价下商业用户的实际电力需求

从图 5.6 可以看出，在 09：00 至 17：00 之间，用户的原始电力需求先下降再上升，这是由于光伏发电系统在这段时间内为用户提供了一部分电能。同时，我们可以发现动态电价下，商业用户为了节省用电成本，把部分高峰期的负荷转移到谷时段，最大负荷从 3906 kW·h 削减到 3711 kW·h，最小负荷从 1365 kW·h 提高到 1637 kW·h，这大大地降低了电力系统的波动性，从而提高了电力系统的安全性和可靠性，减少了电网的运行维护成本。

下面分别计算了当商业用户采用原始电价和动态电价方案时售电公司所获得的收益，结果如表 5.1 所示。

表 5.1　商业用户采用不同电价方案时售电公司所获得的收益

| 收益和需求 | 原始电价 | 动态电价 | 差值 |
|---|---|---|---|
| 总收益/元 | 17 445 | 25 604 | 8 159 |
| 电费/元 | 53 806 | 55 591 | 1 785 |
| 净利润/元 | 33 323 | 35 698 | 2 375 |
| 波动性成本/元 | 15 878 | 9 220 | −6 658 |
| 最大电力需求/（kW·h） | 3 906 | 3 711 | −195 |
| 总电力需求/（kW·h） | 67 646 | 67 359 | −287 |
| 满意度成本/元 | 0 | 878 | 878 |

从表 5.1 可以看到，当实施动态电价时，售电公司的总收益和净利润分别增加了 8159 和 2375 元。同时，该动态电价方案在保证总电力需求基本不变的情况下，削减了 195 kW·h 的最大电力需求，并使电力系统波动性成本下降了 41.9%，这极大地提升了电力系统的安全性和可靠性。

然而，这里还可以看到商业用户的满意度成本也有所上升，而且用户的电费从原来的 53 806 元增加到 55 591 元，增加了 1785 元。这种情况下，很明显用户的利益受到了一定损失，从而影响用户参与动态电价的积极性。另外我们可以发现，动态电价的实施，使得售电公司的净利润增加了 2375 元，同时电力系统波动性成本和最大电力需求的下降也令电网的运营维护成本得以减少，为了引导商业用户积极参与价格型需求响应，售电公司可以为电力用户提供一定的补贴，从而实现双赢的目的。

### 5.3.3　居民用户电价方案

不同于商业用户的是，实验中居民用户是没有配备太阳能光伏发电系统的。

图 5.7 是所求得的居民用户的动态电价方案，图 5.8 是居民用户采用动态电价方案后的实际电力需求。

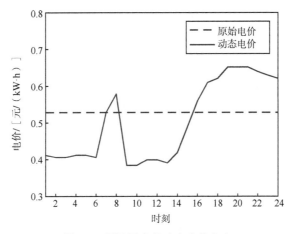

图 5.7　居民用户的动态电价方案

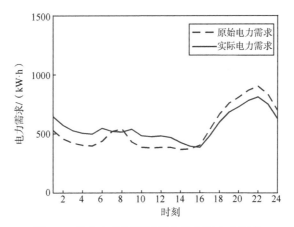

图 5.8　动态电价下居民用户的实际电力需求

　　如图 5.7 所示，动态电价方案在 06：00 至 08：00 和 16：00 至 24：00 间的动态电价要大于原始电价，并在 19：00 达到最大值，为 0.6522 元/（kW·h）。图 5.8 表明，居民用户的原始电力需求存在两个高峰期，即早高峰和晚高峰，这主要是由居民的日常生活习惯所造成的。当实施动态电价后，居民用户的部分高峰期的电力需求被转移到了低谷时段，而由于谷时段的电价较低，则有效降低了居民用户的用电成本。为了转移部分高峰期的电力需求，用户可以合理安排用电设备的运行时间，如调整洗衣机、洗碗机的工作时间，以及电动汽车的充电时间等。

　　表 5.2 对比了在实施原始电价和动态电价时售电公司所获得的收益。从表 5.2 可以看出，当对居民用户实施动态电价后，售电公司的总收益和净利润都有所提升，同时有效降低了最大电力需求和电力系统的波动性成本。此外，我们可以发

现，用户的总电力需求增加了 558 kW·h，电费增加了 136 元，并且满意度成本为 −182 元，这表明用户对能源服务商的电力供给感到满意。因此，售电公司无须为了引导用户参与价格型需求响应而提供额外的补贴。

表 5.2　居民用户采用不同电价方案时售电公司所获得的收益

| 项目 | 原始电价 | 动态电价 | 差值 |
| --- | --- | --- | --- |
| 总收益/元 | 2 514 | 3 187 | 673 |
| 电费/元 | 6 809 | 6 945 | 136 |
| 净利润/元 | 3 253 | 3 330 | 77 |
| 波动性成本/元 | 739 | 315 | −424 |
| 最大电力需求/（kW·h） | 901 | 811 | −90 |
| 总电力需求/（kW·h） | 12 889 | 13 447 | 558 |
| 满意度成本/元 | 0 | −182 | −182 |

目前，除了固定电价以外，江苏省为居民用户提供了一种峰谷分时电价，用户可以自由选择使用固定电价或者峰谷分时电价。通过把峰谷分时电价作为已知条件代入所提出的基于负荷特征的价格型需求响应模型，可以得到售电公司的收益，结果如表 5.3 所示。

表 5.3　售电公司在实施峰谷分时电价时所获得的收益

| 项目 | 原始电价 | 峰谷分时电价 | 差值 |
| --- | --- | --- | --- |
| 总收益/元 | 2 514 | 2 166 | −348 |
| 电费/元 | 6 809 | 6 529 | −280 |
| 净利润/元 | 3 253 | 2 741 | −512 |
| 波动性成本/元 | 739 | 1 286 | 547 |
| 最大电力需求/（kW·h） | 901 | 1 116 | 215 |
| 总电力需求/（kW·h） | 12 889 | 14 586 | 1697 |
| 满意度成本/元 | 0 | −711 | −711 |

表 5.3 表明，实施峰谷分时电价后，售电公司的总收益和净利润都有所下降，而最大电力需求和电力系统波动性成本都有所上升，这不但损害了售电公司的利益，也对电力系统的安全性和可靠性造成威胁，而售电公司为了确保自身利益不受损失，则会提高其他类型用户的电价，如商业电价和工业电价，这不利于引导用户合理地用电和推进电力的市场化改革。

### 5.3.4　波动性成本参数分析

波动性成本参数 $\theta$ 的选择会影响到动态电价的结果，进而也会影响售电公司和用户的收益，下面将以商业用户为例，分析波动性成本参数与售电公司的收益、电力用户的收益、单位电价、总电力需求间的关系，结果如图 5.9 和图 5.10 所示。

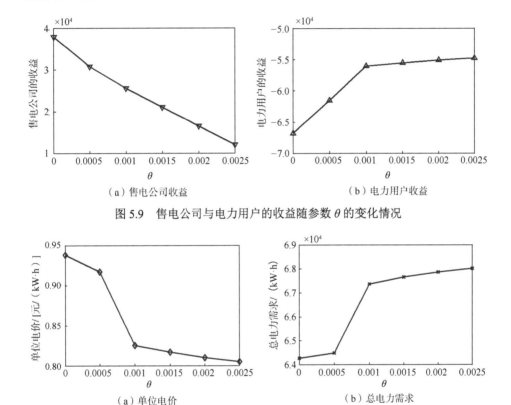

（a）售电公司收益　　　　　　　　　　（b）电力用户收益

图 5.9　售电公司与电力用户的收益随参数 $\theta$ 的变化情况

（a）单位电价　　　　　　　　　　（b）总电力需求

图 5.10　单位电价和总电力需求随参数 $\theta$ 的变化情况

图 5.9 表明，售电公司的收益随着 $\theta$ 的增大而减少，这是由于 $\theta$ 越大，波动性成本越高。相反，电力用户的收益随着 $\theta$ 的增大而增加。同时，我们可以发现，当 $\theta$ 大于 0.001 时，电力用户的收益增加的速度开始趋缓。此外，现有研究通常把 $\theta$ 设置为 0.001，该取值有利于平衡售电公司与电力用户的收益，从而实现双赢的局面[60]。从图 5.10 可以看出，随着 $\theta$ 的增大，单位电价在不断下降，这也使用户的总电力需求在不断增加。

鲁棒性分析。实验通过使用 2019 年 8 月 5 日的数据，验证了所提出的基于负荷特征的价格型需求响应模型的鲁棒性。该城市的地理位置原因，使它的夏季用电要明显多于冬季用电，因此，用户在夏季对减少用电需求的敏感性更高，相同的电力需求削减量所造成的用户不满意度也越高。为了评估用户满意度的变化，我们为用户的满意度函数添加一个参数 $\mu$，如式（5.23）所示：

$$\text{SF}^t = \mu \times e^t \times \delta^t \times \left[ \left( \frac{E^t}{e^t} \right)^{\varepsilon^t} - 1 \right] \tag{5.23}$$

此外，用户夏季较高的电力需求也导致电力系统整体负荷的升高，此时售电公司的电网波动性成本也会有所增加，故参数 $\theta$ 需要取一个更大的值。这里实验把 $\theta$ 的值设置为 0.001 25，然后以商业用户为例，分析了当 $\mu$ 取不同值时售电公司和商业用户收益的变化情况，结果如图 5.11 所示。

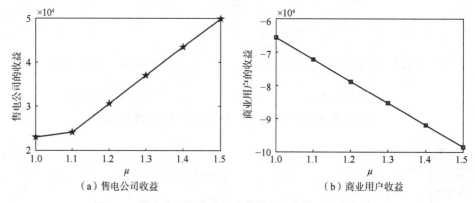

（a）售电公司收益　　　　　　　　　（b）商业用户收益

图 5.11　售电公司与商业用户的收益随参数 $\mu$ 的变化情况

从图 5.11 可以看出，售电公司的收益随着 $\mu$ 的增加而增加，而商业用户的收益随着 $\mu$ 的增加而减少。这是因为当 $\mu$ 越大，表明单位用电量的削减所导致的用户不满意成本升高，用户改变原有用电需求的意愿减弱。

下面将以 $\mu$ 的值等于 1.25 为例，详细地分析动态电价下售电公司和电力用户的收益情况，结果如表 5.4 所示。

表 5.4　动态电价下售电公司的收益分析

| 项目 | 商业用户 | | 居民用户 | |
|---|---|---|---|---|
| | 固定电价 | 动态电价 | 固定电价 | 动态电价 |
| 总收益/元 | 8 975 | 39 164 | 1 768 | 4 203 |
| 电费/元 | 63 228 | 81 268 | 7 414 | 9 424 |
| 净利润/元 | 42 745 | 61 376 | 2 420 | 4 251 |
| 波动性成本/元 | 34 361 | 21 381 | 652 | 374 |
| 最大电力需求/（kW·h） | 4 694 | 4 460 | 921 | 829 |
| 总电力需求/（kW·h） | 79 492 | 79 758 | 14 033 | 14 753 |
| 满意度成本/元 | 0 | 830 | 0 | −326 |

从表 5.4 看出，动态电价下，售电公司的总收益和净利润都有明显提升，同时减少了最大电力需求和电力系统波动性成本。对于商业用户和居民用户而言，他们的总电力需求略有增加，电费分别增加了 18 040 元和 2010 元，而售电公司净利润增加了 20 462 元，故售电公司需要为用户提供一定的补贴以增强用户参与动态电价方案的积极性。此外，对比 2019 年 12 月 2 日的实验结果，我们还可以发现用户的单位电价有所升高，这主要是由售电公司夏季的购电成本比冬季高所造成的。综上，所提出的基于负荷特征的价格型需求响应模型能够灵活适应于不同的场景，具有较好的鲁棒性。

# 5.4　结　　论

为了促进能源互联网环境下电力供需两侧的互动，在对用户历史负荷数据进行分析并确定电力用户类型的基础上，针对不同类型的用户构建了差异化的价格型需求响应模型。然后把该模型转化为完全信息动态博弈问题，并使用逆向归纳法证明了纳什均衡解的存在，进而为不同类型用户制定了更具针对性的价格型需求响应策略。此外，该模型还考虑了太阳能光伏发电的不确定性对价格型需求响应策略的影响，从而为能源互联网环境下分布式可再生能源的高效利用提供了支撑。实验部分，通过使用真实数据集对所提出的基于负荷特征的价格型需求响应模型进行了验证，分别为商业用户和居民用户制订了差异化的动态电价方案，使得他们的最大电力需求分别下降 4.99% 和 9.99%，有效削弱了电网负荷的波动性。同时实验结果表明，所求得的动态电价方案在提高售电公司收益的同时，也保证了电力用户的收益不受损失。最后，还对所提出的基于负荷特征的价格型需求响应模型的鲁棒性进行了验证，结果表明，通过调整相关参数，所提出的模型能够适用于多种真实情景中。

# 参 考 文 献

[1] 唐西胜, 李伟, 沈晓东. 面向新型电力系统的储能规划方法研究进展及展望[J]. 电力系统自动化, 2024, 48(9): 178-191.

[2] Mohajeryami S, Moghaddam I N, Doostan M, et al. A novel economic model for price-based demand response[J]. Electric Power Systems Research, 2016, 135: 1-9.

[3] Alipour M, Zare K, Seyedi H, et al. Real-time price-based demand response model for combined heat and power systems[J]. Energy, 2019, 168: 1119-1127.

[4] Asadinejad A, Rahimpour A, Tomsovic K, et al. Evaluation of residential customer elasticity for incentive based demand response programs[J]. Electric Power Systems Research, 2018, 158:

26-36.

[5] 董军, 张晓虎, 李春雪, 等. 自动需求响应背景下考虑用户满意度的分时电价最优制定策略[J]. 电力自动化设备, 2016, 36(7): 67-73.

[6] 丁宁, 吴军基, 邹云. 基于 DSM 的峰谷时段划分及分时电价研究[J]. 电力系统自动化, 2001, 25(23): 9-12, 16.

[7] 张钦, 王锡凡, 王建学. 尖峰电价决策模型分析[J]. 电力系统自动化, 2008, (9): 11-15.

[8] Yan X, Ozturk Y, Hu Z, et al. A review on price-driven residential demand response[J]. Renewable and Sustainable Energy Reviews, 2018, 96: 411-419.

[9] Jiang Q, Mu Y, Jia H, et al. A Stackelberg Game-based planning approach for integrated community energy system considering multiple participants[J]. Energy, 2022, 258: 124802.

[10] Zhang K, Hanif S, Hackl C M, et al. A framework for multi-regional real-time pricing in distribution grids[J]. IEEE Transactions on Smart Grid, 2019, 10(6): 6826-6838.

[11] Balakumar P, Ramu S, Vinopraba T. Dynamic pricing for load shifting: reducing electric vehicle charging impacts on the grid through machine learning-based demand response[J]. Sustainable Cities and Society, 2024, 103: 105256.

[12] Xu B, Wang J, Guo M, et al. A hybrid demand response mechanism based on real-time incentive and real-time pricing[J]. Energy, 2021, 231: 120940.

[13] Luo Y, Gao Y, Fan D. Real-time demand response strategy base on price and incentive considering multi-energy in smart grid: a bi-level optimization method[J]. International Journal of Electrical Power & Energy Systems, 2023, 153: 109354.

[14] 崔杨, 张汇泉, 仲悟之, 等. 计及价格型需求响应及 CSP 电站参与的风电消纳日前调度[J]. 电网技术, 2020, 44(1): 183-191.

[15] 陈保瑞, 刘天琪, 何川, 等. 考虑需求响应的源网荷协调分布鲁棒长期扩展规划[J]. 中国电机工程学报, 2021, 41(20): 6886-6900.

[16] Wang S, Bi S, Zhang Y A. Demand response management for profit maximizing energy loads in real-time electricity market[J]. IEEE Transactions on Power Systems, 2018, 33(6): 6387-6396.

[17] Elio J, Milcarek R J. A comparison of optimal peak clipping and load shifting energy storage dispatch control strategies for event-based demand response[J]. Energy Conversion and Management: X, 2023, 19: 100392.

[18] Norouzi F, Karimi H, Jadid S. Stochastic electrical, thermal, cooling, water, and hydrogen management of integrated energy systems considering energy storage systems and demand response programs[J]. Journal of Energy Storage, 2023, 72: 108310.

[19] Oh S, Kong J, Yang Y, et al. A multi-use framework of energy storage systems using reinforcement learning for both price-based and incentive-based demand response programs[J]. International Journal of Electrical Power & Energy Systems, 2023, 144: 108519.

[20] Malehmirchegini L, Suliman M S, Farzaneh H. Region-wise evaluation of price-based demand response programs in Japan's wholesale electricity market considering microeconomic equilibrium[J]. iScience, 2023, 26(7): 106978.

[21] 周明, 殷毓灿, 黄越辉, 等. 考虑用户响应的动态尖峰电价及其博弈求解方法[J]. 电网技术, 2016, 40(11): 3348-3354.

[22] Herter K. Residential implementation of critical-peak pricing of electricity[J]. Energy Policy, 2007, 35(4): 2121-2130.

[23] Yang M, Liu Y. Research on multi-energy collaborative operation optimization of integrated energy system considering carbon trading and demand response[J]. Energy, 2023, 283: 129117.

[24] Dong H, Wang L, Zhang X, et al. A two-stage stochastic collaborative planning approach for data centers and distribution network incorporating demand response and multivariate uncertainties[J]. Journal of Cleaner Production, 2024, 451: 141482.

[25] Luo F, Kong W, Ranzi G, et al. Optimal home energy management system with demand charge tariff and appliance operational dependencies[J]. IEEE Transactions on Smart Grid, 2020, 11(1): 4-14.

[26] Dewangan C L, Singh S, Chakrabarti S, et al. Peak-to-average ratio incentive scheme to tackle the peak-rebound challenge in TOU pricing[J]. Electric Power Systems Research, 2022, 210: 108048.

[27] Pandey V C, Gupta N, Niazi K R, et al. A hierarchical price-based demand response framework in distribution network[J]. IEEE Transactions on Smart Grid, 2022, 13(2): 1151-1164.

[28] Zhou K, Peng N, Yin H, et al. Urban virtual power plant operation optimization with incentive-based demand response[J]. Energy, 2023, 282: 128700.

[29] Wang L, Lin J, Dong H, et al. Demand response comprehensive incentive mechanism-based multi-time scale optimization scheduling for park integrated energy system[J]. Energy, 2023, 270: 126893.

[30] Yang J, Zhang G, Ma K. Matching supply with demand: a power control and real time pricing approach[J]. International Journal of Electrical Power & Energy Systems, 2014, 61: 111-117.

[31] Tang R, Wang S, Li H. Game theory based interactive demand side management responding to dynamic pricing in price-based demand response of smart grids[J]. Applied Energy, 2019, 250: 118-130.

[32] 徐青山, 刘梦佳, 戴蔚莺, 等. 计及用户响应不确定性的可中断负荷储蓄机制[J]. 电工技术学报, 2019, 34(15): 3198-3208.

[33] Dey B, Misra S, Marquez F P G. Microgrid system energy management with demand response program for clean and economical operation[J]. Applied Energy, 2023, 334: 120717.

[34] Hwang H, Yoon A, Yoon Y, et al. Demand response of HVAC systems for hosting capacity improvement in distribution networks: a comprehensive review and case study[J]. Renewable and Sustainable Energy Reviews, 2023, 187: 113751.

[35] Mohseni S, Brent A C, Kelly S, et al. Demand response-integrated investment and operational planning of renewable and sustainable energy systems considering forecast uncertainties: a systematic review[J]. Renewable and Sustainable Energy Reviews, 2022, 158: 112095.

[36] Yang Z, Tian H, Min H, et al. Optimal microgrid programming based on an energy storage system, price-based demand response, and distributed renewable energy resources[J]. Utilities Policy, 2023, 80: 101482.

[37] Wan Y, Qin J, Shi Y, et al. Stackelberg–Nash game approach for price-based demand response in retail electricity trading[J]. International Journal of Electrical Power & Energy Systems, 2024,

155: 109577.

[38] Wen L, Zhou K, Feng W, et al. Demand side management in smart grid: a dynamic-price-based demand response model[J]. IEEE Transactions on Engineering Management, 2024, 71: 1439-1451.

[39] Yu B, Sun F, Chen C, et al. Power demand response in the context of smart home application[J]. Energy, 2022, 240: 122774.

[40] Zhang C, Xu Y, Dong Z Y, et al. Robust coordination of distributed generation and price-based demand response in microgrids[J]. IEEE Transactions on Smart Grid, 2018, 9(5): 4236-4247.

[41] Wu J, Lu C, Wu C, et al. A cluster-based appliance-level-of-use demand response program design[J]. Applied Energy, 2024, 362: 123003.

[42] Yu H, Zhang J, Ma J, et al. Privacy-preserving demand response of aggregated residential load[J]. Applied Energy, 2023, 339: 121018.

[43] Zhang D, Zhu H, Zhang H, et al. Multi-objective optimization for smart integrated energy system considering demand responses and dynamic prices[J]. IEEE Transactions on Smart Grid, 2022, 13(2): 1100-1112.

[44] Zeng H, Shao B, Dai H, et al. Natural gas demand response strategy considering user satisfaction and load volatility under dynamic pricing[J]. Energy, 2023, 277: 127725.

[45] Xu D, Zhong F, Bai Z, et al. Real-time multi-energy demand response for high-renewable buildings[J]. Energy and Buildings, 2023, 281: 112764.

[46] Monfared H J, Ghasemi A, Loni A, et al. A hybrid price-based demand response program for the residential micro-grid[J]. Energy, 2019, 185: 274-285.

[47] Asadinejad A, Tomsovic K. Optimal use of incentive and price based demand response to reduce costs and price volatility[J]. Electric Power Systems Research, 2017, 144: 215-223.

[48] Zhu J, He Z. A distributive energy price-based hybrid demand response mechanism facilitating energy saving[J]. Renewable and Sustainable Energy Reviews, 2023, 183: 113488.

[49] Yu M, Hong S H. Incentive-based demand response considering hierarchical electricity market: a Stackelberg game approach[J]. Applied Energy, 2017, 203: 267-279.

[50] Lin H, Dang J, Zheng H, et al. Two-stage electric vehicle charging optimization model considering dynamic virtual price-based demand response and a hierarchical non-cooperative game[J]. Sustainable Cities and Society, 2023, 97: 104715.

[51] Jin M, Feng W, Marnay C, et al. Microgrid to enable optimal distributed energy retail and end-user demand response[J]. Applied Energy, 2018, 210: 1321-1335.

[52] Lu R, Hong S H, Yu M. Demand response for home energy management using reinforcement learning and artificial neural network[J]. IEEE Transactions on Smart Grid, 2019, 10(6): 6629-6639.

[53] 陈倩, 王维庆, 王海云. 计及需求响应和混合博弈含多微网主动配电网协调优化[J]. 电力系统自动化, 2023, 47(9): 99-109.

[54] 许博, 岳欣明, 关艳, 等. 针对用电负荷"峰谷倒挂"现象的混合型电力需求响应策略[J]. 系统工程理论与实践, 2022, 42(8): 2129-2138.

[55] 李垣, 马瑞, 罗阳. 基于 Stackelberg 博弈的微网价格型需求响应及供电定价优化[J]. 电力

系统保护与控制, 2017, 45(5): 88-95.

[56] Maskin E. Nash equilibrium and welfare optimality[J]. The Review of Economic Studies, 1999, 66(1): 23-38.

[57] Zeng S, Chen Z, Alsaedi A, et al. Price elasticity, block tariffs, and equity of natural gas demand in China: investigation based on household-level survey data[J]. Journal of Cleaner Production, 2018, 179: 441-449.

[58] Zhu X, Li L, Zhou K, et al. A meta-analysis on the price elasticity and income elasticity of residential electricity demand[J]. Journal of Cleaner Production, 2018, 201: 169-177.

[59] Zhou Y, Ma R, Su Y, et al. Too big to change: how heterogeneous firms respond to time-of-use electricity price[J]. China Economic Review, 2019, 58: 101342.

[60] Ma L, Liu N, Wang L, et al. Multi-party energy management for smart building cluster with PV systems using automatic demand response[J]. Energy and Buildings, 2016, 121: 11-21.

# 第6章　基于激励的需求响应策略

需求响应是实施电力需求侧管理的重要方法和手段，具体是指终端用户改变其固有的电力消费习惯，以响应随时间推移的电价变化或者售电公司所提供的奖励[1]。需求响应的核心工作是对需求侧的电力负荷进行控制和管理，通过削峰、填谷、削峰填谷三种方式改变终端用户的用电模式，达到降低电网最大负荷，减少装机容量，节省电力系统运行成本的目的[2]。通过实施需求响应，发电企业、售电公司、终端用户都能够获得相应的利益。此外，需求响应还可以促进对风能、太阳能、热能、潮汐能、生物能等可再生能源的消纳，更好实现削峰填谷，从而可以在电力负荷低谷时段消纳更多的可再生能源，在电力负荷高峰时缓解可再生能源不足所导致的供需不匹配问题[3]。

需求响应项目主要可以分为两类，即价格型需求响应和激励型需求响应。激励型需求响应是指当电力的供需不平衡使得电力系统的安全性和可靠性受到威胁时，用户按照售电公司的意愿对负荷进行削减或调整负荷，同时用户也能够得到相应的购电补偿或者折扣[4-6]。常见的激励方式有两种，一种是直接为用户提供补贴[7, 8]，另一种是在现有电价基础上给予一定的购电折扣[9, 10]。相较于价格型需求响应，激励型需求响应能够更加灵活地对负荷进行调度，因此更容易获得短期内的需求响应资源[11-13]。此外，由于用户能够更加直接地获得相应的奖励或折扣，用户也会更加积极地参与激励型需求响应[14-16]。通过合理的激励型需求响应策略的设计，可以更好地维持电力系统供需平衡，促进可再生能源消纳、提高用户参与度、优化电力资源配置、应对多重不确定性以及促进能源结构转型[17-19]。然而，为了更好地利用需求侧的柔性可调负荷资源，减少电力系统投资成本和提高电力供给的安全性和可靠性，需要考虑用户负荷特征的差异性，设计出更加灵活有效的激励型需求响应策略。

已有一些关于激励型需求响应的研究，激励型需求响应主要包括：直接负荷控制[20, 21]、负荷削减[22-24]、需求侧竞价[25-27]、紧急需求响应[28-30]。直接负荷控制是指当电网负荷处于高峰或者发生重大紧急事件时，参与直接负荷控制的用户的负荷可以被售电公司进行直接的控制[31]；负荷削减是指当用户按照与售电公司所签订的协议对用电负荷进行削减时，可以获得相应的奖励或者购电折扣，而当用户没有按照协议削减用电负荷时，则会得到相应的惩罚[32]；需求侧竞价则使得大型电力用户可以直接通过竞价或订购的方式参与需求响应项目，并在其所提供的价格下或售电公司公布的补偿价格下确定减少的电力负荷量[33]；紧急需求响应是指当一些突发状况（如恶劣天气、节假日等）的发生导致电网负荷很高时，售电公司提供给用户一定的奖励用于减少他们的用电负荷，从而提高电力系统的安全性和可靠性[34-36]。现有激励型需求响应模型主要围绕能源系统经济性建模优化方面[37]，多数是通过基于模型的方法构建的，如鲁棒规划[38-40]、随机规划[41-43]、博弈论[1, 44, 45]、混合整数线性规划[46-48]等，缺乏一定的灵活性和扩展性。与此同时，在能源互联网环境下的激励型需求响应策略很少考虑现实世界中用户负荷特征的差异性，也很难满足用户特定的要求[49]。此外，用户的负荷特征存在一定差异，不同用户在实际能源系统建模时需要设定不同的模型参数甚至需要选择不同的模型，这使得模型的建立更加具有挑战性[50]。

综上，首先提出了一种激励型需求响应机制，其次构建了基于负荷特征的激励型需求响应模型。该模型以电力用户和售电公司总利润的最大化为目标，同时综合考虑了用户负荷需求和电力批发价格的动态变化。再次利用强化学习方法对所提出的激励型需求响应模型进行求解，从而为用户制定了个性化的激励型需求响应策略。最后，讨论了日前和短期两种情景下的激励型需求响应策略，验证了所提出的激励型需求响应模型的有效性。

# 6.1　需求响应模型构建

在一个开放型电力市场中，售电公司按照实时的电力批发价格从发电公司进行购电，然后按照零售价格为其电力用户提供电能，从而利用电力批发价格与零售价格间的差价实现获取利润的目标。但售电公司追求利润最大化的同时，需要协助发电公司削减电力系统峰值负荷以确保电力供需的实时平衡，进而提高电力系统的安全性和可靠性。激励型需求响应通过给予用户一定的用电补贴或者折扣，可以充分激发用户参与需求响应的积极性，从而能够有效调度需求侧的柔性负荷资源，达到削减峰值负荷和减少用户用电成本的目的。实施激励型需求响应的示意图如图 6.1 所示。

如图 6.1 所示，售电公司利用激励手段获取到一定的需求响应资源，也就是一定的电力需求削减量，从而缓解了发电公司的电力供应紧张问题，保证了电力供需的平衡。同时，激励型需求响应是在电力零售市场中实施的，因此参与需求响应的主体是售电公司和电力用户，下面将分别对他们的收益进行建模。

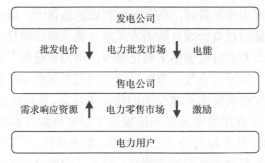

图 6.1 激励型需求响应的示意图

### 6.1.1 售电公司收益模型

在一些特定时段，如负荷高峰期或者紧急事件发生时，售电公司通过为电力用户提供一定的奖励或折扣使用户的电力需求降低，同时售电公司的购电成本也会相应地减少。这里把售电公司减少的购电成本减去给予电力用户的奖励当作售电公司的收益 $\text{profit}_{\text{esc}}$，如式（6.1）所示。

$$\text{profit}_{\text{esc}} = \sum_{i=1}^{n}\sum_{j=1}^{h}\left(p_j - \alpha_{ij}\right)\times\Delta E_{ij} \tag{6.1}$$

其中，$i$ 为第 $i$ 个电力用户；$n$ 为电力用户的总数；$j$ 为第 $j$ 个时间区间；$h$ 为时间区间的总数，如果以 1 h 为一个时间区间，则 $h$ 的值为 24；$p_j$ 为第 $j$ 个时间区间内的电力批发价格；$\alpha_{ij}$ 为第 $i$ 个电力用户在第 $j$ 个时间区间内削减单位电力需求所获得的奖励，也叫作售电公司为第 $i$ 个电力用户在第 $j$ 个时间区间所提供的激励率；$\Delta E_{ij}$ 为第 $i$ 个电力用户在第 $j$ 个时间区间内响应售电公司所提供的奖励而减少的用电量。

此外，$\alpha_{ij}$ 的取值有一定的范围，不能小于最小值 $\alpha_{\min}$，也不能大于最大值 $\alpha_{\max}$，通常 $\alpha_{ij}$ 的取值范围是由电力交易市场和相关管理部门所制定的。售电公司则可以通过设置合理的激励标准，使自己的利润最大化。

### 6.1.2 电力用户收益模型

当电力用户响应售电公司所提供的奖励后，就会削减相应时间区间内的电力需求，如夏季调高空调的制冷温度、降低电灯的亮度等。电力用户削减的电力需求如式（6.2）所示。

$$\Delta E_{ij} = E_{ij} \times \xi_j \times \frac{\alpha_{ij} - \alpha_{\min}}{\alpha_{\min}} \tag{6.2}$$

其中，$E_{ij}$ 为第 $i$ 个电力用户在第 $j$ 个时间区间内的原始电力需求；$\xi_j$ 为第 $j$ 个时间区间内的电力需求激励弹性系数，它等于电力需求的变化与激励率变化的比值。需要注意的是，$\Delta E_{ij}$ 也有一定的取值范围，它不得小于 0，同时也不能超出用户的最大电力需求削减量 $\Delta E_{\max}$，通常 $\Delta E_{\max}$ 由电力用户自身的特点和发电公司的发电能力所决定。

在电力用户削减电力需求获得奖励的同时，电力用户的舒适度会有所下降，电力用户的不舒适成本随着电力需求削减的增加而增加，而且速度会越来越快，这里可以通过一个关于 $\Delta E_{ij}$ 的二次函数对电力用户的不舒适成本 $\mathrm{cost}_{ij}$ 进行表示，如式（6.3）所示：

$$\mathrm{cost}_{ij}\left(\Delta E_{ij}\right) = \frac{\mu_i}{2} \times \left(\Delta E_{ij}\right)^2 + \omega_i \times \Delta E_{ij} \tag{6.3}$$

其中，$\mu_i$ 和 $\omega_i$ 为不舒适成本参数，它们的值是正的并且取值会因用户的不同有所差别。由于不同用户的用电设备、原始用电需求、用电偏好等有所差异，对于相同的电力需求削减量，不同用户所感受到的不舒适程度会有所不同。$\mu_i$ 和 $\omega_i$ 的取值越大，表明第 $i$ 个用户在削减相同电力需求时所付出的不舒适成本越高。此外，从式（6.3）可以看出，当 $\Delta E_{ij}$ 的值等于 0 时，电力用户的不舒适成本为 0，随着 $\Delta E_{ij}$ 的不断增加，电力用户的不舒适成本的增速会越来越快。

因此，电力用户参与激励型需求响应时的收益主要由所获得的奖励和所付出的不舒适成本两部分组成，如式（6.4）所示。

$$\mathrm{profit}_{\mathrm{eu}} = \sum_{i=1}^{n}\sum_{j=1}^{h} \lambda_i \times \alpha_{ij} \times \Delta E_{ij} - \left(1-\lambda_i\right) \times \mathrm{cost}_{ij}\left(\Delta E_{ij}\right) \tag{6.4}$$

其中，$\lambda_i$ 为权重参数，它表示第 $i$ 个电力用户看待因参与需求响应所获得的奖励和对付出的不舒适成本的态度，当 $\lambda_i$ 的值越小时，表明第 $i$ 个用户认为用电的舒适度比奖励更重要，而当 $\lambda_i$ 的值越大时，则表明第 $i$ 个用户更加看重所获得的奖励。

综上，所提出的激励型需求响应模型的目标函数是售电公司与电力用户总收益 $\mathrm{profit}_{\mathrm{sum}}$ 的最大化，如式（6.5）所示。

$$\max \mathrm{profit}_{\mathrm{sum}} = \mathrm{profit}_{\mathrm{esc}} + \mathrm{profit}_{\mathrm{eu}} \tag{6.5}$$

# 6.2　模型求解方法

强化学习是一种机器学习方法，它通过智能体与环境间的动态交互来学习最优策略[51]。相较于传统的优化方法，强化学习无须对所解决的问题与其环境进行很多的假设[52]。此外，强化学习是一种数据驱动的方法，它通过不断对智能体与环境间交互数据的观察和探索，估计策略的长期价值，并最终得到使目标最优的策略[53]。与此同时，能源互联网环境下形成了海量电力大数据，使用强化学习解决实际中的问题，往往更加简单方便。因此，利用强化学习方法对售电公司和电力用户参与激励型需求响应时的动态交互进行建模，并利用 Q-learning（Q 学习）算法对所构建的强化学习模型进行求解，最终获得了最优的激励率，此时售电公司和电力用户的总收益取得了最大值。基于强化学习的激励型需求响应模型的示意图如图 6.2 所示。

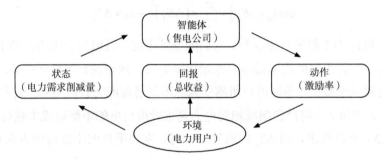

图 6.2　基于强化学习的激励型需求响应模型的示意图

如图 6.2 所示，当智能体选择一个动作作用于环境后，环境的状态发生改变，同时产生一个奖励或惩罚信号反馈给智能体，而智能体则会根据获得的信号和当前环境的状态选择新的动作，直至迭代结束。这一过程恰好与一个激励型需求响应的过程相符合，即售电公司先为电力用户设置一个激励率，接着电力用户响应激励并削减自己的电力需求，同时把电力用户和售电公司的总收益反馈给售电公司，然后售电公司根据用户的电力需求削减量以及当前的总收益重新设置激励率，当电力用户和售电公司的总收益取得最大值时，停止迭代过程，此时的激励率就是所求最优的基于激励的需求响应策略。

一般而言，强化学习模型可以看作一个马尔可夫决策过程，主要包含三个要素，即状态 $S_{ij}$、动作 $A_{ij}$、回报 $R_{ij}\left(S_{ij}, A_{ij}\right)$，对应到所提出的激励型需求响应模型，$S_{ij}$ 为第 $i$ 个电力用户在第 $j$ 个时间区间内所削减的电力需求；$A_{ij}$ 为售电公司在第 $j$ 个时间区间为第 $i$ 个电力用户所提供的激励率；$R_{ij}$ 为在第 $j$ 个时间区间内

第 $i$ 个电力用户和电力公司的总收益。在一个强化学习模型中，状态转变只依赖于模型当前的状态和动作，即用户的电力需求削减量的变化只取决于当前的电力需求削减量和激励率，因此上述马尔可夫决策过程如式（6.6）所示。

$$S_{i1}, A_{i1}, R_{i1}\left(S_{i1}, A_{i1}\right); S_{i2}, A_{i2}, R_{i2}\left(S_{i2}, A_{i2}\right); \cdots; S_{ih}, A_{ih}, R_{ih}\left(S_{ih}, A_{ih}\right) \quad (6.6)$$

从式（6.6）可以看出，智能体会根据当前的回报不断地调整下一步动作的方向，即以后每一步的回报都受到当前动作的影响，因此当前时刻的回报也应该把未来长期累计的回报包含在内。需要注意的是未来时刻的回报是逐渐衰减的，由此可得式（6.7）和式（6.8）。

$$R_{i1} = R_{i1}\left(S_{i1}, A_{i1}\right) + \rho \times R_{i2}\left(S_{i2}, A_{i2}\right) + \cdots + \rho^{h-1} \times R_{ih}\left(S_{ih}, A_{ih}\right) \quad (6.7)$$

$$R_{il} = R_{il}\left(S_{i1}, A_{i1}\right) + \rho \times R_{i,l+1}\left(S_{i,l+1}, A_{i,l+1}\right) + \cdots + \rho^{h-1} \times R_{ih}\left(S_{ih}, A_{ih}\right) \quad (6.8)$$

其中，$R_{i1}$ 和 $R_{il}$ 分别为电力用户 $i$ 和售电公司在第 1 个和第 $l$ 个时间区间的总收益；$\rho$ 为折扣率，取值范围是[0,1]，当 $\rho$ 的值取 0 时，表示智能体只考虑当前的回报，而当 $\rho$ 的取值大于 0 时，表示智能体既考虑当前的回报也考虑未来的回报。

求解马尔可夫决策问题实际上就是找到能够使累计折扣回报最大化的策略，进而得到相对应的行动和状态，因此，式（6.7）可以改写为式（6.9）。

$$R_{ij} = R_{ij}\left(S_{ij}, A_{ij}\right) + \rho \times \max\left(R_{i,j+1}\right) \quad (6.9)$$

可以看到式（6.9）符合贝尔曼方程的基本形式，那么就可以通过寻找近似解的方式对该方程进行求解。常用的求解方法有两类：一类是基于最优价值的方法，如 Q-learning、深度 Q-learning、Sarsa 等；另一类是基于最优策略的方法，如策略梯度算法[54]。同时也有一些结合了基于最优价值和基于最优策略的方法，如 Actor-Critic 和深度确定性梯度策略[55]。此外，按照是否已知环境的动态变化情况，如不同状态间的转移概率，又可以把以上方法划分为基于模型的方法和非模型的方法，非模型的方法能够使智能体在不确定状态间转移概率的情况下学习到最优的策略，而基于模型的方法则恰恰相反，因此非模型方法的适用性更强。

Q-learning 是一种非模型的基于最优价值的方法，可以直接从智能体与环境的交互迭代中学习，而不需要预先对环境有所了解，所以更加简单实用，目前已经被广泛应用于强化学习模型的最优策略求解问题[56]。因此，使用 Q-learning 对所建立的激励型需求响应模型进行求解。在一个 Q-learning 算法过程中，首先建立一个状态×行为的 $Q$ 表格，每个表格都有一个初始的 $Q$ 值，对一个 $Q$ 值 $Q_{ij}$，对于 $Q_{ij}$，反馈给智能体的回报为 $R_{ij}$。因此，由式（6.9）可以得到 $Q_{ij}$ 的表达式如式（6.10）所示。

$$Q_{ij} = Q_{ij}\left(S_{ij}, A_{ij}\right) + \rho \times \max\left(Q_{i,j+1}\right) \quad (6.10)$$

$Q_{ij}$ 会在每次迭代过程中进行更新，直到取得最大的累计折扣回报或者达到最大迭代次数，更新后的 $Q$ 值如式（6.11）所示。

$$Q'_{ij} = (1-\theta)\times Q_{ij} + \theta\times\left[Q'_{ij}\left(S'_{ij}, A_{ij}\right) + \rho\times\max\left(Q'_{i,j+1}\right)\right] \tag{6.11}$$

其中，$Q'_{ij}$、$S'_{ij}$、$\left(Q'_{i,j+1}\right)$ 为 $Q_{ij}$、$S_{ij}$、$Q_{i,j+1}$ 更新后的值；$\theta$ 为学习率，它表示新的 $Q$ 值替代旧 $Q$ 值的程度，取值范围是 $[0,1]$。当 $\theta=0$ 时，表明智能体只利用了先前的知识，而没有探索新的知识；当 $\theta=1$ 时，表明智能体抛弃了先前的知识，只对新的知识进行了探索。所以在实际应用中，$\theta$ 应该取一个 0 到 1 之间的数。

在经过足够多的迭代更新以后，$Q$ 表格中的各个 $Q$ 值会逐渐收敛并稳定，这表明找到了马尔可夫决策过程的最优决策，那么也就得到了售电公司在每个时间区间为第 $i$ 个电力用户所提供的激励率。

基于强化学习的激励型需求响应策略的算法流程图如图 6.3 所示。

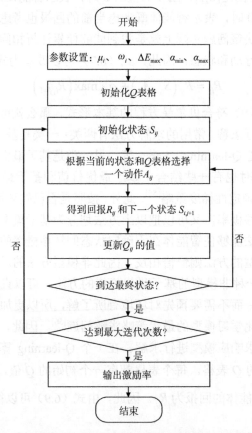

图 6.3　基于强化学习的激励型需求响应策略求解算法流程图

在图 6.3 所示的算法过程中，为了平衡探索与利用之间的关系，动作的选择是通过 $\varepsilon$ 贪婪策略实现的，也就是说智能体不能仅利用已获得的知识，同时也必须探索新的知识才能使回报最大化。$\varepsilon$ 的值通常取 0 到 1 之间的小数，$\varepsilon$ 的值越大表明智能体趋向于探索新的动作，而 $\varepsilon$ 的值越小则表明智能体倾向于利用现有的动作。

# 6.3　实验结果与分析

由于用户的电力负荷趋势及其特征有所差异，为使所设计激励型需求响应策略更加精准有效，实验通过深度 RNN 模型对各个用户的负荷需求进行了预测。此外，为使所获得的激励型需求响应策略更加可靠，实验还考虑了电力批发价格的波动性，并通过人工神经网络（artificial neural network，ANN）模型对日前电力批发价格进行了预测。

## 6.3.1　实验数据与参数设置

用户的电力负荷需求数据来自 Dataport 数据库。实验随机选择了三个不同用户在 2018 年 1 月 1 日至 2018 年 7 月 29 日期间的 24 小时电力负荷数据，其中 2018 年 1 月 1 日至 2018 年 7 月 22 日期间的电力负荷数据作为预测模型的训练数据，2018 年 7 月 23 日至 2018 年 7 月 29 日期间的电力负荷数据作为测试数据。此外，与电力负荷预测相关的环境数据来自 MesoWest 网站。电力批发价格数据来自美国 PJM 电力公司官网。在该电力市场中，电力批发价格会根据电力的实时供需情况发生变化，实验所用电力批发价格数据的时间区间以及训练数据和测试数据的划分都与所用电力负荷数据相同。

基于强化学习的激励型需求响应策略求解算法的相关参数设置表如表 6.1 所示。不同时间区间内的电力需求激励弹性系数如表 6.2 所示。

表 6.1　基于强化学习的激励型需求响应策略求解算法的相关参数

| 参数 | 取值 |
| --- | --- |
| 强化学习模型参数 $\rho$、$\theta$、$\varepsilon$ | 0.9、0.1、0.1 |
| 用户不舒适度参数 $\mu_1$、$\mu_2$、$\mu_3$、$\omega_i$ | 1、2、3、1 |
| 最大电力需求削减量 $\Delta E_{max}$ | $0.3\,E_{ij}$ |
| 最小激励率 $\alpha_{min}$ | $0.3\,p_{min}$ |
| 最大激励率 $\alpha_{max}$ | $p_{min}$ |

表 6.2　不同时间区间内的电力需求激励弹性系数

| 时间区间 | 弹性值 $\xi_j$ |
| --- | --- |
| 00：00～06:00，22：00～23：00 | 0.5 |
| 07：00～16：00 | 0.3 |
| 17：00～21：00 | 0.1 |

电力需求激励弹性反映出了激励率的变化情况对用户电力需求的影响。在表 6.2 中，按照用户电力需求的高低，可以把一天划分为三个时段，即峰时段、平时段、谷时段。这里需要说明的是，表 6.2 中时段的划分以及弹性的取值是参考相关文献设定的，在实际应用中，可能会受到电力市场以及用户个人特征的影响，然而这并不会从本质上影响所提出的基于负荷特征的激励型需求响应模型的有效性。

## 6.3.2　用户电力负荷与电力批发价格预测

三个用户在 2018 年 7 月 23 日至 2018 年 7 月 29 日期间的负荷需求预测结果如图 6.4 所示。相同时间内的电力批发价格预测结果如图 6.5 所示。

在图 6.4 和图 6.5 中，尽管用户的电力负荷和电力批发价格有很强的波动性，但是所得到的预测结果都与真实值相接近。因此，使用以上预测得到的用户负荷需求与电力批发价格作为需求响应模型的输入，能够获得更加精准的需求响应策略，同时也保证了所提出的基于负荷特征的激励型需求响应模型的有效性。

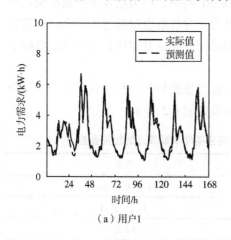

（a）用户1

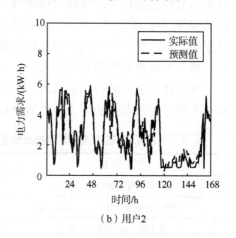

（b）用户2

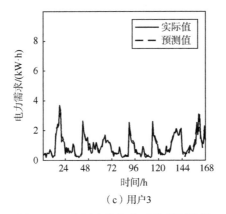

（c）用户3

图 6.4　三个用户的负荷需求预测结果

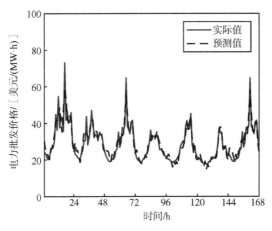

图 6.5　电力批发价格预测结果

### 6.3.3　日前激励型需求响应

所谓日前激励型需求响应就是提前为下一天所制定出的激励型需求响应策略，因此更加需要借助精准的预测方法以确定未来一天用户的负荷需求和电力批发价格的变化趋势。实验使用 2018 年 7 月 23 日的用户负荷需求和电力批发价格预测结果，对所提出的基于负荷特征的激励型需求响应模型的有效性进行了验证，并得到了各个小时内的最优激励率。

在强化学习模型的迭代过程中，$Q$ 值会逐渐收敛到各自的最大值，此时表明电力用户和售电公司的总收益达到了最大值。为了观察 $Q$ 值的变化情况，这里以用户 2 为例，分析了当权重参数 $\lambda$ 取不同值时 $Q$ 值的变化情况，结果如图 6.6 所示。

从图 6.6 可以看出，$Q$ 值一开始很小，这是由于一开始智能体学习的知识有限，无法选择最优的行动。经过若干次迭代以后，智能体通过利用过去所学习的

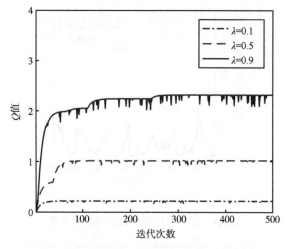

图 6.6 λ 取不同值时 $Q$ 值的变化

知识可以选择更优的行动，因此 $Q$ 值也最终慢慢趋于稳定。此外，我们还可以发现，相同迭代次数下，随着 λ 取值的增大，$Q$ 值也在增大。这是因为 λ 的值越大，表明用户对待奖励的重视度也在增加，进而会削减更多的电力需求，所以电力用户和售电公司的总利润有所增加。在对不同用户最优激励率进行学习时 $Q$ 值的变化情况（λ=5）如图 6.7 所示。

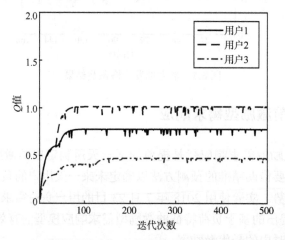

图 6.7 对不同用户激励率进行学习时 $Q$ 值的变化情况（λ=5）

如图 6.7 所示，λ=5 时，用户均等看待激励奖励和不舒适成本，同时可以发现，用户 2 的最大 $Q$ 值明显大于其他用户的最大 $Q$ 值，这主要是由不同用户的原始电力需求和各自的不舒适成本参数有所差异造成的。此外，从图 6.6 和图 6.7 可以看出，$Q$ 值缓慢波动上升，当达到一定迭代次数以后，$Q$ 值才会逐渐稳定，但仍会在最大值处上下波动，这是因为强化学习模型采用了 $\varepsilon$ 贪婪策略，这就使得在迭代过程中智能体不仅会利用已经获得的知识，也会探索新的知识。

下面将给出 $Q$ 值收敛的证明过程，由式（6.1）～式（6.5）可以得到式（6.12）。

$$
\begin{aligned}
\text{profit}_{\text{sum}} = \sum_{i=1}^{n} \sum_{j=1}^{h} \left( p_j - \alpha_{ij} \right) \cdot E_{ij} + \lambda_i \cdot \alpha_{ij} \cdot \Delta E_{ij} - \left( 1 - \lambda_i \right) \left( \frac{\mu_i}{2} \cdot E_{ij}^2 + \omega_i \cdot \Delta E_{ij} \right) \\
\Downarrow \\
\text{profit}_{\text{sum}} = \sum_{i=1}^{n} \sum_{j=1}^{h} \left( p_j - \alpha_{ij} \right) \frac{E_{ij} \cdot \xi_j \left( \alpha_{ij} - \alpha_{\min} \right)}{\alpha_{\min}} + \lambda_i \cdot \alpha_{ij} \cdot \frac{E_{ij} \cdot \xi_j \left( \alpha_{ij} - \alpha_{\min} \right)}{\alpha_{\min}} \\
- \left( 1 - \lambda_i \right) \cdot \left[ \mu_i \frac{E_{ij}^2 \cdot \xi_j^2 \cdot \left( \alpha_{ij} - \alpha_{\min} \right)^2}{2\alpha_{\min}^2} + \omega_i \frac{E_{ij} \cdot \xi_j \left( \alpha_{ij} - \alpha_{\min} \right)}{\alpha_{\min}} \right] \\
\Downarrow \\
\text{profit}_{\text{sum}} = \sum_{i=1}^{n} \sum_{j=1}^{h} - \left[ \frac{E_{ij} \cdot \xi_j (1 - \lambda_i)}{\alpha_{\min}} + \frac{E_{ij}^2 \cdot \xi_j^2 \cdot (1 - \lambda_i)^2}{2\alpha_{\min}^2} \right] \alpha_{ij}^2 + \left[ \frac{E_{ij} \cdot \xi_i \cdot p_j}{\alpha_{\min}} \right. \\
\left. + \frac{E_{ij} \cdot \xi_j \cdot \alpha_{\min} (1 - \lambda_i)}{\alpha_{\min}} + \frac{\mu_i E_{ij}^2 \cdot \xi_j^2 \cdot (1 - \lambda_i)}{\alpha_{\min}} - \frac{\omega_i E_{ij} \cdot \xi_j^2 \cdot (1 - \lambda_i)}{\alpha_{\min}} \right] \alpha_{ij} \\
+ \left[ \omega_i \cdot E_{ij} \cdot \xi_j (1 - \lambda_i) - E_{ij} \cdot \xi_j \cdot p_j - \frac{\mu_i}{2} E_{ij}^2 \cdot \xi_j^2 \cdot (1 - \lambda_i) \right]
\end{aligned}
$$

（6.12）

因此，售电公司和电力用户的总利润是一个关于激励率 $\alpha_{ij}$ 的二次函数，又由于 $0 < \lambda_i < 1$，$\alpha_{\min} > 0$，$E_{ij} > 0$，$\xi_j > 0$，$p_j > 0$，$\mu_i = 1,2,3$，$\omega_i = 1$，可以得到式（6.13）和式（6.14）。

$$
A = - \left[ \frac{E_{ij} \cdot \xi_j \left( 1 - \lambda_i \right)}{\alpha_{\min}} + \frac{E_{ij}^2 \cdot \xi_j^2 \cdot \left( 1 - \lambda_i \right)}{2\alpha_{\min}^2} \right] < 0 \tag{6.13}
$$

$$
B = \left[ \frac{E_{ij} \cdot \xi_j \cdot \alpha_{\min} \left( 1 - \lambda_i \right)}{\alpha_{\min}} + \frac{\mu_i \cdot E_{ij}^2 \cdot \xi_j^2 \cdot \left( 1 - \lambda_i \right)}{\alpha_{\min}} - \frac{\omega_i \cdot E_{ij} \cdot \xi_j \left( 1 - \lambda_i \right)}{\alpha_{\min}} \right] > 0
$$

（6.14）

由以上可知，抛物线的开口向下，对称轴在右侧，所以随着激励率的增大，售电公司和用户的总收益会先增加后减少，故在激励率的取值范围内可以实现售电公司和电力用户总收益的最大化，因此随着迭代次数的增加，$Q$ 值会逐渐收敛。

$\lambda_1 = 0.1$ 时,所求得的用户激励率和其参与需求响应后的电力需求如图6.8所示。

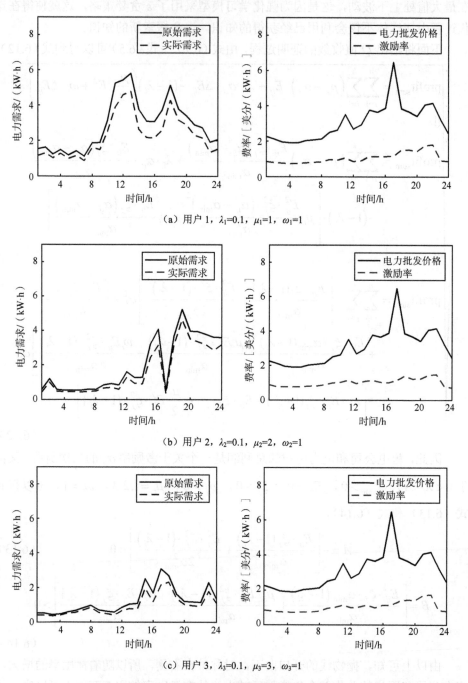

（a）用户1,$\lambda_1$=0.1,$\mu_1$=1,$\omega_1$=1

（b）用户2,$\lambda_2$=0.1,$\mu_2$=2,$\omega_2$=1

（c）用户3,$\lambda_3$=0.1,$\mu_3$=3,$\omega_3$=1

图 6.8　$\lambda$=0.1 时各用户的激励率和电力需求

从图 6.8 可以发现，激励率基本上与电力批发价格的变化趋势相同，在电力批发价格较高时，激励率也高，而当电力批发价格较低时，激励率也低。这主要是因为当电力需求处于高峰期时，电力批发价格会升高，售电公司为了获得较多的需求响应资源，即电力需求削减量，则会提供较高的激励率；但当电力需求处于低谷时，电力批发价格会降低，售电公司则会相应降低激励率，从而保证了电力的供需平衡，提高了电力系统的可靠性。

此外，由图 6.8 还可以看出，即使三个用户的原始电力需求相同，他们参与需求响应后的电力需求削减量也会有所不同，用户 3 的电力需求削减量会小于另外两个用户，这是因为用户 3 的不舒适度成本参数 $\mu$ 更大，因此激励对该用户的吸引力相对较小。

电力用户和售电公司的成本收益分析表如表 6.3 和表 6.4 所示。

表 6.3　电力用户成本收益分析表

| $\lambda$ | 用户 | 奖励/美分 | 不舒适成本/美分 | 最终收益/美分 |
|---|---|---|---|---|
| 0.1 | 1 | 16.45 | 20 48 | −16.79 |
| | 2 | 9.25 | 13.03 | −10.80 |
| | 3 | 6.68 | 9.73 | −8.09 |
| 0.5 | 1 | 24.44 | 29.18 | −2.37 |
| | 2 | 17.61 | 23.50 | −2.95 |
| | 3 | 10.15 | 13.78 | −1.82 |
| 0.9 | 1 | 24.44 | 29.18 | 19.08 |
| | 2 | 17.61 | 23.50 | 13.50 |
| | 3 | 10.15 | 13.78 | 7.76 |

表 6.4　售电公司成本收益分析表

| $\lambda$ | 响应资源/（kW·h） | 收入/美分 | 成本/美分 | 收益/美分 |
|---|---|---|---|---|
| 0.1 | 29.27 | 102.41 | 32.38 | 70.03 |
| 0.5 | 40.38 | 135.56 | 52.20 | 83.36 |
| 0.9 | 40.38 | 135.56 | 52.20 | 83.36 |

在表 6.3 中，随着 $\lambda$ 取值的增大，各个电力用户获得奖励和所付出的不舒适成本均有所增加。这是因为 $\lambda$ 的值越大，表示电力用户更加期望获得奖励而牺牲一定的舒适度，因此他们会削减更多的电力需求。同时各个电力用户的最终收益也在增加，这里的最终收益是通过式（6.4）计算得到的。此外，我们还可以看到，当 $\lambda$ 的取值大于 0.5 的时候，电力用户获得的奖励和所付出的不舒适度成本不再增加。

在表 6.4 中，响应资源是指用户的电力需求削减量，收入是指售电公司实施需求响应后所减少的购电成本，而成本则等于提供给电力用户的奖励。我们可以看到，随着 λ 的增大，售电公司的收入、成本和收益先增加后保持不变。

为了进一步探究 λ 的取值对用户参与需求响应的影响，实验取了更多不同的 λ 值，并以用户 1 为例，分析了其参与需求响应后的成本收益，结果如表 6.5 所示。

表 6.5　用户 1 的成本收益分析

| λ | 奖励/美分 | 不舒适成本/美分 | 最终收益/美分 |
| --- | --- | --- | --- |
| 0.1 | 16.45 | 20.48 | −16.79 |
| 0.2 | 20.20 | 24.48 | −15.54 |
| 0.3 | 23.48 | 27.88 | −12.47 |
| 0.4 | 24.44 | 29.18 | −7.73 |
| 0.5 | 24.44 | 29.18 | −2.37 |
| 0.6 | 24.44 | 29.18 | 2.99 |
| 0.7 | 24.44 | 29.18 | 8.35 |
| 0.8 | 24.44 | 29.18 | 13.72 |
| 0.9 | 24.44 | 29.18 | 19.08 |

由表 6.5 可以看出，当 λ 的值在 0.1 至 0.3 范围内时，用户 1 的奖励和不舒适成本随着 λ 的增大而增加，但当 λ 的值大于 0.4 时，用户 1 的奖励和不舒适成本不再改变，也就是说决定用户 1 的奖励和不舒适成本是否再发生变化的 λ 的值在 0.3 到 0.4 之间。下面将给出当 λ 的取值大于一定范围时，用户奖励和不舒适成本不再发生变化的理论证明。

由 6.2.2 节可以得到式（6.15）、式（6.16）和式（6.17）。

$$0.3p_{\min} \leqslant \alpha_{ij} \leqslant p_{\min}, \quad 0 \leqslant \Delta E_{ij} \leqslant 0.3E_{ij} \tag{6.15}$$

$$0 \leqslant E_{ij} \cdot \xi_j \frac{\alpha_{ij} - \alpha_{\min}}{\alpha_{\min}} \leqslant 0.3E_{ij} \tag{6.16}$$

$$0.3p_{\min} \leqslant \alpha_{ij} \leqslant \left(\frac{0.3}{\xi_j} + 1\right) \times 0.3p_{\min} \tag{6.17}$$

从式（6.15）、式（6.17）可以看出 $\alpha_{ij}$ 有一定的取值范围，当 λ 增大时，表明用户认为奖励越来越重要，售电公司为了最大化收益，期望得到更多的需求响应资源，则会提供更大的激励率。然而当 λ 的值大于临界值时，$\alpha_{ij}$ 的取值也已经达到了上限，因此，用户的电力需求削减量不再变化，所获得的奖励和付出的不舒适成本也不再变化。但如表 6.5 所示，用户 1 的最终收益并不会受到 λ 取值的影响，这是由其计算公式所导致的。

### 6.3.4　短期激励型需求响应

在实际情况中，售电公司只在电力需求高峰期或者突发事件发生时为电力用户提供激励。这一方面促进了电力供需平衡和电力系统可靠性，另一方面也有助于把用户的电力需求转移到其他时段，从而满足了用户的正常电力需求。因此，本书提出一种短期激励型需求响应策略，应用于电力需求高峰时段。三个用户的总电力需求曲线如图 6.9 所示。

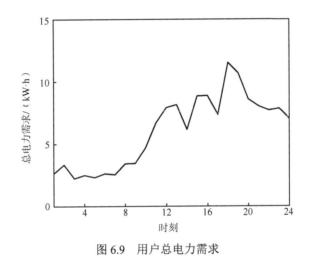

图 6.9　用户总电力需求

在图 6.9 中，用户的总电力需求高峰出现在 18：00 至 20：00 之间，在此期间，售电公司可以实施基于激励的需求响应，从而实现促进电力供需平衡和保护电力系统安全的目标。在具体实施过程中，售电公司对未来短期内用户的负荷需求和电力批发价格进行预测，接着使用所提出的基于强化学习的激励型需求响应策略求解算法得到每个用户的最优激励率，然后把需求响应相关信息发送给各个用户，用户一旦接收到需求响应信号，则会积极削减自己的电力需求以获取相应的奖励。同时，由于电力需求高峰时段的零售电价比较高，参与需求响应也可以帮助用户节省用电成本，而为了保证用户日常生活的电力需求，他们可以把削减的负荷需求转移到其他时间段。例如，对于居民用户，他们可以把洗衣机、洗碗机的运行，或者电动汽车的充电转移到负荷需求低谷时段；对于商业用户，他们可以把夏季空调的温度略微调高；对于工业用户，他们可以合理安排生产时间，避开负荷需求高峰期。此外，由于售电公司能够更加准确地获得未来短期的环境和市场数据，所得到的用户负荷需求和电力批发价格的预测结果会更加准确，这也使得最终获得的激励型需求响应策略更加有效。

与日前激励型需求响应有所不同，短期激励型需求响应中的 $p_{\min}$ 是 18：00 至 20：00 间的最小电力批发价格，而不是全天的最小电力批发价格。与此同时，这里把 $\mu$ 的值设置为 0.1，所有用户的不舒适成本参数 $\mu$ 都设置为 3。实施短期激励型需求响应后，售电公司的成本和收益如表 6.6 所示。

**表 6.6 短期激励型需求响应下售电公司的成本和收益**

| 收益 | 用户 1 | 用户 2 | 用户 3 | 总计 |
| --- | --- | --- | --- | --- |
| 需求响应的成本/美分 | 3.52 | 4.19 | 1.79 | 9.50 |
| 无需求响应的成本/美分 | 7.56 | 9.35 | 3.50 | 20.41 |
| 需求响应下的最高电力需求/（kW·h） | 3.06 | 4.29 | 1.27 | 8.62 |
| 无需求响应下的最高电力需求/（kW·h） | 3.79 | 5.23 | 1.64 | 10.66 |
| 总的电力需求削减量/（kW·h） | 2.03 | 2.51 | 0.94 | 5.48 |

在表 6.6 中，无需求响应的成本是指在不实施需求响应时，售电公司购买等同于用户电力需求削减量的电能所付出的成本。从表 6.6 可以看出，当实施激励型需求响应时，售电公司的成本减少了 10.91 美分，最高电力需求从 10.66 kW·h 变为 8.62 kW·h，下降了 19.14%，总的电力需求也减少了 5.48 kW·h，约占原始电力需求的 28.45%，这大大缓解了电力需求高峰期间的电力供需矛盾，提高了电力系统的安全性和可靠性。

# 6.4  结　　论

人工智能相关方法的不断进步为能源互联网环境下激励型需求响应策略的设计提供了新的思路。在对用户负荷变化趋势及其特征进行分析的基础上，提出了一种基于负荷特征的激励型需求响应模型。同时利用强化学习方法对所提出的激励型需求响应模型进行了求解，从而为用户设计了精准有效的激励型需求响应策略。此外，为了使所求得的激励型需求响应策略更加可靠，该模型还考虑了电力批发价格的波动性，并使用预测方法对电力批发价格进行了预测。实验部分，分别讨论了日前和短期两种情景下的激励型需求响应策略。实验结果表明，所制定的基于负荷特征的激励型需求响应策略能够有效削减用户的电力需求，特别是实施短期激励型需求响应期间，最高电力需求下降了 19.14%，总电力需求下降了 28.45%，这大大缓解了负荷高峰期间电力供应的紧张，保证了电力的供需平衡，提高了的电力系统的安全性和可靠性，同时还减少了售电公司和电力用户的供用电成本。

# 参 考 文 献

[1] Sun X, Xie H, Xiao Y, et al. Incentive compatible pricing for enhancing the controllability of price-based demand response[J]. IEEE Transactions on Smart Grid, 2024, 15(1): 418-430.

[2] Crozier C, Pigott A, Baker K. Price perturbations for privacy preserving demand response with distribution network awareness[J]. IEEE Transactions on Smart Grid, 2024, 15(2): 1584-1593.

[3] Xu D, Zhong F, Bai Z, et al. Real-time multi-energy demand response for high-renewable buildings[J]. Energy and Buildings, 2023, 281: 112764.

[4] Balasubramanian S, Balachandra P. Effectiveness of demand response in achieving supply-demand matching in a renewables dominated electricity system: a modelling approach[J]. Renewable and Sustainable Energy Reviews, 2021, 147: 111245.

[5] Dewangan C L, Vijayan V, Shukla D, et al. An improved decentralized scheme for incentive-based demand response from residential customers[J]. Energy, 2023, 284: 128568.

[6] Jang D, Spangher L, Nadarajah S, et al. Deep reinforcement learning with planning guardrails for building energy demand response[J]. Energy and AI, 2023, 11: 100204.

[7] Alasseri R, Rao T J, Sreekanth K J. Institution of incentive-based demand response programs and prospective policy assessments for a subsidized electricity market[J]. Renewable and Sustainable Energy Reviews, 2020, 117: 109490.

[8] Voulis N, van Etten M J J, Chappin É J L, et al. Rethinking European energy taxation to incentivise consumer demand response participation[J]. Energy Policy, 2019, 124: 156-168.

[9] Ming H, Xia B, Lee K Y, et al. Prediction and assessment of demand response potential with coupon incentives in highly renewable power systems[J]. Protection and Control of Modern Power Systems, 2020, 5: 12.

[10] Ming H, Meng J, Gao C, et al. Efficiency improvement of decentralized incentive-based demand response: social welfare analysis and market mechanism design[J]. Applied Energy, 2023, 331: 120317.

[11] Wen L, Zhou K, Feng W, et al. Demand side management in smart grid: a dynamic-price-based demand response model[J]. IEEE Transactions on Engineering Management, 2024, 71: 1439-1451.

[12] Tan H, Yan W, Ren Z, et al. A robust dispatch model for integrated electricity and heat networks considering price-based integrated demand response[J]. Energy, 2022, 239: 121875.

[13] Wang Z, Sun M, Gao C, et al. A new interactive real-time pricing mechanism of demand response based on an evaluation model[J]. Applied Energy, 2021, 295: 117052.

[14] Lu R, Bai R, Huang Y, et al. Data-driven real-time price-based demand response for industrial facilities energy management[J]. Applied Energy, 2021, 283: 116291.

[15] Petrucci A, Ayevide F K, Buonomano A, et al. Development of energy aggregators for virtual communities: the energy efficiency-flexibility nexus for demand response[J]. Renewable Energy, 2023, 215: 118975.

[16] Meng W, Song D, Huang L, et al. A Bi-level optimization strategy for electric vehicle retailers

based on robust pricing and hybrid demand response[J]. Energy, 2024, 289: 129913.

[17] Li C, Feng C, Li J, et al. Comprehensive frequency regulation control strategy of thermal power generating unit and ESS considering flexible load simultaneously participating in AGC[J]. Journal of Energy Storage, 2023, 58: 106394.

[18] Liu J, Ma L, Wang Q. Energy management method of integrated energy system based on collaborative optimization of distributed flexible resources[J]. Energy, 2023, 264: 125981.

[19] Hannan M, Ker P J, Mansor M, et al. Recent advancement of energy internet for emerging energy management technologies: key features, potential applications, methods and open issues[J]. Energy Reports, 2023, 10: 3970-3992.

[20] Ramanathan B, Vittal V. A framework for evaluation of advanced direct load control with minimum disruption[J]. IEEE Transactions on Power Systems, 2008, 23(4): 1681-1688.

[21] Ruiz N, Cobelo I, Oyarzabal J. A direct load control model for virtual power plant management[J]. IEEE Transactions on Power Systems, 2009, 24(2): 959-966.

[22] Wang C, Chu S, Ying Y, et al. Underfrequency load shedding scheme for islanded microgrids considering objective and subjective weight of loads[J]. IEEE Transactions on Smart Grid, 2023, 14(2): 899-913.

[23] Oluwasuji O I, Malik O, Zhang J, et al. Solving the fair electric load shedding problem in developing countries[J]. Autonomous Agents and Multi-Agent Systems, 2020, 34: 1-35.

[24] Madiba T, Bansal R C, Mbungu N T, et al. Under-frequency load shedding of microgrid systems: a review[J]. International Journal of Modelling and Simulation, 2022, 42(4): 653-679.

[25] Ruan G, Zhong H, Shan B, et al. Constructing demand-side bidding curves based on a decoupled full-cycle process[J]. IEEE Transactions on Smart Grid, 2021, 12(1): 502-511.

[26] Sabir S, Kelouwani S, Henao N, et al. A computationally efficient method for energy allocation in spot markets with application to transactive energy systems[J]. IEEE Access, 2022, 10: 111351-111362.

[27] Wang D, Hu Q, Jia H, et al. Integrated demand response in district electricity-heating network considering double auction retail energy market based on demand-side energy stations[J]. Applied Energy, 2019, 248: 656-678.

[28] Dadkhah A, Bayati N, Shafie-khah M, et al. Optimal price-based and emergency demand response programs considering consumers preferences[J]. International Journal of Electrical Power & Energy Systems, 2022, 138: 107890.

[29] Aghaei J, Alizadeh M I, Siano P, et al. Contribution of emergency demand response programs in power system reliability[J]. Energy, 2016, 103: 688-696.

[30] Tran N H, Pham C, Nguyen M N H, et al. Incentivizing energy reduction for emergency demand response in multi-tenant mixed-use buildings[J]. IEEE Transactions on Smart Grid, 2018, 9(4): 3701-3715.

[31] Shad M, Momeni A, Errouissi R, et al. Identification and estimation for electric water heaters in direct load control programs[J]. IEEE Transactions on Smart Grid, 2017, 8(2): 947-955.

[32] Sun M, Liu G, Popov M, et al. Underfrequency load shedding using locally estimated RoCoF of the center of inertia[J]. IEEE Transactions on Power Systems, 2021, 36(5): 4212-4222.

[33] Wang S, Tan X, Liu T, et al. Aggregation of demand-side flexibility in electricity markets: negative impact analysis and mitigation method[J]. IEEE Transactions on Smart Grid, 2021, 12(1): 774-786.

[34] Wen L, Zhou K, Li J, et al. Modified deep learning and reinforcement learning for an incentive-based demand response model[J]. Energy, 2020, 205: 118019.

[35] Shakeri M, Pasupuleti J, Amin N, et al. An overview of the building energy management system considering the demand response programs, smart strategies and smart grid[J]. Energies, 2020, 13(13): 3299.

[36] Astriani Y, Shafiullah G M, Shahnia F. Incentive determination of a demand response program for microgrids[J]. Applied Energy, 2021, 292: 116624.

[37] Rahmani-andebili M. Modeling nonlinear incentive-based and price-based demand response programs and implementing on real power markets[J]. Electric Power Systems Research, 2016, 132: 115-124.

[38] Li Z, Xu Y, Fang S, et al. Robust coordination of a hybrid AC/DC multi-energy ship microgrid with flexible voyage and thermal loads[J]. IEEE Transactions on Smart Grid, 2020, 11(4): 2782-2793.

[39] Su Y, Liu F, Wang Z, et al. Multi-stage robust dispatch considering demand response under decision-dependent uncertainty[J]. IEEE Transactions on Smart Grid, 2023, 14(4): 2786-2797.

[40] Yuan Z, Li P, Li Z, et al. Data-driven risk-adjusted robust energy management for microgrids integrating demand response aggregator and renewable energies[J]. IEEE Transactions on Smart Grid, 2023, 14(1): 365-377.

[41] Tian G, Sun Q. A stochastic controller for primary frequency regulation using ON/OFF demand side resources[J]. IEEE Transactions on Smart Grid, 2023, 14(5): 4141-4144.

[42] Ellman D, Xiao Y. Incentives to manipulate demand response baselines with uncertain event schedules[J]. IEEE Transactions on Smart Grid, 2021, 12(2): 1358-1369.

[43] Batista A, Pozo D, Vera J. Stochastic time-of-use-type constraints for uninterruptible services[J]. IEEE Transactions on Smart Grid, 2020, 11(1): 229-232.

[44] He L, Liu Y, Zhang J. An occupancy-informed customized price design for consumers: a Stackelberg game approach[J]. IEEE Transactions on Smart Grid, 2022, 13(3): 1988-1999.

[45] Aguiar N, Dubey A, Gupta V. Network-constrained Stackelberg game for pricing demand flexibility in power distribution systems[J]. IEEE Transactions on Smart Grid, 2021, 12(5): 4049-4058.

[46] Huang C, Zhang H, Song Y, et al. Demand response for industrial micro-grid considering photovoltaic power uncertainty and battery operational cost[J]. IEEE Transactions on Smart Grid, 2021, 12(4): 3043-3055.

[47] Cortez C, Kasis A, Papadaskalopoulos D, et al. Demand management for peak-to-average ratio minimization via intraday block pricing[J]. IEEE Transactions on Smart Grid, 2023, 14(5): 3584-3599.

[48] Mohandes B, El Moursi M S, Hatziargyriou N D, et al. Incentive based demand response program for power system flexibility enhancement[J]. IEEE Transactions on Smart Grid, 2021,

12(3): 2212-2223.

[49] Tuballa M L, Abundo M L. A review of the development of smart grid technologies[J]. Renewable and Sustainable Energy Reviews, 2016, 59: 710-725.

[50] Tian Z, Li X, Niu J, et al. Enhancing operation flexibility of distributed energy systems: a flexible multi-objective optimization planning method considering long-term and temporary objectives[J]. Energy, 2024, 288: 129612.

[51] Kaelbling L P, Littman M L, Moore AW. Reinforcement learning: a survey[J]. Journal of Artificial Intelligence Research, 1996, 4: 237-285.

[52] Lu R, Hong S. Incentive-based demand response for smart grid with reinforcement learning and deep neural network[J]. Applied Energy, 2019, 236: 937-949.

[53] Botvinick M, Ritter S, Wang J, et al. Reinforcement learning, fast and slow[J]. Trends in Cognitive Sciences, 2019, 23(5): 408-422.

[54] Baird L, Moore A. Gradient descent for general reinforcement learning[J]. Advances in Neural Information Processing Systems, 1998, 11: 968-974.

[55] Peters J, Schaal S. Natural actor-critic[J]. Neurocomputing, 2008, 71(71819): 1180-1190.

[56] Clifton J, Laber E. Q-learning: theory and applications[J]. Annual Review of Statistics and Its Application, 2020, 7: 279-301.

# 第7章　基于需求响应的虚拟电厂运行优化调度

　　分布式能源聚合管理技术包括虚拟电厂、微网、负荷聚合商和主动配电网等[1-3]，这四种分布式能源管理技术的核心都是对分布式能源进行集中管理、协调控制和优化调度，从而提高分布式能源的利用率和可控性。与其他三种分布式能源管理技术相比，虚拟电厂利用先进的信息和通信技术，在不限制分布式能源的地理位置和组成的情况下，将各种分布式能源资源聚合在一起进行协调管理[4,5]，这使得虚拟电厂在提升整体可控性和经济性方面具有较大的优势，并且虚拟电厂在组成结构方面具有可扩展性，可以更好地适应多类型能源和多市场主体的电力竞争环境[6]。因此，虚拟电厂在提高分布式能源整体可控性方面具有重要的作用。

　　随着能源互联网的快速发展，供需交互成为电力系统的显著特征。供需交互是实现电力系统高效经济运行以及分布式能源接入电网的可靠保障[7]。电力供给侧和需求侧不确定性的增强，导致供需平衡难度加大[8]，电力供需平衡方式从传统的源随荷动向源网荷储协同互动转变。源网荷储协同互动强化了源网荷储各环节之间的协调互动[9]，通过源源互补、源网协调、网荷互动等多种交互形式，更高效地提高电力系统动态平衡能力。虚拟电厂作为协调优化源网荷储交互运行的新型电力市场主体，聚合了分布式能源、储能系统等多种能源资源，通过协同优化运行，实现对内协调能源资源功率输出，对外参与电力市场[10]。虚拟电厂通过这种集中的控制方式实现分布式能源与电力市场之间的能源交互，有效地促进电力系统的供需平衡，确保电网的稳定运行[11]。同时，虚拟电厂将用户可中断负荷、可转移负荷等需求侧灵活性资源进行聚合，挖掘需求侧资源的潜力，使其充分发挥主动性和灵活性，有效推动其从被动管理转变为主动响应[12]，为实现虚拟电厂供需交互奠定基础。

　　虚拟电厂是实施需求响应的重要载体，虚拟电厂的响应资源容量更大、综合可调能力更强[13]。这是因为，需求侧资源分散性较强，其个体弹性水平无法满足电网需求响应的要求，导致其很难与电网进行能源交互，并且单一用户的用电行为也无法满足电网的需求响应管理和优化要求。而虚拟电厂则可以通过与用户签订合同的方式，整合大量分散的用户负荷，实现需求响应。在这种源荷交互的作用下，以不影响用户用电体验为前提，合理引导负荷侧的用电行为，为电网增加额外的平衡资源，从而推动网荷交互，这有利于减少电网峰谷差，促进削峰填谷，有效平衡能源供需[14]。同时，需求响应也是虚拟电厂参与电力辅助服务市场获得收益的主要方式，虚拟电厂通过辅助服务市场竞标收入、降低电力采购成本来获得盈利，需求响应对于提升虚拟电厂的经济性有着重要意义。因此，研究需求响应条件下虚拟电厂供需交互机制，能够有效促进需求侧、虚拟电厂以及电力市场之间的交互，从而更经济、更高效地提高电力系统动态平衡能力。

现有相关研究主要集中在如何确定虚拟电厂优化目标和建立优化模型以获得调度策略方面[15-18]，如虚拟电厂参与联合市场的调度[19]、虚拟电厂多阶段随机规划模型[20]、虚拟电厂日前优化调度模型[21]、多能互补的虚拟电厂经济运行[22]、虚拟电厂的短期自调度[23]等。

需求响应在虚拟电厂运行优化调度中发挥着重要作用[24]，虚拟电厂允许用户通过需求响应项目积极参与到其运营过程中，并优化其中各类可再生能源资源的配置。一些现有研究探讨了基于价格的需求响应在用户与虚拟电厂互动过程的作用[25-27]，例如，虚拟电厂可以作为价格接收者，并通过一系列价格需求响应策略优化其竞价策略[28]；虚拟电厂可以通过响应特征评估用户的需求响应潜力，进而设计价格需求响应项目[29]。虚拟电厂运行优化中考虑激励需求响应的研究仍然较少[30]，虚拟电厂在实施激励需求响应时通常会为用户提供相同的激励率[31]，未充分考虑用户的多样性。不同的用户在参与激励需求响应时通常有不同的要求和响应。为此，本章提出了基于需求响应的虚拟电厂运营双层优化模型，使虚拟电厂能够为用户提供灵活的激励率，并以更低的成本支撑参与者运营虚拟电厂[32]。本章提出了一种考虑激励需求响应的虚拟电厂运行双层优化模型，以实现虚拟电厂的电力供需调度。该模型提高了可再生能源的利用率。由于不同的用户在参与激励需求响应时对负载调整有不同的要求和反应，为了反映用户的多样性，所提出的模型考虑了用户满意度、舒适度和偏好。为了获得更准确的激励率，采用强化学习来确定最优激励率，与传统的基于模型的优化方法不同，强化学习具有无模型和自适应的优点，可以独立学习激励率。为了验证所提出模型的优越性，设计了一个不考虑需求响应的比较情景，结果表明所提出的基于需求响应的虚拟电厂运行优化能够实现较低成本的运营。

# 7.1 面向虚拟电厂供需交互的需求响应模型

基于识别到的用户类型及其负荷特征，本节首先构建了面向虚拟电厂供需交互的激励型需求响应模型，该模型以虚拟电厂和用户的总收益最大化为目标。其次，介绍了用于求解虚拟电厂激励型需求响应模型的强化学习方法，并对模型进行求解，从而为用户制定个性化的激励型需求响应策略，促进需求侧有效参与虚拟电厂供需交互。最后，通过实验验证了虚拟电厂激励型需求响应模型在制定激励型需求响应策略方面的有效性。

### 7.1.1　模型构建

虚拟电厂利用聚合优势，充分调动用户侧资源，通过实施需求响应，能够使用户侧资源成为一种更加有效的交互资源。同时，虚拟电厂制定适应用户意愿的、精准的激励机制，便可以实现双向有效交互。因此，需求响应是虚拟电厂实现供需交互的重要环节，为用户侧资源参与虚拟电厂供需交互、促进用户侧与电网的高效互动以及实现电力系统供需动态平衡提供了强有力的基础。

激励型需求响应是指用户根据运营商的激励措施直接接受用电控制或者主动参与用电调整，从而得到直接奖励或者优惠电价的一种参与行为。因此，考虑到激励型需求响应在获得用户侧交互资源方面会更加灵活，本节构建了面向虚拟电厂供需交互的激励型需求响应模型，以获得更充分的用户侧交互资源，为虚拟电厂供需交互提供支撑。

本章构建的虚拟电厂激励型需求响应模型的参与主体是虚拟电厂和用户，图7.1 给出了虚拟电厂实施激励型需求响应的示意图。

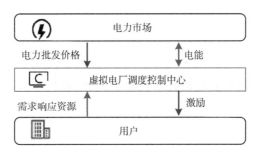

图 7.1　虚拟电厂激励型需求响应示意图

如图 7.1 所示，虚拟电厂为用户提供激励，用户根据虚拟电厂提供的激励减少电力需求。用户的电力需求减少量也就是虚拟电厂获得的用户侧交互资源，即需求响应资源，需求响应资源可以参与虚拟电厂供需交互，促进电力供需平衡。此外，虚拟电厂通过激励调动用户参与需求响应的积极性，可以有效转移用户负荷，实现削峰填谷，并且虚拟电厂通过广泛整合用户侧资源，可以实现用户负荷与电力市场的高效互动，进一步加强了用户侧参与电力系统调节的能力。在实施需求响应的过程中，用户电力需求的减少会影响用户的用电体验及舒适度，尤其是可中断负荷的减少。因此，虚拟电厂在实施需求响应时还应该充分考虑用户满意度的变化。下面将对虚拟电厂和用户的收益分别进行建模。

### 1. 虚拟电厂收益模型

虚拟电厂为用户提供一定的奖励，促使用户减少电力需求。用户电力需求的减少有利于降低虚拟电厂从电力市场购买的电量。因此，减少的购电成本减去为用户提供的奖励被作为虚拟电厂的收益，如式（7.1）所示。

$$\mathrm{PF}_{\mathrm{VPP}} = \sum_{i=1}^{N}\sum_{t=1}^{T}(p_t \cdot \Delta E_{i,t} - r_{i,t} \cdot \Delta E_{i,t}) \tag{7.1}$$

其中，$\mathrm{PF}_{\mathrm{VPP}}$ 为虚拟电厂的收益；$i$ 为第 $i$ 个用户；$N$ 为用户的总数；$t$ 为第 $t$ 小时；$T$ 为一天中的最后一小时；$p_t$ 为第 $t$ 小时的电力批发价格；$\Delta E_{i,t}$ 为第 $i$ 个用户在第 $t$ 小时的电力需求减少量；$r_{i,t}$ 为虚拟电厂在第 $t$ 小时提供给第 $i$ 个用户的激励率。

### 2. 用户收益模型

用户通过减少电力需求的方式，获得虚拟电厂提供的奖励。用户电力需求的减少量表示为式（7.2）。

$$\Delta E_{i,t} = E_{i,t} \cdot \xi_j \cdot \frac{r_{i,t} - r_{\min}}{r_{\min}} \tag{7.2}$$

$$0 \leqslant \Delta E_{i,t} \leqslant \Delta E_{\max} \tag{7.3}$$

其中，$E_{i,t}$ 为第 $i$ 个用户在第 $t$ 小时的原始电力需求；$\xi_j$ 为第 $j$ 小时的电力需求弹性系数，为电力需求的变化与激励率的变化之比，用户电力需求的减少量 $\Delta E_{i,t}$ 最小为 0，最大为 $\Delta E_{\max}$。

舒适度是用户在用电过程中的一种主观感受。用户在减少电力需求的同时，用户的舒适度会下降，并且随着用户电力需求减少量的增加，用户的不适度会增加。因此，用户的不适成本 $\varphi$ 被定义为一个与电力需求减少量有关的凸函数，如式（7.4）所示。

$$\varphi\left(\Delta E_{i,t}\right) = \frac{\mu_i}{2}\left(\Delta E_{i,t}\right)^2 + \omega_i \cdot \Delta E_{i,t} \tag{7.4}$$

$$\begin{cases} \mu_i > 0 \\ \omega_i > 0 \end{cases} \tag{7.5}$$

其中，$\mu_i$ 和 $\omega_i$ 为第 $i$ 个用户的不适成本参数，$\mu_i$ 和 $\omega_i$ 的取值越大，用户减少电力需求时的不适度越高，用户会越倾向于减少电力需求减少量以减少不适。

对于用户来说，参与激励型需求响应的目的是根据虚拟电厂提供的奖励合理安排用电时间和用电量，从而提高用电经济性。因此，用户获得的奖励减去不适成本被作为用户的收益（$PF_{Users}$），如式（7.6）所示。

$$PF_{Users} = \sum_{i=1}^{N} \sum_{t=1}^{T} \left[ \alpha_i \cdot r_{i,t} \cdot \Delta E_{i,t} - (1-\alpha_i) \cdot \varphi(\Delta E_{i,t}) \right] \tag{7.6}$$

其中，$\alpha_i$ 为一个权重因子，表示第 $i$ 个用户对奖励和不适成本的态度，$\alpha_i$ 的取值越大，用户越关注获得的奖励。

虚拟电厂实施激励型需求响应时，不仅要保证自己的收益最大化，同时也要保证用户的收益最大化。因此，虚拟电厂激励型需求响应模型的目标函数为虚拟电厂和用户的总收益最大化，如式（7.7）所示。

$$\max(PF_{VPP} + PF_{Users}) \tag{7.7}$$

### 7.1.2　模型求解

随着人工智能的快速发展，基于人工智能的方法已经被广泛应用于解决决策问题。强化学习是一种典型的基于人工智能的无模型方法[33]，它允许智能体在给定环境中学习，并分别使用奖励和惩罚作为积极或消极动作的信号。在每一次学习中，智能体都会选择能最大化任何给定状态的累积奖励的动作。在强化学习中，智能体通过与复杂的环境相互作用，自动确定最优的决策。相比于传统的基于模型的方法，如随机规划、博弈论等方法，强化学习更具有灵活性和自适应性。因为传统的基于模型的方法通常是对现实的估计，是一种抽象的模型，难以应对电力市场和用户电力需求的灵活变化，并且抽象模型的性能容易受到建模者技能和经验的限制。而强化学习为智能体在难以获得清晰准确的系统建模时提供了强大的动力，智能体可以独立学习如何采取最优动作。因此，本章采用强化学习方法来求解虚拟电厂激励型需求响应模型，以获取最优激励率。

强化学习的主要元素是智能体、智能体与之交互的环境、将智能体的状态映射到动作的策略以及智能体因采取某些动作而获得的奖励。图 7.2 给出了用于获得最优激励率的强化学习示意图。如图 7.2 所示，虚拟电厂设置为智能体，用户设置为环境，虚拟电厂提供的激励率设置为动作，用户的电力需求减少量设置为状态，虚拟电厂和用户的总收益设置为奖励。

从图 7.2 可以看出，采用强化学习求解虚拟电厂激励型需求响应模型时，虚拟电厂为用户提供激励率，用户根据激励率减少电力需求，并且将产生的虚拟电厂和用户的总收益反馈给虚拟电厂，虚拟电厂根据电力需求减少量和总收益会调整激励率。如此反复迭代，直到虚拟电厂和用户的总收益最大时，激励率达到最优。

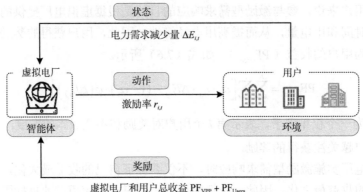

图 7.2　获得最优激励率的强化学习示意图

强化学习可以形式化为马尔可夫决策过程。马尔可夫决策过程包括三个关键要素：状态 $S$、动作 $A$ 和奖励 $R$。在马尔可夫决策过程模型中，奖励和状态的变化取决于智能体当前的动作。因此，马尔可夫决策过程构成了一个有限的状态、动作和奖励序列，如式（7.8）所示。

$$S_{i,1}, A_{i,1}, R_{i,1}\left(S_{i,1}, A_{i,1}\right); S_{i,2}, A_{i,2}, R_{i,2}\left(S_{i,2}, A_{i,2}\right); \cdots; S_{i,t}, A_{i,t}, R_{i,t}\left(S_{i,t}, A_{i,t}\right) \quad (7.8)$$

其中，$t$ 为时间。

在强化学习中，智能体通过与复杂的环境相互作用、采取行动，以奖励的形式接收反馈，并及时调整策略，从而使累计奖励最大化。强化学习中的奖励代表了智能体在某种状态下所采取动作的质量，这是智能体在环境中获得的短期利益。它只考虑了动作对当前状态的影响。但是，马尔可夫决策过程是一个连续的决策过程，其中每个动作不仅会影响当前的状态，而且对未来的状态有影响。因此，在做出决策时，智能体不仅要考虑当前的奖励，而且要考虑未来的奖励，如式（7.9）所示，$\gamma$ 为折扣因子。给未来状态的奖励乘以折扣因子，不仅可以保证累计折扣奖励收敛，而且能决定当前奖励相对于未来奖励的重要性。当 $\gamma = 0$ 时，表示智能体只考虑当前的奖励。因此，为了同时考虑当前的奖励和未来的奖励，$\gamma$ 的取值范围为 $[0,1]$。

$$
\begin{aligned}
R_{i,t} = R\left(S_{i,t}, A_{i,t}\right) + \gamma \cdot R\left(S_{i,t+1}, A_{i,t+1}\right) + \gamma^2 \cdot R\left(S_{i,t+2}, A_{i,t+2}\right) \\
+ \cdots + \gamma^{T-t} \cdot R\left(S_{i,T}, A_{i,T}\right)
\end{aligned}
\quad (7.9)
$$

马尔可夫决策问题的目标就是寻找最优的策略，从而使累计折扣奖励最大化。因此，式（7.9）可以进一步写为式（7.10）。

$$R_{i,t} = R\left(S_{i,t}, A_{i,t}\right) + \gamma \cdot \max\left(R_{i,t+1}\right) \quad (7.10)$$

式（7.10）符合贝尔曼方程的基本形式，因此，可以通过求解近似解的方法对该公式进行求解。常用的强化学习方法主要有两类：基于价值的强化学习方法和基于策略的强化学习方法。基于价值的强化学习方法是指对价值函数进行建模和估计，以此制定最优策略，代表算法有 Q-learning[34]、深度 Q 网络[35]等方法。基于策略的强化学习方法是指对策略直接进行建模和估计，优化策略使累计折扣奖励最大化，从而得到最优策略，代表算法有策略梯度算法。此外，强化学习方法还可以分为两类：有模型强化学习方法和无模型强化学习方法。有模型强化学习方法需要对环境进行建模，然后利用这个环境模型选择策略。无模型强化学习方法是一种不依赖于环境模型的方法，直接通过与环境交互进行学习和优化。因此，无模型强化学习方法更适用于实际问题。

在强化学习中，Q-learning 是一种无模型的基于价值的算法，它可以直接从环境中学习，在不了解环境的情况下找到最优的动作策略。因此，本章采用 Q-learning 求解虚拟电厂激励型需求响应模型。Q-learning 的原理是每小时为每个状态-动作制定一个 $Q$ 值，并在连续学习中更新 $Q$ 值。当 $Q$ 值达到最优值 $Q^*\left(S_{i,t}, A_{i,t}\right)$ 时，获得最大累计折扣奖励，满足贝尔曼方程（7.11）。

$$Q^*\left(S_{i,t}, A_{i,t}\right) = R\left(S_{i,t}, A_{i,t}\right) + \gamma \cdot \max Q\left(S_{i,t+1}, A_{i,t+1}\right) \tag{7.11}$$

$Q$ 值存储在最初建立的状态-动作表中，智能体执行动作，根据式（7.12）更新相应的 $Q$ 值。

$$Q\left(S_{i,t}, A_{i,t}\right) = (1-\theta)Q\left(S_{i,t}, A_{i,t}\right) + \theta\left[R\left(S_{i,t}, A_{i,t}\right) + \gamma \cdot \max Q\left(S_{i,t+1}, A_{i,t+1}\right)\right] \tag{7.12}$$

其中，$\theta$ 为学习率，表示新 $Q$ 值覆盖旧 $Q$ 值的程度。当 $\theta = 0$ 时，表示智能体没有学习新知识，只利用旧知识。当 $\theta = 1$ 时，表示智能体只考虑当前状态，不考虑旧知识。因此，$\theta$ 应该被设置为 0 到 1 之间的数值，以平衡新知识和旧知识。经过足够次数的迭代，$Q$ 值会逐渐收敛到最大值，从而获得最优激励率。

### 7.1.3　实验结果与分析

#### 1. 实验数据

本节采用公开数据集来验证所提出的虚拟电厂激励型需求响应模型。用户电力需求数据来自 Dataport 数据库[36]，随机选取了三个用户 2018 年 9 月 26 日的每小时电力负荷数据。电力批发价格数据来自 PJM 数据库[37]，PJM 数据库提供了丰富的电力系统运行数据和电力市场的相关数据，本节选取了 2021 年 9 月 26 日 00：00～23：00 的电力批发价格数据。

不同的用户由于用电设备、用电需求及用电偏好的不同，感受到的不适度是不同的，因此为三个用户设置了不同的不适成本参数，以体现用户的多样性。关于用户的相关参数设置如表 7.1 所示[38]，其中用户权重因子是可变的，不同的权重因子用来衡量用户对奖励和不适成本的态度。

**表 7.1 用户相关参数**

| 参数 | 取值 |
| --- | --- |
| 权重因子 $\alpha$ | 0.1/0.5/0.9 |
| 不适成本参数 $\mu_1 / \mu_2 / \mu_3$ | 1/2/3 |
| 不适成本参数 $\omega_i$ | 1 |
| 最大电力需求减少量 $\Delta E_{max}$ | $0.3E_{i,t}$ |
| 最小激励率 $r_{min}$ | $0.3p_{min}$ |
| 最大激励率 $r_{max}$ | $p_{min}$ |

不同时间的电力需求弹性系数的设置如表 7.2 所示[39]，电力需求弹性系数根据用户电力需求分为三个时间段，分别对应谷时段、中峰时段和高峰时段。

**表 7.2 不同时间的电力需求弹性系数**

| 时间 | 电力弹性系数 |
| --- | --- |
| 01：00～06：00，22：00～24：00（谷时段） | 0.5 |
| 07：00～16：00（中峰时段） | 0.3 |
| 17：00～21：00（高峰时段） | 0.1 |

### 2. $Q$ 值的收敛性

在 Q-learning 的迭代过程中，智能体与环境持续交互，$Q$ 值会逐渐收敛到最大值。智能体在一开始选择动作时学习到的知识有限，因此，刚开始的 $Q$ 值很小。经过多次迭代之后，智能体学习到的知识越来越多，在选择最优动作时经验也越来越丰富，因此，$Q$ 值逐渐达到最大并趋于稳定。此外，随着权重因子 $\alpha$ 的增加，用户更加注重虚拟电厂提供的激励，从而会主动削减更多的电力需求来获得奖励，此时虚拟电厂和用户的收益都会增加。因此，$Q$ 值随权重因子的增加而增加。

### 3. 用户参与需求响应的结果

结果发现，激励率的变化趋势与电力批发价格的变化趋势基本相同。在电力批发价格较低的时间段，虚拟电厂为用户提供较低的激励率，引导用户减少电力需求。在电力批发价格较高的时间段，用电高峰可能会给能源供应带来压力。因此，虚拟电厂为用户提供了更高的激励率，鼓励用户减少更多的电力需求，这有利于减轻电网的峰值负荷压力，提高电网运行的灵活性和电力系统的可靠性。

此外，用户电力需求的减少量与激励率是正比关系。当用户 2 的权重因子为

0.1 时，表明用户 2 更注重用电的舒适度，对虚拟电厂提供的奖励不在意，因此用户 2 减少的电力需求较少，同时虚拟电厂提供的激励率也是较低的。而当用户 2 的权重因子为 0.9 时，其更关注虚拟电厂提供的奖励，因此用户 2 愿意减少更多的电力需求来获得更多的奖励收入。

当三个用户的权重因子都为 0.1 时，三个用户在这时都更注重用电舒适性，而不注重虚拟电厂提供的奖励，可以发现，相同的权重因子下，用户 1 减少了更多的电力需求，而用户 3 减少了较少的电力需求，这是因为用户 3 的不适成本参数较大，因此用户 3 对奖励持有更保守的态度，减少的电力需求则小于其他用户，以缓解减少电力需求造成的不适。

### 4. 虚拟电厂与用户的经济效益

虚拟电厂激励型需求响应模型的目标是使虚拟电厂与用户的总收益最大化，从而平衡虚拟电厂和用户的收益。用户和虚拟电厂的经济效益分别如表 7.3 和表 7.4 所示。

表 7.3　用户的经济效益

| 项目 | 权重因子 | | | | | | | | |
| --- | --- | --- | --- | --- | --- | --- | --- | --- | --- |
| | $\alpha=0.1$ | | | $\alpha=0.5$ | | | $\alpha=0.9$ | | |
| | 用户 1 | 用户 2 | 用户 3 | 用户 1 | 用户 2 | 用户 3 | 用户 1 | 用户 2 | 用户 3 |
| 电力需求减少量/（kW·h） | 6.410 | 17.091 | 6.971 | 6.725 | 21.148 | 8.036 | 6.726 | 21.152 | 8.039 |
| 激励收入/美分 | 13.796 | 31.614 | 12.861 | 15.634 | 42.904 | 16.257 | 15.630 | 42.917 | 16.265 |
| 不适成本/美分 | 7.610 | 30.604 | 10.412 | 8.067 | 40.748 | 12.704 | 8.066 | 40.758 | 12.711 |
| 用户收益/美分 | −5.470 | −24.383 | −8.084 | 3.784 | 1.078 | 1.777 | 13.052 | 33.653 | 3.595 |

表 7.4　虚拟电厂的经济效益

| 项目 | 权重因子 | | |
| --- | --- | --- | --- |
| | $\alpha=0.1$ | $\alpha=0.5$ | $\alpha=0.9$ |
| 收益/美分 | 169.537 | 192.558 | 192.596 |
| 成本/美分 | 58.271 | 74.796 | 74.811 |
| 虚拟电厂收益/美分 | 111.266 | 117.762 | 117.785 |

如表 7.3 所示，当 $\alpha=0.1$ 时，三个用户的收益均为负值，这是因为此时的用户更注重舒适度。随着权重因子的增加，用户更倾向于激励。因此，用户在减少电力需求方面更加主动，用户的收益逐渐增加。从表 7.3 中还可以发现，当权重因子从 0.5 变为 0.9 时，用户的电力需求减少量变化很小，激励收入和不适成本也

变化很小，这是因为用户在这时的电力需求减少量达到了最大，虚拟电厂无法通过继续提高激励率获得更多的需求响应资源。因此，用户的电力需求减少量不会再变化。

如表 7.4 所示，随着权重因子的增加，虚拟电厂的收益也在逐渐增加。同样，当权重因子从 0.5 变为 0.9 时，虚拟电厂不会再提高激励率。因此，虚拟电厂的激励成本不再改变，虚拟电厂的收益也达到最大化并趋于稳定。

从上述分析可以得知，用户与虚拟电厂在参与激励型需求响应时，可以实现双赢。在现实实施过程中，虚拟电厂根据获取到的电力批发价格、用户电力需求以及用电习惯等信息，通过强化学习方法求解得到针对每个用户的最优激励率，并将激励信息提供给用户，用户便可以根据激励信息调整自己的用电以降低用电成本。例如，住宅用户可以在需求响应时段将电动汽车的充电时间，洗衣机、烘干机、电热水器的使用时间提前或者延后，转移到电力需求谷时段。商业建筑用户可以在需求响应时段尽量减少照明或者在夏季调高空调温度，降低用电量。工业建筑用户可以在需求响应时段调整生产计划或者及时关闭不使用的设备，实现负荷削减。用户电力需求的削减和调整可以缓解虚拟电厂在用电高峰时段的供电压力，保障了虚拟电厂供电可靠性和稳定性。

## 7.2　基于需求响应的虚拟电厂供需交互策略

在分析了负荷特征和需求响应的基础上，本节首先提出了一个虚拟电厂供需交互框架，分析虚拟电厂供需交互关系。其次，建立了虚拟电厂供需交互模型，从而在保证虚拟电厂运行成本最小化的同时，获得虚拟电厂供需交互策略。最后，通过对比实验验证了基于需求响应的虚拟电厂供需交互策略的有效性。

### 7.2.1　虚拟电厂供需交互框架

虚拟电厂作为一种分布式能源协调管理系统，有效聚合了多种分布式能源和需求响应资源，将燃气机组、风电机组、光伏设备、储能系统和用户可调节负荷等资源整合成一个整体进行集中优化控制和管理，促进了各自独立的发电厂、负荷和储能系统之间的灵活合作。同时，虚拟电厂还作为一个市场主体来参与智能电网中的电力市场交易，实现与电网的能源交互。因此，虚拟电厂可以有效推动源网荷储协同互动，实现灵活的能源供需交互，在应对电力供需波动、保持电力系统稳定性方面发挥着至关重要的作用。

本章构建的虚拟电厂供需交互框架如图 7.3 所示。虚拟电厂聚合的分布式能源包括柴油发电机组、光伏设备和储能系统，虚拟电厂通过协调管理这些分布式能源来实现供需交互，保证电力系统供需平衡。

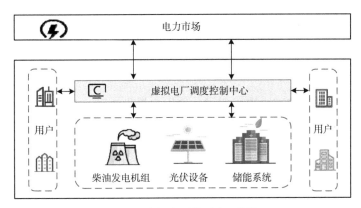

图 7.3 虚拟电厂供需交互框架

虚拟电厂与用户、分布式能源和电力市场之间均存在能源交互。虚拟电厂通过对用户实施激励型需求响应，从而获得需求响应资源。在此基础上，虚拟电厂以运行成本最小化为目标，对柴油发电机组、光伏设备、储能系统及需求响应资源进行优化调度管理，并且与电力市场进行最佳交易，使其满足用户电力需求。

虚拟电厂通过对多种分布式能源及需求响应资源的集中协调控制，实现与分布式能源、需求响应资源之间的能源交互，然后虚拟电厂作为一个整体参与智能电网中的电力市场交易与调度，实现虚拟电厂与电力市场的能源交互，从而提升虚拟电厂的整体可控性。虚拟电厂通过与需求响应资源、分布式能源和电力市场之间的能源供需交互，不仅可以实现灵活调用分布式能源以增强供电可靠性和电能质量，而且能够充分促进源网荷储协同互动，加强分布式能源和需求侧资源参与电力系统调节的能力，提高电力系统的动态平衡能力。

### 7.2.2 虚拟电厂供需交互模型

在虚拟电厂供需交互过程中，虚拟电厂对分布式能源和需求响应资源进行用电计划优化，进而与电力市场进行能源交互。因此，本节以虚拟电厂为优化主体，以虚拟电厂运行成本最小化为优化目标，虚拟电厂供需交互模型的目标函数如式（7.13）所示。

$$C_{\text{VPP}} = \min \sum_{t=1}^{T} \left( C_t^{\text{IP}} + C_t^{\text{DG}} + C_t^{\text{PV}} + C_t^{\text{ES}} + C_t^{\text{EP}} \right) \qquad (7.13)$$

其中，$C_{\text{VPP}}$ 为虚拟电厂供需交互的总成本；$C_t^{\text{IP}}$ 为虚拟电厂第 $t$ 小时向用户提供激励产生的成本；$C_t^{\mathrm{DG}}$ 为第 $t$ 小时柴油发电机的成本，包括发电成本和运行成本；$C_t^{\mathrm{PV}}$ 为第 $t$ 小时的光伏成本；$C_t^{\mathrm{ES}}$ 为第 $t$ 小时的储能运行成本；$C_t^{\mathrm{EP}}$ 为虚拟电厂第 $t$ 小时从电力市场购电产生的成本。

下面将对虚拟电厂供需交互过程中产生的各部分成本进行详细介绍。

### 1. 激励成本

虚拟电厂为使用户减少电力需求，给用户提供激励，从而产生激励成本，如式（7.14）所示。

$$C_t^{\mathrm{IP}} = \sum_{i=1}^{N}\sum_{t=1}^{T}\left(r_{i,t}\cdot\Delta E_{i,t}\right) \tag{7.14}$$

### 2. 柴油发电机成本

柴油发电机成本由发电成本 $G_t$ 和运行成本 $Y_t$ 组成，如式（7.15）所示。

$$C_t^{\mathrm{DG}} = \sum_{t=1}^{T}\left(G_t + Y_t\right) \tag{7.15}$$

$$G_t = \sum_{t=1}^{T}\left(a\cdot g_t^2\cdot x_t + b\cdot g_t\cdot x_t + c\right) \tag{7.16}$$

$$Y_t = \sum_{t=1}^{T}\left(y_t^{\mathrm{su}}\cdot k_t^{\mathrm{su}} + y_t^{\mathrm{sd}}\cdot k_t^{\mathrm{sd}}\right) \tag{7.17}$$

其中，$a$、$b$ 和 $c$ 为柴油发电机的发电系数；$g_t$ 为第 $t$ 小时的柴油发电机发电量，发电量满足最小和最大发电量限制，如式（7.18）所示；$g^{\mathrm{cap}}$ 为柴油发电机发电量的上限；$x_{t-1}$ 为（$t–1$）小时柴油发电机的状态；$x_t$ 为一个二进制变量，表示柴油发电机的状态，当 $x_t=1$，柴油发电机在工作，否则，$x_t=0$；$y_t^{\mathrm{su}}$ 和 $y_t^{\mathrm{sd}}$ 分别为柴油发电机第 $t$ 小时的启动成本和关闭成本；$k_t^{\mathrm{su}}$ 和 $k_t^{\mathrm{sd}}$ 为柴油发电机状态变化的二进制变量，状态变化满足式（7.19）。

$$0 \leqslant g_t \leqslant g^{\mathrm{cap}}\cdot x_t \tag{7.18}$$

$$\begin{cases} k_t^{\mathrm{su}} = \max\left(0, x_t - x_{t-1}\right) \\ k_t^{\mathrm{sd}} = -\min\left(0, x_t - x_{t-1}\right) \end{cases} \tag{7.19}$$

### 3. 光伏成本

光伏资源所有者以固定的合同价格为虚拟电厂提供能源。本节将虚拟电厂获取光伏资源的成本视为光伏成本，如式（7.20）所示。

$$C_t^{\mathrm{PV}} = \sum_{t=1}^{T} \left( e_t^{\mathrm{sp}} \cdot p^{\mathrm{res}} \right) \tag{7.20}$$

其中，$e_t^{\mathrm{sp}}$ 为第 $t$ 小时的光伏电量；$p^{\mathrm{res}}$ 为固定的合同价格。

### 4. 储能运行成本

储能可以平衡能源供需波动，在电力批发价格较低时储存电力，在电力批发价格较高时供应电力。本章考虑储能的运行成本，如式（7.21）所示。

$$C_t^{\mathrm{ES}} = \sum_{t=1}^{T} \left[ \left( e_t^{\mathrm{ch}} + e_t^{\mathrm{dis}} \right) \cdot \beta \cdot \Delta t \right] \tag{7.21}$$

其中，$e_t^{\mathrm{ch}}$ 和 $e_t^{\mathrm{dis}}$ 分别为第 $t$ 小时的充电量和放电量；$\beta$ 为储能运行成本系数；$\Delta t$ 为时间间隔。第 $t$ 小时的储能容量 $e_t^s$ 为

$$e_t^s = e_{t-1}^s + e_t^{\mathrm{ch}} \cdot \lambda^{\mathrm{ch}} \cdot \Delta t - \frac{e_t^{\mathrm{dis}} \cdot \Delta t}{\lambda^{\mathrm{dis}}} \tag{7.22}$$

其中，$e_{t-1}^s$ 为第 $t-1$ 时刻储能电量；$\lambda^{\mathrm{ch}}$ 和 $\lambda^{\mathrm{dis}}$ 分别为充电系数和放电系数。为保证储能系统的有效运行，式（7.23）～式（7.25）规定了储能容量以及充放电量的上下边界。

$$0 \leqslant e_t^s \leqslant e_{\mathrm{cap}}^s \tag{7.23}$$

$$0 \leqslant e_t^{\mathrm{ch}} \leqslant e_{\mathrm{cap}}^{\mathrm{ch}} \cdot i_t^{\mathrm{ch}} \tag{7.24}$$

$$0 \leqslant e_t^{\mathrm{dis}} \leqslant e_{\mathrm{cap}}^{\mathrm{dis}} \cdot i_t^{\mathrm{dis}} \tag{7.25}$$

其中，$e_{\mathrm{cap}}^s$ 为储能的最大容量；$e_{\mathrm{cap}}^{\mathrm{ch}}$ 和 $e_{\mathrm{cap}}^{\mathrm{dis}}$ 分别为最大充电量和最大放电量；$i_t^{\mathrm{ch}}$ 为第 $t$ 小时充电状态的二进制变量，1 表示在充电，0 表示未充电；$i_t^{\mathrm{dis}}$ 为第 $t$ 小时放电状态的二进制变量，1 表示在放电，0 表示未放电。为了确保储能在同一时刻不能同时充电和放电，需满足以下约束：

$$i_t^{\mathrm{ch}} + i_t^{\mathrm{dis}} \leqslant 1 \tag{7.26}$$

### 5. 电力购买成本

当虚拟电厂中柴油发电机、光伏及储能提供的电力不能满足用户电力需求时，虚拟电厂还需要从电力市场购买电力。虚拟电厂的电力购买成本表示为

$$C_t^{\mathrm{EP}} = \sum_{t=1}^{T} \left( p_t \cdot e_t^{\mathrm{wm}} \right) \tag{7.27}$$

其中，$e_t^{\mathrm{wm}}$ 为虚拟电厂从电力市场购买的电量。遵循能源平衡原则，虚拟电厂在

每时刻要保证能源供需平衡，虚拟电厂能源平衡约束为

$$g_t + e_t^{sp} + e_t^{wm} = D_t + e_t^{ch} - e_t^{dis} \tag{7.28}$$

其中，$D_t$ 为用户参与激励型需求响应后的实际电力需求，实际电力需求表示为

$$D_t = \sum_{i=1}^{N} \sum_{t=1}^{T} \left( E_{i,t} - \Delta E_{i,t} \right) \tag{7.29}$$

### 7.2.3　实验结果与分析

#### 1. 模型求解方法

所构建的虚拟电厂供需交互模型中不但包含连续变量，还包含整数变量。此外，该模型的约束条件和目标函数都是线性的。因此，所构建的虚拟电厂供需交互模型转化为混合整数线性规划问题来进行求解，通过 Python 来实现所构建的虚拟电厂供需交互模型，并使用 Gurobi 优化器进行求解，以确定虚拟电厂内部发电机组的最佳运行策略和电力市场的最佳交易策略，最大限度地降低虚拟电厂的运行成本。

#### 2. 实验数据

实验使用的用户电力需求数据和电力批发价格数据与 7.1.3 节的数据相同，光伏输出功率数据来自开源数据集[40]，实验选择了额定输出功率为 5.5 kW 的光伏板在 2021 年 9 月 26 日产生的每小时光伏输出功率，如图 7.4 所示。

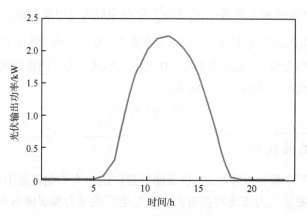

图 7.4　光伏输出功率数据

柴油发电机和储能的相关参数分别如表 7.5 和表 7.6 所示[41]，其中系数 $b$ 为电力批发价格的平均值[42]。虚拟电厂与光伏资源所有者的合同价格设定为 3.0 美

分/（kW·h）。

**表 7.5 柴油发电机相关参数**

| 参数 | 取值 |
|---|---|
| 系数 $a$ | 0 |
| 系数 $b$ | 5.38 |
| 系数 $c$ | 0 |
| 容量 $g^{cap}$ /（kW·h） | 5 |
| 启动成本 $y^{su}$ /美分 | 1 |
| 关闭成本 $y^{sd}$ /美分 | 1 |

**表 7.6 储能相关参数**

| 参数 | 取值 |
|---|---|
| 储能容量 $e^s_{cap}$ /（kW·h） | 6 |
| 最大充电量 $e^{ch}_{cap}$ /（kW·h） | 1 |
| 最大放电量 $e^{dis}_{cap}$ /（kW·h） | 1 |
| 充电系数 $\lambda^{ch}$ | 0.9 |
| 放电系数 $\lambda^{dis}$ | 0.9 |
| 运行成本系数 $\beta$ | 0.5 |

### 3. 虚拟电厂供需交互策略

为了保证虚拟电厂供电的稳定性与可靠性，本节假设柴油发电机是一直运行的，并且用户电力需求的 20%由柴油发电机满足。

实验结果表明，在电力批发价格较低的时段，如 00：00～11：00 和 22：00～23：00 时间段，虚拟电厂主要通过从电力市场购买电力来满足用户电力需求，这是因为与柴油发电机发电相比，购买电力更具有经济效益，可以降低柴油发电机发电产生的高成本。在 00：00～05：00 和 19：00～23：00 时间段，虚拟电厂的能源主要来自柴油发电机和电力市场，此时光照强度下降，光伏发电功率降低，光伏设备进入休眠状态。在电力批发价格较高的时段，如 11：00～21：00 时间段，虚拟电厂的能源来自柴油发电机和光伏设备，这不仅节省了购买电力产生的昂贵成本，而且充分利用了光伏能源，尤其是在 12：00～15：00 时间段，光伏设备是虚拟电厂主要的能源供应方式，光伏能源得到了最大化的利用。

### 4. 储能系统运行策略

储能系统在电力批发价格较低的时间段进行充电，将电能存储起来，在电力批发价格较高的时间段进行放电，这样既可以缓解虚拟电厂的高峰供电压力，又可以缓解电力供需波动。实验结果表明，当用户参与激励型需求响应的积极性不高时，用户电力需求较大，因此此时储能系统放电较多，主要是为了满足用户的电力需求，尤其是在 19：00～21：00 这个用户电力需求高峰期。

　　虚拟电厂能够根据电力批发价格的变化，合理协调调度聚合的各种能源资源，实现了供需资源高效协同与灵活互动，促进了供需平衡。同时，在可再生能源资源充足的情况下，虚拟电厂还会优先选择可再生能源机组出力，最大化地提高了可再生能源利用率。

### 5. 虚拟电厂的运行成本

　　为了验证本章基于需求响应的虚拟电厂供需交互模型在经济性方面具有优势，将以下两种策略进行了对比。策略 a：非需求响应条件下的虚拟电厂供需交互策略。策略 b：需求响应条件下的虚拟电厂供需交互策略。虚拟电厂运行成本的对比分析如表 7.7 所示。

表 7.7　不同策略下虚拟电厂运行成本对比

| 策略 | 权重因子 | 能源需求/（kW·h） | 虚拟电厂运行成本/美分 |
| --- | --- | --- | --- |
| 策略 a | — | 119.78 | 544.37 |
| 策略 b | $\alpha=0.1$ | 89.31 | 446.39 |
|  | $\alpha=0.5$ | 83.87 | 439.35 |
|  | $\alpha=0.9$ | 83.86 | 439.33 |

　　如表 7.7 所示，策略 b 的能源需求和运行成本均优于策略 a。在策略 b 中，虚拟电厂的能源需求相比策略 a 分别降低了 25.44%、29.98%和 29.99%，虚拟电厂的运行成本相比策略 a 分别降低了 17.99%、19.29%和 19.30%，这表明需求响应条件下的虚拟电厂供需交互策略不仅可以降低其能源需求，而且可以有效降低其运行成本。因此，本章基于需求响应的虚拟电厂供需交互模型在经济性方面具有显著的优势，为虚拟电厂实现经济运行提供了重要支撑。

　　从实验结果中可以看出，通过本章所提出的虚拟电厂供需交互框架和供需交互模型，虚拟电厂能够灵活地调用分布式能源，制定出灵活合理的供需交互策略，加强了分布式能源和需求响应资源参与电力系统调节的能力，促进了电力供需平衡。同时，在整个供需交互策略中，能使虚拟电厂的运行成本达到最小。本章基于需求响应的虚拟电厂供需交互框架的有效性和经济性得到了验证。

# 7.3　结　　论

　　虚拟电厂是协调优化源网荷储协同互动的智慧能源系统，通过集中整合控制方式实现分布式能源与电力市场之间的供需交互。然而随着需求侧资源调节潜力越来越大，加强需求侧资源参与电力系统调节的能力，引导需求侧资源参与虚拟电厂供需交互，成为提高电力系统动态平衡能力、促进电力供需平衡的重要方式。因此，本章关注需求响应条件下虚拟电厂供需交互机制，重点研究了面向虚拟电厂供需交互的需求响应模型和基于需求响应的虚拟电厂供需交互策略。相关研究促进了电力供需平衡，提高了可再生能源利用率，也为虚拟电厂能源供需交互提供了理论支撑。

# 参 考 文 献

[1] Khare V, Chaturvedi P. Design, control, reliability, economic and energy management of microgrid: a review[J]. e-Prime-Advances in Electrical Engineering, Electronics and Energy, 2023, 5: 100239.

[2] Li S R, Zhang L H, Nie L, et al. Trading strategy and benefit optimization of load aggregators in integrated energy systems considering integrated demand response: a hierarchical Stackelberg game[J]. Energy, 2022, 249: 123678.

[3] Du P L, Gong X M, Hu W, et al. A multi-layer scheduling framework for transmission network overload alleviation considering capabilities of active distribution networks[J]. Sustainable Energy, Grids and Networks, 2023, 36: 101188.

[4] Lin W, Yang Z F, Yu J, et al. Determination of transfer capacity region of tie lines in electricity markets: theory and analysis[J]. Applied Energy, 2019, 239: 1441-1458.

[5] Guo W S, Liu P K, Shu X L. Optimal dispatching of electric-thermal interconnected virtual power plant considering market trading mechanism[J]. Journal of Cleaner Production, 2021, 279: 123446.

[6] Bui V H, Hussain A, Kim H M. A multiagent-based hierarchical energy management strategy for multi-microgrids considering adjustable power and demand response[J]. IEEE Transactions on Smart Grid, 2018, 9: 1323-1333.

[7] Ning L Y, Liang K, Zhang B, et al. A two-layer optimal scheduling method for multi-energy virtual power plant with source-load synergy[J]. Energy Reports, 2023, 10: 4751-4760.

[8] Jiang A H, Yuan H H, Li D L. Energy management for a community-level integrated energy system with photovoltaic prosumers based on bargaining theory[J]. Energy, 2021, 225: 120272.

[9] Guo T Y, Guo Q, Huang L B, et al. Microgrid source-network-load-storage master-slave game optimization method considering the energy storage overcharge/overdischarge risk[J]. Energy, 2023, 282: 128897.

[10] Xu Z Y, Qu H N, Shao W H, et al. Virtual power plant-based pricing control for wind/thermal cooperated generation in China[J]. IEEE Transactions on Systems, Man, and Cybernetics-Systems, 2016, 46: 706-712.

[11] Rouzbahani H M, Karimipour H, Lei L. A review on virtual power plant for energy management[J]. Sustainable Energy Technologies and Assessments, 2021, 47: 101370.

[12] Yang Q, Wang J X, Liang J B, et al. Chance-constrained coordinated generation and transmission expansion planning considering demand response and high penetration of renewable energy[J]. International Journal of Electrical Power & Energy Systems, 2024, 155: 109571.

[13] Yu S Y, Fang F, Liu Y J, et al. Uncertainties of virtual power plant: problems and countermeasures[J]. Applied Energy, 2019, 239: 454-470.

[14] Mei S F, Tan Q L, Liu Y, et al. Optimal bidding strategy for virtual power plant participating in combined electricity and ancillary services market considering dynamic demand response price and integrated consumption satisfaction[J]. Energy, 2023, 284: 128592.

[15] Tajeddini M A, Rahimi-Kian A, Soroudi A. Risk averse optimal operation of a virtual power plant using two stage stochastic programming[J]. Energy, 2014, 73: 958-967.

[16] Wei C Y, Xu J, Liao S, et al. A bi-level scheduling model for virtual power plants with aggregated thermostatically controlled loads and renewable energy[J]. Applied Energy, 2018, 224: 659-670.

[17] Crespo-Vazquez J L, Carrillo C, Diaz-Dorado E, et al. A machine learning based stochastic optimization framework for a wind and storage power plant participating in energy pool market[J]. Applied Energy, 2018, 232: 341-357.

[18] Fernández-Muñoz D, Pérez-Díaz J I. Optimisation models for the day-ahead energy and reserve self-scheduling of a hybrid wind–battery virtual power plant[J]. Journal of Energy Storage, 2023, 57: 106296.

[19] Wang J, Ilea V, Bovo C, et al. Optimal self-scheduling for a multi-energy virtual power plant providing energy and reserve services under a holistic market framework[J]. Energy, 2023, 278: 127903.

[20] Heredia F J, Cuadrado M D, Corchero C. On optimal participation in the electricity markets of wind power plants with battery energy storage systems[J]. Computers & Operations Research, 2018, 96: 316-329.

[21] Hadayeghparast S, SoltaniNejad Farsangi A, Shayanfar H. Day-ahead stochastic multi-objective economic/emission operational scheduling of a large scale virtual power plant[J]. Energy, 2019, 172: 630-646.

[22] Tascikaraoglu A, Erdinc O, Uzunoglu M, et al. An adaptive load dispatching and forecasting strategy for a virtual power plant including renewable energy conversion units[J]. Applied Energy, 2014, 119: 445-453.

[23] Parastegari M, Hooshmand R A, Khodabakhshian A, et al. Joint operation of wind farm, photovoltaic, pump-storage and energy storage devices in energy and reserve markets[J]. International Journal of Electrical Power & Energy Systems, 2015, 64: 275-284.

[24] Wang L Y, Lin J L, Dong H Q, et al. Demand response comprehensive incentive mechanism-

based multi-time scale optimization scheduling for park integrated energy system[J]. Energy, 2023, 270: 126893.

[25] Chen W, Qiu J, Chai Q M. Customized critical peak rebate pricing mechanism for virtual power plants[J]. IEEE Transactions on Sustainable Energy, 2021, 12: 2169-2183.

[26] Shabanzadeh M, Sheikh-El-Eslami M K, Haghifam M R. An interactive cooperation model for neighboring virtual power plants[J]. Applied Energy, 2017, 200: 273-289.

[27] Liang Z M, Alsafasfeh Q, Jin T, et al. Risk-constrained optimal energy management for virtual power plants considering correlated demand response[J]. IEEE Transactions on Smart Grid, 2019, 10: 1577-1587.

[28] Rahimiyan M, Baringo L. Strategic bidding for a virtual power plant in the day-ahead and real-time markets: a price-taker robust optimization approach[J]. IEEE Transactions on Power Systems, 2016, 31: 2676-2687.

[29] Kong X Y, Lu W Q, Wu J Z, et al. Real-time pricing method for VPP demand response based on PER-DDPG algorithm[J]. Energy, 2023, 271: 127036.

[30] Asadinejad A, Tomsovic K. Optimal use of incentive and price based demand response to reduce costs and price volatility[J]. Electric Power Systems Research, 2017, 144: 215-223.

[31] Mnatsakanyan A, Kennedy S. Optimal demand response bidding and pricing mechanism: application for a virtual power plant[C]. 2013 1st IEEE Conference on Technologies for Sustainability (SusTech), IEEE, 2013: 167-174.

[32] Zhou K L, Peng N, Yin H, et al. Urban virtual power plant operation optimization with incentive-based demand response[J]. Energy, 2023, 282: 128700.

[33] Sutton R, Barto A. Reinforcement Learning: An Introduction[M]. Cambridge: MIT Press, 1998.

[34] Watkins C J C H, Dayan P. Q-learning[J]. Machine Learning, 1992, 8: 279-292.

[35] Mnih V, Kavukcuoglu K, Silver D, et al. Human-level control through deep reinforcement learning[J]. Nature, 2015, 518: 529-533.

[36] Dataport[DB/OL]. (2019-01-01)[2023-07-16]. https://dataport.pecanstreet.org.

[37] 张谦, 邓小松, 岳焕展, 等. 计及电池寿命损耗的电动汽车参与能量-调频市场协同优化策略[J]. 电工技术学报, 2022, 37(1): 72-81.

[38] Yu M M, Hong S H. Incentive-based demand response considering hierarchical electricity market: a Stackelberg game approach[J]. Applied Energy, 2017, 203: 267-279.

[39] Wen L L, Zhou K L, Li J, et al. Modified deep learning and reinforcement learning for an incentive-based demand response model[J]. Energy, 2020, 205: 118019.

[40] DKA Solar Centre[DB/OL]. (2008-01-01) [2023-07-16]. http://dkasolarcentre.com.au.

[41] Luo Z, Hong S, Ding Y M. A data mining-driven incentive-based demand response scheme for a virtual power plant[J]. Applied Energy, 2019, 239: 549-559.

[42] Zhou K L, Fei Z N, Lu X H. Optimal energy management of internet data center with distributed energy resources[J]. IEEE Transactions on Cloud Computing, 2023, 11: 2285-2295.

# 第 8 章　基于联盟区块链的 P2P 电力交易方法

　　分布式可再生能源的普及和能源互联网的快速发展，使得用户在电力系统中的角色发生转变[1, 2]。用户从仅有单一身份的消费者向具有双重身份的产消者转变，即当从分布式新能源发电机中获得的电力大于用户所需的电力时，用户可以将剩余的电力售卖给电网获得额外的收益[3-5]。然而，由于可再生能源发电具有间歇性、波动性和随机性的特征，产消者可能会在短时间内集中向电网出售大量能源，从而对电网的负载均衡、电能质量和经济成本产生负面影响[6, 7]。因此需要为不断增加的产消者建立一个有效、便捷的电力交易机制，以促进可再生能源的就近消纳[8, 9]。

　　在现有的集中式电力交易机制中，配电系统运营商根据预测的用电量来决定发电量，保证电力的供需平衡，当有电力富余或短缺时随时启停发电机[10]。但以风能和太阳能为代表的可再生能源发电量会跟随天气情况大幅波动，不能根据用电需求随时启停[11, 12]。此外，集中式交易机制需要将用户身份、交易信息等重要数据集中存储在配电系统运营商的服务器中[13]。若该服务器遭受黑客攻击后宕机，不仅会导致运营商无法发挥调度作用，造成整个电网系统的瘫痪，还会将海量个人信息暴露给黑客，因此集中式交易机制还存在单点故障和隐私泄露的风险[14]。P2P 电力交易有助于降低上述风险。通过引入 P2P 电力交易，用户可以灵活参与当地能源市场，根据需求购买或出售电力，提高用户收益，减少电网系统峰谷差、维护电网稳定[15]。同时，P2P 电力交易机制中用户的信息被分布式存储在多个服务器中，当其中一个服务器被攻击时，其余服务器仍可以保证电力交易市场的正常运行[16]。但是在 P2P 电力交易中，由于缺乏一种不依赖可信第三方并且透明、防篡改的方法来存储和验证交易信息，用户之间难以建立信任[17]。区块链技术的快速发展使基于区块链的 P2P 电力交易模式成为一种理想的解决方案[18-20]。区块链是基于非对称加密算法和共识算法按时间顺序存储数据的链式数据结构，可与智能合约配合使用，从而提高数据透明度、交易效率和系统安全性[21-23]。基于区块链的 P2P 电力交易是一种去中心化的交易方式，可以使用智能合约根据预设的规则灵活应用到多种场景[24]。

因此，构建一个安全、透明、稳定、高效的 P2P 电力交易模型是该领域的重点研究问题。在这个模型中，需要强调数据的完整性和可追溯性，确保每一笔交易都能够被准确记录和核实。同时，引入先进的智能合约技术，加强对参与方的身份验证，防范潜在的风险。只有在确保系统安全的前提下，我们才能真正实现电力交易的高效与稳定。

目前基于区块链的 P2P 电力交易主要从加密机制[25]、共识机制[26]以及智能合约[27]这几个方面入手进行研究。哈希算法[28]、Aurora 算法[29]、零知识证明算法[30]、同态加密算法[31]以及国密算法[32]等一系列算法能够解决 P2P 电力交易时存在的隐私安全问题。同时，数据同步类算法如流言（Gossip）算法[33]和定向扩散（directed diffusion，DD）路由算法[34]能更好地实现 P2P 电力交易中的高效数据同步、无冗余和需求双方的高效需求匹配。区块链共识算法[35]，如证明类共识算法[36]、拜占庭故障类共识算法[37]、失效–停止失效类算法[38]等可以更好地在分布式节点之间达成一致的信任。然而，基于区块链的 P2P 电力交易机制中仍存在安全性、经济性、多样性以及用户位置分散性等问题。

为此，设计了一个分工明确、流程详细的基于联盟区块链的 P2P 电力交易机制框架。通过设计 P2P 电力交易的交易框架和交易方法，为 P2P 电力交易提供安全、高效的交易环境，制定公平、高效的定价方法，推动 P2P 电力交易的发展。除此之外，通过设计的六类智能合约保证 P2P 电力交易的初始化、决策、执行和结算四个阶段可以在区块链平台上自动执行，提高交易处理的速度。所设计的交易方法通过考虑电网、产消者、光伏发电、储能等因素，构建非合作博弈模型，模拟用户在电力交易市场中以用能成本最小化为目标制订最优交易计划和用能计划的决策过程。同时，针对 P2P 电力交易市场中用户位置分散的特点，通过使用分布式求解方法减少信息传递的内容和次数，保护用户隐私。

# 8.1 P2P 电力交易框架

## 8.1.1 市场层

设计的 P2P 电力交易机制由市场层和区块链层组成，其中市场层通过电网基础设施传输所交易的电力，区块链层通过背书节点和普通节点的反复通信制订用户的交易和用能计划，记录交易合同。市场层的参与者包括用户、监管机构、聚合商、服务器和电网公司，由于电网公司在基于联盟区块链的 P2P 电力交易机制中只负责在用户有额外需求时与聚合商交易，因此不再对电网公司单独介绍。同样，由于服务器只是区块链层中的排序节点在市场层的实体，在市场层并无实际职责，因此也不进行单独介绍。基于联盟区块链的 P2P 电力交易机制的框架如图 8.1 所示。

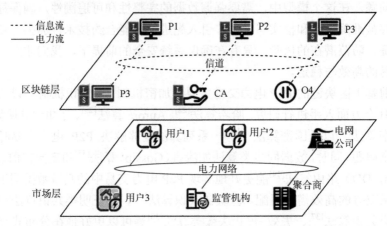

图 8.1　基于联盟区块链的 P2P 电力交易机制的框架

P1 和 P2 是普通节点，P3 和 O4 分别为背书节点和排序节点，CA 为证书授权中心

### 1. 用户

用户是基于联盟区块链的 P2P 电力交易机制的主要参与者，可以根据实际需求和设备状态在交易市场上提交购电或售电请求。根据用户是否安装了光伏发电系统和储能装置，可以将用户分为消费者和产消者。消费者只能作为购电用户参与电力市场进行交易，而产消者具有双重身份，可以根据自己是否拥有富余的电力选择作为购电或售电用户参与电力市场进行交易。产消者根据自身经济水平和能源消耗情况安装了与额定装机容量不同的光伏发电系统和储能装置。它们在太阳辐射条件良好的时间通过光伏发电系统生产电力，当产生的电力大于该时段消耗的电力时，可以选择将这部分富余的电力储存在储能装置中，并在电价处于高峰电价时出售或满足自己的用电需求，以减少用能支出。此外，参与基于联盟区块链 P2P 电力交易市场的每个用户都安装了多块智能电表。智能电表是一种结合了微型处理器和网络信息通信功能的智能化仪表，通常能够实现能耗自动计量、数据统计处理、额外功能扩展等功能[39]。在所设计的 P2P 电力交易机制中，通过这种集高级计量和通信功能于一体的智能设备，不仅可以监测光伏系统发电量、统计电力消耗，还可以自动与联盟区块链通信保持分布式账本的一致性。在 P2P 电力交易结束后，如果仍有部分用户的需求无法满足，这些用户富余的电力或额外的用电需求会被聚合商整合，并按光伏上网电价或分时电价与电网公司进行交易。

### 2. 监管机构

监管机构是联盟区块链的证书授权中心，由配电系统运营商或电网公司担任。

在设计的基于联盟区块链的 P2P 电力交易机制框架的区块链层负责身份登记、证书发放和证书撤销，在市场层负责制定监管政策、维护基础设施、处理突发事件，保障 P2P 电力交易市场长期、稳定运行。在用户初次加入基于联盟区块链的 P2P 电力交易市场前，需要向监管机构提供个人信息、资产证明等相关材料。监管机构根据电力交易市场的要求，通过实地考察、网上验证等方式审核用户资质，对满足条件的用户进行登记，并发放资质证明证书。资质证明证书包括用户参与基于联盟区块链的 P2P 电力交易市场所需的虚拟身份、私钥、公钥和钱包地址，这些工具的详细作用将会在 8.1.2 节进行介绍。当用户在系统中存在发布虚假信息、攻击用户节点等违规行为时，监管机构会及时撤销违规用户的资质证书，将用户从电力交易市场中剔除，避免用户继续破坏交易市场。政策制定是指监管机构根据 P2P 电力交易市场上具体的交易情况制定调控政策，以规范市场秩序，引导用户进行良性竞争。基础设施维护包括实时监控基础设施的性能、即时检修宕机设备、更换损坏设备，以减少因设备故障导致的交易失败。监管机构通过架设基础设施、配置基础网络信息搭建基于联盟区块链的 P2P 电力交易市场，因此是基础设施的管理者。应急处理是指当交易市场中出现了智能合约无法处理的突发问题时，监管机构需要及时介入进行处理，从而减小基于联盟区块链的 P2P 电力交易市场崩溃的概率。因为能源行业是一个影响国家安全、居民生活等众多领域的基础行业，所以基于联盟区块链的 P2P 电力交易市场必须在监管机构的监管下运行[40]。在设计的电力交易机制中监管机构主要负责账户管理和设备维护等辅助功能的实现，而在传统的中心化交易机制中，配电系统运营商需要负责管理账户、匹配购售电请求、存储交易数据和转移用能的费用等众多核心任务。与传统的配电系统运营商相比，设计交易机制中的监管机构不参与具体交易，只负责管理账户，保障基于联盟区块链 P2P 电力交易市场的长期运行，电力交易机制的中心化程度大大降低，当该节点遭受黑客攻击导致故障时给交易市场带来的负面影响也显著降低。此外，监管机构可以选择部分用户作为背书节点参与基于信用的授权拜占庭容错协议共识过程（credit-delegated Byzantine fault tolerance，CDBFT）。CDBFT 的共识机制无需使用工作量证明，而是使用基于哈希的验证来防止恶意信息干扰正常交易并达成共识，该共识机制会在 8.1.2 节详细介绍。

### 3. 聚合商

在基于联盟区块链的 P2P 电力交易机制的市场层，聚合商负责将用户需求整合后与电网公司进行交易。当 P2P 电力交易计划制订后用户仍有富余的电力或额外的电力需求时，聚合商会将这些用户的需求整合起来，按光伏上网电价或分时电价与电网公司进行交易，保证电力系统的负载均衡。由于基于联盟区块链的 P2P

电力交易机制中用户数量众多、地理位置分散，用户如果直接与电网公司进行交易，需要重构现有电网系统，新建电力传输网络，这会带来高昂的建设成本，而通过在现有的电网系统中引入聚合商则可以避免此问题。因此需要在基于联盟区块链的 P2P 电力交易系统中引入聚合商，从而将同一区域内相邻用户的需求进行整合。

## 8.1.2　区块链层

选择联盟区块链来构建基于区块链的 P2P 电力交易框架的区块链层。根据区块链共识过程所涉及的用户范围，区块链可以分为三种类型：私有区块链、公有区块链和联盟区块链。私有区块链的共识过程仅涉及单一主体，与传统的集中式存储网络相比，私有区块链由于使用了区块链的非对称加密、链式存储等技术，所以提高了数据传输、保存的安全性和存储系统的稳定性，但实质上仍是中心化的数据库，因此仍然存在单点故障的风险。公有区块链的共识过程需要链中所有用户的参与，达成一次共识必须经过大量无意义的计算，存在资源浪费、效率低下的问题[18,41]。更糟糕的是，公有链中存储的交易数据是公开的，任何参与者都有权查看、下载数据，当其应用于 P2P 电力交易时存在严重的隐私泄露风险。在联盟区块链中共识过程仅涉及授权用户，这些授权用户从联盟区块链的所有参与者中选出，是参与者的代表。采用这种共识方式可以减少共识过程花费的时间，提高交易、信息上链的效率，降低能源消耗[42]。联盟区块链中需要上链的新区块都必须经过足够数量的授权用户审核通过并签名，因此联盟区块链可以确保整个 P2P 电力交易市场在监管机构的监督下运行。除此之外，联盟区块链还可以为不同类型的用户设置不同的权限，减少恶意用户接触隐私数据的概率，从而达到隐私保护、信息安全的目的。基于上述特点，选择联盟区块链构建 P2P 电力交易市场，通过资质审核的用户即可参与 P2P 电力交易市场。

同时，构建的基于联盟区块链的 P2P 电力交易市场具有良好的可扩展性，当一个新节点打算加入交易市场时，监管机构根据电力交易市场的要求，通过实地考察、网上验证等方式核查用户提交的信息，判定该用户是否具有参与基于联盟区块链 P2P 电力交易市场的资格。当该节点通过资质审核后会从监管机构获得包含虚拟身份、公钥、私钥、钱包地址的资质证明证书，即可加入交易市场参与交易。其中虚拟身份与用户现实世界的真实身份无关，仅作为用户在 P2P 电力交易市场中的唯一身份标识；公钥和私钥用来对通信信息进行非对称加密，公钥在交易平台中对所有用户公开，可用于身份验证，私钥由用户单独保存，可用于生成数字签名；钱包地址用于存储用户的财产，同时可以在电力交易结算时转移、收取用能费用。此外，因为用户上传到联盟区块链的每一条信息都需要使用私钥签名，所以当 P2P 电力交易平台遭受攻击时，通过签名很容易追溯到恶意攻击的用户。检测到恶意攻击的用户后,该用户的资质证明证书将被吊销,用户的相关权限将从交易系统中删除,避免其对电力交易平台的进一步攻击。以用户 A 和用户 B 在联盟区块链的通信为例,双方采用非对称加密进行通信的过程如下:首先用户 A 使用自己的私钥对信息进行第一次加密得到密文 1,其次再使用用户 B 的公钥对密文 1 进行加密得到密文 2,然后该密文被发送到联盟区块链上广播;用户 B 在接收到密文 2 后用自己的私钥对密文 2 进行解密得到密文 1,说明该信息的接收方是自己,再使用用户 A 的公钥对密文 1 进行解密得到完整的通信信息,说明该信息的发送方是用户 A。用户在交易市场中的通信始终在通道中进行,通道外的恶意用户无法窃取信息。

在设计的基于联盟区块链的 P2P 电力交易系统中,根据节点的数据存储能力、算力将系统中的参与者节点分为全节点和轻节点。全节点有足够的存储容量来存储整个区块链的区块头和区块体,同时也拥有一定的计算能力用来参与共识、市场信息处理等过程。根据全节点在区块链层的具体功能可以将全节点进一步细分为普通节点、背书节点和排序节点,三类节点的详细介绍将会在下面展开。通过这种分类方式可以将交易信息协商从信息链和共识过程中分离出来,加快区块链层的处理效率,提高 P2P 电力交易系统的整体性能,完善用户对系统的使用体验。轻节点拥有有限的存储容量和处理能力,只能存储区块头。轻节点根据功能可以进一步细分为普通节点。区块头中存储的是区块体中所有信息的摘要,因此仅保存区块头既可以存储所有的区块链信息,又能大大减少占用的存储空间。通过将节点分为全节点和轻节点可以降低参与基于联盟区块链 P2P 电力交易的门槛,吸引更多用户加入市场,使交易市场更灵活。证书授权中心在区块链层负责 P2P 电力交易系统的基础网络配置,包括为不同节点设置网络资源的访问权限、规定交易频率等。

### 1. 普通节点

在基于联盟区块链的 P2P 电力交易系统中,大部分的用户都是普通节点。普通节点因为受到存储和计算能力的限制,无法参与共识过程,只能发布购售电订单、与用户通信、接收排序节点分发的新区块。

### 2. 背书节点

背书节点是一种特殊的普通节点,少数用户可以成为背书节点。在搭建基于联盟区块链的 P2P 电力交易市场之前,监管机构根据用户的信用记录、影响力、存储能力和算力等多个因素预选出固定数量的背书节点。背书节点拥有普通节点的所有权限,此外它们还需要在交易期间与普通节点反复通信,将市场供需信息反馈给用户，帮助用户制订合理的用能计划、交易计划，其中交易计划包括在基于联盟区块链的 P2P 电力交易市场上的交易量和支付金额。背书节点还负责对普通节点提交的交易信息进行校验，如果交易信息的格式、内容都不存在问题，则背书节点使用私钥对该交易信息进行数字签名并反馈给信息发送者，否则交易信息会直接被返回。当交易信息拥有足够数量的背书节点签名后，普通节点可以将其发送到排序节点。

### 3. 排序节点

排序节点在市场层的实体是由监管机构搭建的服务器。排序节点不参与交易，仅负责将交易、统计和支付等信息的整理，打包成新区块，并向基于联盟区块链的 P2P 电力交易平台的所有节点进行广播。排序节点从普通节点接收满足背书策略的信息，每隔一段固定的时间将该时段内接收的所有信息根据预置规则排序，并使用哈希函数将信息层层哈希，形成固定长度的字符串，最终形成一个包含该阶段所有订单信息的新区块，新区块的结构如图 8.2 所示。最后，排序节点将新区块分发给 P2P 电力交易系统中的所有节点，节点接收到新区块后更新自己的区块链信息。

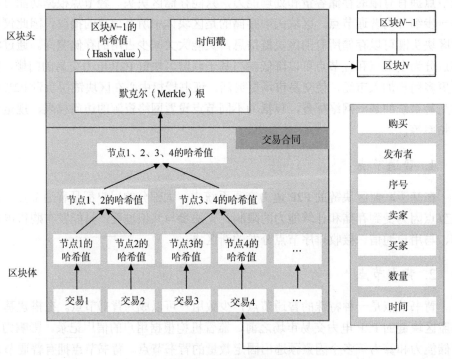

图 8.2 新区块的结构

### 4. 共识机制

采用 CDBFT 作为基于联盟区块链的 P2P 电力交易机制的共识机制。CDBFT 是一种基于 PBFT（practical Byzantine fault tolerance，实用拜占庭容错）的改进共识机制[43]。由于在 PBFT 协议达成共识的过程中节点之间需要大量的通信，并且随着节点数量 $N$ 的增多，节点间的通信次数以 $N^2$ 的方式增长。因此当节点数量超过一定阈值时，基于 PBFT 的区块链会出现效率下降、性能不足的问题。为了解决该问题，CDBFT 只允许部分信用良好的节点参与共识过程。同时，由于区块链不易篡改的特性，当数据被写入区块链后，其验证过程中产生并存储在本地的日志信息基本处于无效状态，因此 CDBFT 采用基于时间戳的检查协议来清除节点产生大量的无效日志，从而节省用户的存储空间。因此，与 PBFT 相比，CDBFT 具有更低的计算开销和更好的可扩展性。如果卖方 A 与买方 B 交易，共识机制的过程如图 8.3 所示。卖方 A 与买方 B 将双方在基于联盟区块链的 P2P 电力交易市场上的电力交易量或支付金额等细节协商确定后，通过客户端将包含双方私钥签名的交易信息发送给背书节点。背书节点验证信息格式、交易内容是否符合市场的供需情况和双方签名，然后将验证结果反馈给卖方 A。当交易信息被足够数量的背书节点签名后，卖方 A 将所有背书节点反馈的结果与交易信息合并然后提交给排序节点。交易信息被排序节点按规定顺序打包成块并在基于联盟区块链的 P2P 电力交易平台上广播，平台中的节点更新自己的分布式账本，共识过程结束。

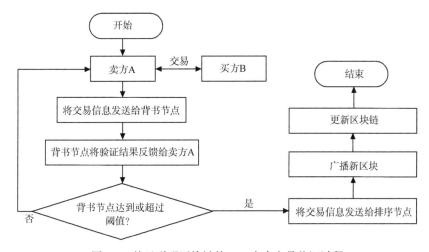

图 8.3　基于联盟区块链的 P2P 电力交易共识过程

## 8.1.3　交易流程

在上述框架下基于联盟区块链的 P2P 电力交易的流程，可分为初始化、决策、执行和结算四个阶段。

### 1. 初始化

在交易开始时，用户根据历史负荷消耗、温度、湿度等气象数据，调用智能合约，通过机器学习等方法预测未来一段时间内光伏发电量和负荷消耗。结合预测结果和用户的储能装置状态，用户制订自己初步的用能计划，包括考虑不舒适度和用能费用后的负荷削减量、储能装置的充放电功率和需要购买或出售的电量，最终决定是否要参与该时间段的基于联盟区块链的 P2P 电力交易市场。若用户打算参与电力交易，则需要向市场中邻近的背书节点提交交易请求信息。如果用户需要出售富余的电力，则提交售电订单，订单中需要包括用户的虚拟身份、售电量等信息；否则，用户提交购电订单，订单中需要包括用户的虚拟身份、购电量等信息。

### 2. 决策

用户根据自身实际情况和背书节点反馈信息创建用能计划和交易计划。制订交易计划需要依次确定用户在基于联盟区块链的 P2P 电力交易中的交易量和支付费用。在所有参与交易的用户提交交易请求信息后，背书节点收集、处理用户提交的信息，获取目前 P2P 电力交易市场的供需情况，并将得到的结果向市场上所有用户反馈，从而帮助用户根据市场供求情况进一步修改交易计划和用能计划，随后用户调整用能计划并再次向背书节点发送交易请求信息。重复执行上述操作，直到达到监管机构预先设置的终止条件，才能确定用户间 P2P 电力交易的交易量。随后，根据交易量和传统"自发自用，余电上网"机制中的用能成本，用户与背书节点对愿意支付的用能费用和市场情况反复通信，从而确定每个用户在基于联盟区块链的 P2P 电力交易市场上的支付金额。在达到监管机构预先设置的终止条件后，才能确定用户间 P2P 电力交易的支付费用。在上述用户与背书节点通信的过程中，使用分布式优化方法求解交易量和支付费用，详细实施步骤将在 8.3 节进行介绍。交易计划确定后，未能在基于联盟区块链的 P2P 电力交易市场满足的购电或售电需求会被聚合商整合，按照实时电价或上网电价与电网公司进行交易，从而保证该时段内的电力供需平衡。用户制订的交易计划根据联盟区块链的共识机制 CDBFT 在被足够数量的背书节点审核通过后，由排序节点打包成新区块并在 P2P 电力交易平台中全网广播，用户接收到新区块后更新自己的区块链分布式账本，记录本次电力交易市场中的交易合同。

### 3. 执行

在交易合同指定的时间，用户根据记录在联盟区块链分布式账本中的交易计划转移相应的电量，完成基于联盟区块链的 P2P 电力交易。在电力的传输过程中，安装在用户住所内的智能电表通过内置的智能合约统计实际的电力传输数据，自动签名后发送给排序节点。排序节点收集最近一段时间的所有电力传输统计数据并根据订单号进行归类，最后通过使用哈希函数将归类后的数据打包成一个新区块。全网广播后，用户接收到新区块，更新自己的分布式账本，将交易结果记录在区块链中。如果智能电表统计的实际交易数据与交易合同记录的交易量不同，则认为交易过程中发生违约，背书节点调用智能合约对比购售电用户智能电表的电力传输统计数据，从而查询违约用户、统计违约电量。如果违约是由程序错误、设备故障等原因导致的，则违约方是电力交易平台。因为监管机构是交易平台和基础设施的管理者，负责设备的监测、维护和更换，因此，这种情况应该由监管机构根据违约电量、实时电价等因素对用户进行经济补偿。若违约用户为普通用户，背书节点生成包含违约用户、违约电量、罚金的违约统计信息，其中罚金根据用户的违约电量、实时电价和交易市场整体信用水平计算。违约信息由排序节点收集、打包成新区块，最终分发给所有用户，更新区块链分布式账本，记录本次 P2P 电力交易市场中的违约信息。若在执行 P2P 电力交易时，气象条件变化，造成实际光伏发电量或用能消耗偏离预测值，并最终导致 P2P 电力交易后仍有部分用户存在富余的电力或用电需求，则聚合商需要紧急与电网公司交易，处理这些额外的购售电需求，从而保证电力系统的负载均衡。

### 4. 结算

在合同中记录的所有交易转移指定数量的电力后，背书节点调用相应的智能合约根据联盟区块链分布式账本中记录的实际交易数据，计算应付费用并自动向售电用户的钱包地址划转资金。以用户在本次 P2P 电力交易中是买家为例，如果在本次交易中，用户没有违约记录，则根据决策阶段签订的交易合同向相应的售电用户的钱包地址转移费用。如果用户在基于联盟区块链的 P2P 电力交易中出现违约，则用户需要同时支付购电费用和罚金，其中罚金根据执行过程中的违约情况统计信息记录的金额收取，从而弥补聚合商因向电网公司紧急购电而造成的损失。排序节点将该时段内接收的所有支付信息根据预置规则排序，并使用哈希函数将信息层层哈希，形成固定长度的字符串，以及一个包含该阶段所有支付信息的新区块，最终广播给基于联盟区块链的 P2P 电力交易市场中的所有用户，更新区块链分布式账本，记录用能费用支付信息。

# 8.2 P2P 电力交易方法

## 8.2.1 用户间的非合作博弈

在电力交易市场中存在多个主体，所有利益相关者都会为了追求自身效用最大化而变得自私，因此，可以通过使用博弈论表现用户之间的竞争过程[44, 45]。在设计的基于联盟区块链的 P2P 电力交易市场中，购电用户需要从售电用户购买电力从而满足自己的用电需求，而售电用户也需要通过出售电力获取收益，因此双方都需要向背书节点提供自己的交易电量和愿意支付/收取的用能费用/收益。购电用户和售电用户的两个变量相互影响，每个售电用户作为理性的利益相关者，都倾向于向购电用户收取最高的用能费用，以实现利润最大化；然而，高昂的用能费用将促使购电用户减少用能消耗。因此，基于联盟区块链的 P2P 电力交易市场存在非合作博弈[18]，所有用户相互竞争，不断根据市场供需情况调整自己的交易计划和用能计划从而降低自己的用能成本，提高自己的效用水平。根据该议价过程具有的特征，使用非合作博弈来研究基于联盟区块链的 P2P 电力交易机制中参与用户制订最优用能和交易计划的过程。用户之间的非合作博弈 $\Gamma$ 如式（8.1）所示，其中 $I$ 为用户集合，支付费用 $\pi_i$ 组成用户 $i$ 的策略集 $(x_i, \pi_i)$，$C_i^{\text{total}}$ 为用户 $i$ 采取某种策略时的总成本。

$$\Gamma = \left\{ I, \left( x_i, \pi_i \right)_{i \in I}, \left( C_i^{\text{total}} \right)_{i \in I} \right\} \tag{8.1}$$

### 1. 参与者集合

非合作博弈的参与者是参与基于联盟区块链 P2P 电力交易市场的用户，用字母 $I$ 表示。他们考虑实际用能需求、个人偏好和分时电价等因素，以用能成本最小为目标，制订用能计划和交易计划，在电力交易市场与其他用户、电网公司进行交易。

### 2. 策略集

用能计划 $x_i = \left( q_i^{\text{cut}}, c_i, d_i, q_i^b, q_i^s, q_i^{\text{user}} \right)$ 和在基于联盟区块链的 P2P 电力交易市场中与其他用户交易的用能费用 $\pi_i$ 组成用户 $i$ 的策略集 $(x_i, \pi_i)$，也就是用户参与基于联盟区块链的 P2P 电力交易市场后所能采取的可行措施的集合。其中，$q_i^{\text{cut}}$ 为考虑不舒适度和用能费用后用户 $i$ 削减的用电量；$c_i$ 和 $d_i$ 为储能装置的充放电量；

$q_i^b$ 为用户从电网购买的电量；$q_i^s$ 为用户向电网出售的电量；$q_i^{\text{user}}$ 为在基于联盟链的 P2P 电力交易市场中与其他用户的交易电量，该变量的正负代表用户的不同身份，当 $q_i^{\text{user}}>0$ 时表示该用户为购电用户。$\pi_i$ 的正负也代表用户的不同身份，当 $\pi_i>0$ 时表示该用户为购电用户，需要向其他用户支付用能费用。使用 $x_i$ 和 $x_{-i}$ 分别表示用户 $i$ 制订的用能计划和除了用户 $i$ 之外其他所有用户制订的用能计划。

### 3. 成本函数

用户采取不同的策略集会获得不同的效益，成本函数则可以衡量每一种策略的效用水平。通过考虑不舒适度、储能装置退化成本、用能成本三种要素的成本函数来量化不同策略给用户带来的影响。使用 $C_i^{\text{total}}$ 表示用户 $i$ 采取某种策略时的总成本，它的具体计算方法如式（8.2）和式（8.3）所示。

$$C_i^{\text{basic}} = C_i^{\text{dis}} + C_i^{\text{ESS}} + C_i^{\text{grid}} \tag{8.2}$$

$$C_i^{\text{total}} = C_i^{\text{basic}} + \pi_i \tag{8.3}$$

其中，$C_i^{\text{basic}}$ 为用户 $i$ 采取集中策略时的基本成本；$C_i^{\text{dis}}$ 为负荷削减给用户造成的不舒适度成本；$C_i^{\text{ESS}}$ 为储能装置因充放电造成的退化成本；$C_i^{\text{grid}}$ 和 $\pi_i$ 分别为用户从电网、其他用户获得电力需要支付的费用。$C_i^{\text{dis}}$、$C_i^{\text{ESS}}$、$\pi_i$ 和 $C_i^{\text{grid}}$ 的具体定义如下。

#### 1）不舒适度成本 $C_i^{\text{dis}}$

根据用能消耗需求的必要程度，用户的负荷可以分为可削减负荷和不可削减负荷，其中不可削减负荷是指为满足正常生活所产生的用电消耗，可削减负荷是指在满足用户基本需求的前提下为了进一步增加用户的舒适度而产生的用电消耗，如空调、洗衣机等电器的能源消耗。削减用户负荷会减少用户的用能成本，但同时也会给生活带来不便，从而增加用户的不舒适度。用户需要根据个人偏好确定削减的负荷量。通过效用损失函数衡量用户的不舒适度，从而可以使用货币表示用户的不舒适度，这里使用二次函数来描述损失效用和负荷削减量之间的关系，如式（8.4）所示。

$$C_i^{\text{dis}} = \lambda_i(t) \sum_{t \in T} \left[ q_i^{\text{cut}}(t) \right]^2 \tag{8.4}$$

$$0 \leqslant q_i^{\text{cut}}(t) \leqslant q_i^{\text{cut0}}(t) \tag{8.5}$$

其中，$\lambda_i(t)$ 为一个与用户相关的偏好系数，反映了用户 $i$ 在 $t$ 时刻对削减负荷的态度，该值越大表示用户在该时段削减负荷的意愿越低，削减单位负荷带来的不舒适度的成本也就越高；$T$ 为在调度周期中包含的时间段的数量；$q_i^{\mathrm{cut0}}(t)$ 为用户 $i$ 在保证正常生活的前提下可削减负荷的最大值。约束式（8.5）用来保证用户削减负荷后不会影响到用户的正常生活。

2）储能装置因充放电造成的退化成本 $C_i^{\mathrm{ESS}}$

储能装置的寿命与其充放电次数密切相关，频繁地充放电会造成储能装置过早退化，丧失存储能力，影响储能装置的经济性。因此，用户在基于联盟区块链的 P2P 电力交易的决策中需要考虑储能装置的退化成本，避免对储能装置的损坏。储能装置退化成本的数学表达式如式（8.6）所示。

$$C_i^{\mathrm{ESS}} = \sum_{t \in T} \beta_i \big[ c_i(t) + d_i(t) \big] \tag{8.6}$$

$$0 \leqslant c_i(t) \leqslant c_i^{\max}, 0 \leqslant d_i(t) \leqslant d_i^{\max} \tag{8.7}$$

$$\mathrm{SOC}_i(t) = \mathrm{SOC}_i(t-1) + \frac{\eta^{\mathrm{ch}} c_i(t) - \eta^{\mathrm{dis}} d_i(t)}{S_i^{\mathrm{rated}}} \tag{8.8}$$

$$\mathrm{SOC}_i^{\min} \leqslant \mathrm{SOC}_i(t) \leqslant \mathrm{SOC}_i^{\max} \tag{8.9}$$

$$\mathrm{SOC}_i(0) = \mathrm{SOC}_i(24) \tag{8.10}$$

其中，$\beta_i$ 为用户 $i$ 的储能装置完成单位充放电造成的退化成本系数；$c_i(t)$ 和 $d_i(t)$ 分别为 $t$ 时刻用户 $i$ 的储能装置的充电功率和放电功率；$c_i^{\max}$ 和 $d_i^{\max}$ 为储能装置充放电功率的上限；$\mathrm{SOC}_i(t)$ 是 $t$ 时刻用户 $i$ 储能装置的 SOC，即储能装置实际存储的电量与其额定容量的比值，常用百分数表示，取值范围是 $[0,1]$；$\eta^{\mathrm{ch}}$ 和 $\eta^{\mathrm{dis}}$ 为储能装置的充放电效率，其中参数 $\eta^{\mathrm{ch}}$ 的值在区间 $(0,1)$ 中，参数 $\eta^{\mathrm{dis}}$ 的值在 $(1,+\infty)$ 中；$S_i^{\mathrm{rated}}$ 为储能装置的额定容量；$\mathrm{SOC}_i^{\min}$ 和 $\mathrm{SOC}_i^{\max}$ 为为了保证储能装置的性能处于最优状态的最小和最大 SOC。约束式（8.7）是由储能装置的物理特性决定的，约束式（8.9）则是考虑储能装置经济性产生的约束，因为储能装置违反该约束会出现过充、过放现象，造成储能装置的永久损坏，缩短储能装置的使用寿命、容量。约束式（8.10）的目的是使储能装置在用户参与 P2P 电力交易前后的 SOC 保持一致，从而解耦 P2P 电力交易前后储能装置之间的联系，使该优化方法具有普适性。

3）与其他用户交易的用能费用 $\pi_i$

与从电网公司购买电力相比，用户可以从 P2P 电力交易市场的售电用户中以更低的价格获得所需电力，因此当用户有购电需求时首选是在基于联盟区块链的 P2P 电力交易市场中进行交易。其他关于 P2P 电力交易定价问题的研究多通过求解电力交易价格和交易量为用户制订交易计划，但该方法存在交易价格和电量耦合的问题，当参与用户增多时，求解过程较复杂。通过分析可知，用户参与 P2P 电力交易关注价格的原因是想确定需要支付的费用或获得的收益。因此，在研究 P2P 电力交易中的定价问题时不考虑交易价格，而是直接研究调度周期内向其他用户支付的费用或获得的收益。通过这种方式可以避免因电力交易量与价格耦合造成求解困难的情况，具体数学表达式如式（8.11）和式（8.12）所示。

$$\sum_{i \in I} q_i^{\text{user}}(t) = 0 \qquad (8.11)$$

$$\sum_{i \in I} \pi_i = 0 \qquad (8.12)$$

其中，$q_i^{\text{user}}(t)$ 为用户 $i$ 在 $t$ 时刻在 P2P 电力交易市场中与其他用户的交易量，如果 $q_i^{\text{user}}(t) > 0$ 为从其他用户购买电力；$\pi_i$ 为用户 $i$ 在基于联盟区块链的 P2P 电力交易市场中支付的用能费用或获得的收益。约束式（8.11）表示在任何时间段内 P2P 电力交易市场中达成交易的购电量和售电量总是相等的，所有成交的电力都能找到来源和去处。约束式（8.12）表示在任何时间段内的 P2P 电力交易市场中购电用户支付的用能费用和售电用户收取的费用总是相等的。

4）与电网交易的用能费用 $C_i^{\text{grid}}$

当用户参与基于联盟区块链的 P2P 电力交易市场后仍有富余电力或用电需求时，需要将剩余需求由聚合商聚合后按照实时电价或光伏上网电价与电网公司进行交易，保证电网系统的供需平衡。聚合商可以通过购买电力来满足额外的用电需求，也可以通过出售电力来增加用户收益。计算用户与电网交易的用能费用的数学表达式如式（8.13）所示。

$$C_i^{\text{grid}} = \sum_{t \in T} \left[ p^b(t) q_i^b(t) - p^s(t) q_i^s(t) \right] \qquad (8.13)$$

$$q_i^b(t) \geqslant 0, q_i^s(t) \geqslant 0 \qquad (8.14)$$

其中，$p^b(t)$ 为 $t$ 时刻电网的实时电价；$q_i^b$ 为用户 $i$ 从电网的购电量；$p^s(t)$ 为光伏上网电价；$q_i^s(t)$ 为用户 $i$ 向电网的售电量。$p^b(t) > p^s(t)$ 通常是成立的，从而防止用户在与电网的交易中套利。

除上述约束外，参与基于联盟区块链的 P2P 电力交易市场的用户还需要满足功率平衡约束式（8.15），其中，$q_i^{\text{PV}}(t)$ 为光伏的输出功率；$q_i^0(t)$ 为用户的原始负荷消耗。

$$q_i^{\text{PV}}(t) + q_i^b(t) + q_i^{\text{user}}(t) + d_i(t) + q_i^{\text{cut}}(t) = q_i^0(t) + q_i^s(t) + c_i(t) \qquad (8.15)$$

### 8.2.2　纳什均衡存在证明

纳什均衡是指当博弈的任何一位参与者在某一种策略组合下单独改变自己采取的策略（其他参与者采取的策略不变）时自己的收益始终不会增加，而这种情况下参与者采取的策略就称为纳什均衡解。一般来说，在一个 $N$ 人参与的非合作博弈中，如果参与者的成本函数在其非空、凸和紧凑的策略集上是连续的、凹的或者严格凹的，那么该非合作博弈存在唯一的纳什均衡解[46]。策略集 $(x_i, \pi_i)$ 中的变量都处在一个有限的范围内，且关于这些变量的约束都是线性的，因此，用户策略集很明显是一个非空、紧凑、凸的欧几里得空间。

同时，$C_i^{\text{total}}$ 在策略集 $(x_i, \pi_i)$ 的可行解范围内是连续的。成本函数 $C_i^{\text{total}}$ 关于 $(x_i, \pi_i)$ 的一次偏导函数中，除了对 $q_i^{\text{cut}}(t)$ 求偏导的结果是 $2\lambda_i(t)q_i^{\text{cut}}(t)$ 外，对其余变量求偏导的结果都为常数，同样地，成本函数 $C_i^{\text{total}}$ 关于策略集 $(x_i, \pi_i)$ 的二阶偏导中除了对 $q_i^{\text{cut}}(t)$ 求二次偏导的结果是 $2\lambda_i(t)$ 外，其余的结果都为 0，如式（8.16）所示。

$$\frac{\partial^2 C_i^{\text{total}}}{\partial x_i \partial \pi_i} = \frac{\partial^2 C_i^{\text{total}}}{\partial \pi_i^2} = \frac{\partial^2 C_i^{\text{total}}}{\partial \pi_i \partial x_i} = 0, \quad \forall i \in I \qquad (8.16)$$

成本函数的二阶偏导结果构成的矩阵是黑塞（Hessian）矩阵，该矩阵的顺序主子式全部大于或等于零，因此可以证明该成本函数的 Hessian 矩阵为半正定矩阵。由上述证明可以得出，用户的成本函数 $C_i^{\text{total}}$ 在策略集 $(x_i, \pi_i)$ 的可行解范围上是连续且拟凹的。所以，根据纯策略纳什均衡的存在定理，该基于联盟区块链的 P2P 电力交易非合作博弈存在广义纳什均衡解。令 $m_i = (x_i, \pi_i)$，如果 $C_i^{\text{total}}(m_i^*, m_{-i}^*) \leqslant C_i^{\text{total}}(m_i, m_{-i}^*)$ 满足，则 $m_i^*$ 为该非合作博弈 $\Gamma$ 的纳什均衡解。

### 8.2.3　交叉方向乘子法求解算法

假设参与基于联盟区块链 P2P 电力交易的每个用户都拥有分布式光伏系统和储能装置，并且是理性的，在制订用能计划和交易计划的决策过程中不断调整采取的策略，从而最小化其用能成本，该成本包括储能装置的退化成本、用户不舒适度成本以及支付给用户和电网公司的费用。用户在基于联盟区块链的 P2P 电力交易市场中的非合作博弈问题可以转化为成本 $f$ 最小的优化问题，如式（8.17）所示。

$$\min f = \sum_{i \in I} C_i^{\text{total}} \left( m_i \right) \tag{8.17}$$

s. t. 式（8.5），式（8.6），式（8.7）～式（8.12），式（8.14），式（8.15）

该用能成本优化问题可以分解为制订用能计划和确定用能费用支付两个问题[47]。首先解决在参与基于联盟区块链的 P2P 电力交易市场时，用户如何制订包含负荷削减量、储能装置充放电量等变量的用能计划，该问题的数学表述如式（8.18）所示，$f_1$ 为用户制订用能计划的成本。

$$\min f_1 = \sum_{i \in I} C_i^{\text{basic}} \left( m_i \right) \tag{8.18}$$

s. t. 式（8.5），式（8.8）～式（8.12），式（8.15），式（8.16）

通过引入松弛变量 $\hat{q}_i^{\text{user}}(t)$，可以将约束式（8.11）中 $N$ 个变量耦合的问题转化为双变量耦合的问题，从而简化求解过程，如式（8.19）和式（8.20）所示。

$$q_i^{\text{user}} \left( t \right) = \hat{q}_i^{\text{user}} \left( t \right) \tag{8.19}$$

$$\sum_{i \in I} \hat{q}_i^{\text{user}} \left( t \right) = 0 \tag{8.20}$$

用来求解用能计划的目标函数式（8.18）的增广拉格朗日函数如式（8.21）所示。

$$\min L_1 \left( m, \delta, \sigma \right) = \sum_{i \in I} \left[ C_i^{\text{basic}} \left( m_i \right) + \sum_{t \in T} \left( \begin{array}{c} \delta_i \left( t \right) \left( q_i^{\text{user}} \left( t \right) - \hat{q}_i^{\text{user}} \left( t \right) \right) \\ + \dfrac{\sigma}{2} \left( q_i^{\text{user}} \left( t \right) - \hat{q}_i^{\text{user}} \left( t \right) \right)^2 \end{array} \right) \right] \tag{8.21}$$

其中，$\delta_i \left( t \right)$ 为式（8.20）的对偶变量；$\sigma$ 是式（8.20）的惩罚参数，$\sigma > 0$ 从而尽可能保证该约束的成立。交叉方向乘子法（alternating direction method of multipliers，ADMM）是一种典型的分布式优化算法，具有较强的鲁棒性和较快的收敛速度[48]。因此，用户在基于联盟区块链的 P2P 电力交易中的用能计划制订过程可以通过交叉方向乘子法来确定。在第 $k$ 轮的迭代中，参与基于联盟区块链 P2P 电力交易的每一个用户通过求解自己的最小成本函数更新 $x_i$，如式（8.22）所示。

$$\min L_1 \left( x, \hat{q}_{k-1}^{\text{user}}, \delta_{k-1} \right) = C_i^{\text{basic}} \left( x_i \right) + \sum_{t \in T} \left( \begin{array}{c} \delta_{i,k-1} \left( t \right) \left( q_i^{\text{user}} \left( t \right) - \hat{q}_{i,k-1}^{\text{user}} \left( t \right) \right) \\ + \dfrac{\sigma}{2} \left( q_i^{\text{user}} \left( t \right) - \hat{q}_{i,k-1}^{\text{user}} \left( t \right) \right)^2 \end{array} \right) \tag{8.22}$$

s. t. 式（8.5），式（8.7）～式（8.15）

其中，$\hat{q}_{k-1}^{\text{user}}$ 和 $\delta_{k-1}$ 分别为对应变量；$\hat{q}_{i,k-1}^{\text{user}}(t)$ 和 $\delta$ 是在上一轮迭代之后背书节点更新后的结果。在以最小化为目标对成本函数进行求解后得到更新的用能计划 $x_k$，用户将其在基于联盟区块链 P2P 电力交易市场的交易电量 $q_i^{\text{user}}(t)$ 发送给背书节点。背书节点收集市场上所有用户提交的 P2P 电力交易量，整理后得到整个市场的供求情况。随后，根据上述信息，背书节点更新松弛变量 $\hat{q}_i^{\text{user}}$ 和对偶变量 $\delta$。首先，$\hat{q}_i^{\text{user}}$ 根据式（8.23）进行更新。

$$\min L_1\left(x_k, \hat{q}_i^{\text{user}}, \delta_{k-1}\right) = \sum_{i \in I} \sum_{t \in T} \left( \begin{array}{l} \delta_{i,k-1}(t)\left(q_{i,k}^{\text{user}}(t) - \hat{q}_i^{\text{user}}(t)\right) \\ + \dfrac{\sigma}{2}\left(q_{i,k}^{\text{user}}(t) - \hat{q}_i^{\text{user}}(t)\right)^2 \end{array} \right) \tag{8.23}$$

$$\text{s. t. 式（8.20）}$$

其次，将更新得到的 $q_{i,k}^{\text{user}}$ 和 $\hat{q}_i^{\text{user}}$ 代入式（8.24）中，背书节点可根据式（8.24）求解新的对偶变量 $\delta$。

$$\delta = \delta_{k-1} + \sigma\left(q_{i,k}^{\text{user}}(t) - \hat{q}_{i,k}^{\text{user}}(t)\right) \tag{8.24}$$

背书节点将最新的松弛变量 $\hat{q}_{i,k}^{\text{user}}$ 和对偶变量 $\delta_k$ 反馈给用户。用户从松弛变量中可以获取该阶段的基于联盟区块链的 P2P 电力交易市场的实际供需情况，并结合自己的个人偏好、储能装置状态等进一步调整自己的用能计划。随后，用户将调整后在 P2P 电力交易市场的交易电量 $q^{\text{user}}$ 再次发送给背书节点。此迭代过程将循环进行，直到满足市场预先设置的停止标准。该迭代的终止条件被设置为 $\|q_{i,k}^{\text{user}}(t) - \hat{q}_{i,k}^{\text{user}}(t)\|_2 \leqslant \xi_1$，其中 $\xi_1$ 是对约束式（8.21）的可行性容忍度[45]。

用户在基于联盟区块链的 P2P 电力交易市场的用能计划确定后，需要计算在 P2P 电力交易中应该支付的用能费用。求解用能费用的目标函数如式（8.26）所示，该目标函数表示用户参与基于联盟区块链的 P2P 电力交易市场前后用能费用的对比，比值越小表明用户从 P2P 电力交易中获得的收益越多。$C_i^0$ 为用户 $i$ 在参与基于联盟区块链的 P2P 电力交易市场之前，在传统"自发自用，余电上网"模式下的用能费用，当用户电量过剩或不足时，必须按实时电价或光伏上网电价与电网公司进行交易。用户 $i$ 只有从基于联盟区块链的 P2P 电力交易中获得比传统模式中更多的收益，才会参与 P2P 电力交易市场，因此参与交易后的用能费用小于参与前，即必须满足约束式（8.27）。式（8.12）也是一个存在变量耦合问题的约束，需要通过松弛变量 $\hat{\pi}_i$ 进行解耦。然后，计算用能费用的目标函数式（8.25）的增广拉格朗日函数为式（8.27），该问题同样可以采用 ADMM 求解。其中，$\lambda_i$ 是式（8.12）的对偶变量，$\rho > 0$ 是式（8.12）二次项的一个惩罚参数，该二次项保证约束尽可能成立。

$$\min \sum_{i \in I} \frac{C_i^{\text{basic}} + \pi_i}{C_i^0} \tag{8.25}$$

s. t. 式（8.12）

$$C_i^{\text{basic}} + \pi_i \leqslant C_i^0 \tag{8.26}$$

$$\min L_2(\pi, \hat{\pi}, \lambda) = \sum_{i \in I} \left( \frac{C_i^{\text{basic}} + \pi_i}{C_i^0} + \lambda_i(\pi_i - \hat{\pi}_i) + \frac{\rho}{2}(\pi_i - \hat{\pi}_i)^2 \right) \tag{8.27}$$

s. t. 式（8.26）

$$\sum_{i \in I} \hat{\pi}_i = 0 \tag{8.28}$$

在第 $k$ 轮迭代中，基于联盟区块链的 P2P 电力交易市场中的每一个用户都以从交易中获得最大收益为目标，计算在 P2P 电力交易市场的应付用能费用 $\pi_i$，具体的数学表达式如式（8.29）所示。

$$\min L_2(\pi_i, \hat{\pi}_{i,k-1}, \lambda_{i,k-1}) = \frac{C_i^{\text{basic}} + \pi_i}{C_i^0} + \lambda_{i,k-1}(\pi_i - \hat{\pi}_{i,k-1}) + \frac{\rho}{2}(\pi_i - \hat{\pi}_{i,k-1})^2 \tag{8.29}$$

s. t. 式（8.27）

其中，$\hat{\pi}_{i,k-1}, \lambda_{i,k-1}$ 为上一轮迭代中更新得到的松弛变量 $\pi_i$ 和对偶变量 $\lambda_i$。在求解计算用能费用的目标函数后得到新的变量 $\pi_i$，用户将其在 P2P 电力交易市场愿意支付的用能费用 $\pi_i$ 发送给背书节点。背书节点收集市场上所有用户提交的用能费用支付信息，以获得整个市场的支付情况，利用该信息，背书节点依次更新松弛变量和对偶变量，该过程与更新用能计划的流程相似。更新松弛变量 $\hat{\pi}$ 的数学表述如式（8.30）所示。

$$\min L_2(\pi_k, \hat{\pi}, \lambda_{k-1}) = \sum_{i \in I} \left( \lambda_{i,k-1}(\pi_{i,k} - \hat{\pi}_i) + \frac{\rho}{2}(\pi_{i,k} - \hat{\pi}_i)^2 \right) \tag{8.30}$$

s. t. 式（8.29）

根据最新的变量 $\pi_{i,k}$ 和 $\hat{\pi}_{i,k}$，背书节点使用式（8.31）对偶变量 $\lambda_k$ 进行更新。

$$\lambda_k = \lambda_{k-1} + \rho(\pi_{i,k} - \hat{\pi}_{i,k}) \tag{8.31}$$

背书节点将更新后的松弛变量 $\hat{\pi}_{i,k}$ 和对偶变量 $\lambda_k$ 反馈给用户。用户通过松弛变量可以了解目前 P2P 电力交易市场的用能费用支付情况。结合自己的实际交易量和原始用能费用再次调整自己愿意支付的用能费用。随后，用户将调整后在 P2P 电力交易市场中的用能支付费用 $\pi_i$ 再次发送给背书节点。此迭代过程将循环进行，直到满足市场预先设置的停止条件。当终止条件 $\pi_{i,k} - \hat{\pi}_{i2,k} \leqslant \xi_2$ 满足时，用户在基于联盟区块链的 P2P 电力交易中的用能支付费用将确定，其中 $\xi_2 > 0$ 是对

约束式（8.27）的可行性容忍度。市场上所有用户的用能计划和交易计划根据
CDBFT 共识机制，经相关背书节点签名后由排序节点整理、打包成新区块，最终
向整个联盟区块链中的用户广播，从而将该信息添加到区块链分布式账本中。
ADMM 的计算流程如表 8.1 所示。

表 8.1　ADMM 的计算流程

**算法 1**：求解用能计划和用能费用

1：**Step 1**: 求解用能计划。

2：初始化 $\xi_1$, $\sigma$, $k=1$；

3：**for** 每一个用户 $i \in I$，

4：　　　初始化 $x_{i,0} = \left(q_{i,0}^{cut}, c_{i,0}, d_{i,0}, q_{i,0}^{b}, q_{i,0}^{s}, 0\right)$；

5：**end for**

6：**repeat**

7：　　在第 $k$ 轮迭代中，

8：　　根据式（8.24）每一个用户 $i \in I$ 更新变量 $x_{i,k}$, $q_k^{user}$；

9：　　根据式（8.25）和（8.26）背书节点更新变量 $\hat{q}_k^{user}$ 和 $\delta_{i,k}$；

10：　　更新迭代轮数 $k = k+1$；

11：**until** $q_{i,k}^{user}(t) - \hat{q}_{i,k}^{user}(t) \leqslant \xi_1$

12：**Step 2**: 求解用能费用

13：初始化 $\xi_2$, $\rho$, $k=1$；

14：**for** 每一个用户 $i \in I$，

15：　　　初始化 $\pi_{i,0} = 0$；

16：**end for**

17：**repeat**

18：　　在第 $k$ 轮迭代中，

19：　　根据式（8.31）每一个用户 $i \in I$ 更新变量 $\pi_{i,k}$；

20：　　背书节点更新变量 $\hat{\pi}_{i,k}$ 和 $\lambda_{i,k}$；

21：　　更新迭代轮数 $k = k+1$；

22：**until** $\pi_{i,k} - \hat{\pi}_{i,k} \leqslant \xi_2$

23：**end**

注：$q_{i,0}^{cut}$ 为 $q_i^{cut}$ 的初始值

## 8.2.4　智能合约设计

智能合约是一种可以在不需要第三方机构参与的情况下，在区块链中通过代
码的方式在满足预设规则时自动执行、验证相应动作、事件的计算机协议。在智

能合约的帮助下，区块链可以在不依赖可信第三方的前提下，自动、高效、准确执行各种动作、规则，真正实现了去中心化，同时也使区块链应用到丰富的场景中[49]。通过在基于联盟区块链的 P2P 电力交易市场中设计并使用相应的智能合约，可以加快交易流程和 ADMM 在区块链层的执行速度，缩短交易、信息上链的耗费时间，提升用户的使用体验。图 8.4 展示了在基于联盟区块链的 P2P 电力交易平台中智能合约如何在交易流程和 ADMM 中的应用，并包含了所需的六类智能合约。智能合约安装在区块链的客户端中，根据用户在客户端的不同操作会调用不同的智能合约从而完成与基于联盟区块链 P2P 电力交易系统的交互，实现各种各样的功能，满足用户不同的需求。同时，P2P 电力交易系统中的智能合约是可扩展的，监管机构会根据交易市场和参与用户的需求即时开发、发布相应的智能合约。系统中的智能合约支持 Java、JavaScript 等编程语言。根据智能合约在基于联盟区块链的 P2P 电力交易市场中的功能可以将其分为系统合约（system contract，SC）、注册合约（enrollment contract，EC）、计算合约（compute contract，CPC）、通信合约（communication contract，CMC）、记录合约（record contract，RC）和支付合约（payment contract，PC）。

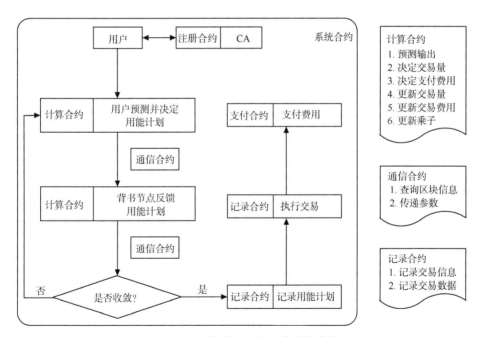

图 8.4　基于智能合约的电力交易流程

　　系统合约负责对基于联盟区块链的 P2P 电力交易市场中的基础信息进行配置，是保证交易市场正常运行的基础。在构建联盟区块链 P2P 电力交易市场之初，监管机构需要调用系统合约配置基础网络信息,包括用户的权限分类、背书策略、智能合约发布权限等。在系统调用系统合约后,基于联盟区块链的 P2P 电力交易市场才正式开放,允许用户注册、进入交易市场参与交易。由于该合约与系统正常运行密切相关,因此只允许监管机构调用。

注册合约用来给不同用户授予不同的权限、生成钱包地址、公钥和私钥,证明用户的合法身份,同样仅能由监管机构调用。每个用户在进入基于联盟区块链的 P2P 电力交易市场前都必须经过监管机构的资质审核,审核通过后监管机构会调用注册合约给用户生成一个虚拟身份参与交易市场。如果用户存在影响 P2P 电力交易市场正常运行的恶意行为,如攻击用户节点、发布虚假交易信息,监管机构可以通过恶意信息中的签名追溯到恶意用户,并调用注册合约将用户的资质证书状态改为无效,从而取消其参与基于联盟区块链的 P2P 电力交易市场的权限。

计算合约是对一系列用于帮助普通节点和背书节点计算、决策的智能合约的统称,图 8.4 中展示了计算合约的部分功能。P2P 电力交易市场开始前,普通节点先需要通过计算合约调用相关预测方法,根据天气情况和设备状态对未来一段时间内的光伏输出和负荷消耗进行预测,从而决定是否参与该阶段基于联盟区块链的 P2P 电力交易。当用户选择参加 P2P 电力交易时,需要与背书节点通过反复通信制订交易计划和用能计划。在该过程中,计算合约对用户和背书节点同样发挥了重要作用。其中,用户需要以用能成本最小化为目标,调用计算合约制订一个初步的用能计划和交易计划,包括储能装置的充放电输出功率、与电网的交易量、支付的费用等。背书节点则需要根据交易市场上所有用户发送的交易信息,调用计算合约统计市场供需信息、更新交易量、交易费用和乘子,并向用户反馈市场信息。计算合约可以调用外部应用程序,如 Python 或 MATLAB,从而加快计算速度,帮助电力交易市场上的用户快速制订交易、用能计划,提高用户对基于联盟区块链的 P2P 电力交易市场的使用体验。

通信合约负责在基于联盟区块链的 P2P 电力交易市场中查询区块信息、传递参数,所有节点都可以使用。联盟区块链上的普通节点使用通信合约在参与 P2P 电力交易之前可以查询历史交易数据、了解用户信用,在参与电力交易时可以发送自己的交易请求信息。在帮助用户制订用能计划和交易计划的过程中,普通节点和背书节点调用通信合约交换交易请求信息,既可以帮助用户了解电力市场供需情况,也可以执行 ADMM 加快求解速度。电力交易市场中节点发送的所有通信信息都需要附带由节点使用私钥生成的数字签名从而验证用户是否拥有相应的权限,同时也便于追溯恶意攻击的用户。

记录合约负责记录基于联盟区块链的 P2P 电力交易市场中签订的交易合同和智能电表统计的数据,方便在交易流程的执行阶段验证交易中是否存在违约。当用户在基于联盟区块链的 P2P 电力交易市场中达成交易合同后,经由足够数量的背书节点签名，排序节点调用记录合约，将包含该时间段内所有交易合同的新区块打包整理，并广播给链上用户，从而帮助联盟区块链上的用户更新区块链分布式账本。在交易执行阶段，内置多种智能合约的智能电表会调用记录合约自动统计并发送实际电力传输数据，通过与联盟区块链中保存合同的对比，检查并记录是否存在违约。若存在违约现象则需要判断违约方、统计违约电量，并生成相应的违约统计信息，从而对违约方进行相应处理、惩罚。

支付合约负责在电力转移后转移用能费用，由背书节点调用。一旦记录合约通过查询智能电表确认能源已经交付，支付合约立刻会按照联盟区块链中记录的合同将用能费用从购电用户的账户中转移到售电用户指定的钱包地址，完成支付。如果部分用户没有按照联盟区块链中记录的交易计划进行交易，即 P2P 电力交易中存在违约，可以对违约用户进行处罚。根据 P2P 电力交易流程结算阶段的规定，会调用支付合约收取相应的罚金，具体来说，用能费用将根据智能电表统计的实际数据进行转移，同时违约用户还需要向 P2P 电力交易市场支付一定的罚金弥补因紧急购电对电网造成的影响。

## 8.3 实验结果分析与讨论

### 8.3.1 数据准备和参数设置

本节构建了一个包括 45 个用户的电力交易市场，对所设计的基于联盟区块链的 P2P 电力交易机制进行验证。模拟实验中用户的光伏输出和电力消耗数据来源于公开数据集[50]。该数据集的原始数据是通过智能电表以 30 min 为一个周期从300 户澳大利亚居民的住所采集而来，采集的时间是从 2010 年 7 月 1 日至 2013年 6 月 30 日。通过识别并剔除其中的异常数据，可以提高整个数据集的质量，最终得到了包含 45 户居民光伏输出和电力消耗的数据集[50]。因为数据集中未提供用户储能装置的额定容量，所以在 0～10 kW·h 中为用户随机设定储能装置的容量。同时由于 18：00～24：00 光伏发电系统无法工作，用户只能从储能装置或电网公司获得所需电力，因此假设所有用户的储能装置在 0：00 时都处于最小 SOC，无法继续放电。储能装置充放电的退化系数、充放电的最大功率等参数均有数据参考[51]。用户削减负荷的不舒适度系数和可削减负荷的最大值根据参考的数据随机生成[47]。在基于联盟区块链的 P2P 电力交易市场中电网公司采取分时电价向用户售电，按照固定的光伏上网电价接收用户的售电。设计的基于联盟区块链的 P2P电力交易市场为日前市场，即用户参与交易是为了制订明天 0：00～24：00 的交易和用能计划，以 30 min 为一个优化周期，因此交易和用能计划包括 48 个时间段。

### 8.3.2　智能合约执行结果

设计的智能合约在联盟区块链平台上的执行结果验证了使用智能合约实现基于联盟区块链的 P2P 电力交易市场具有可行性。选择在联盟区块链平台 Hyperledger Fabric 中搭建 P2P 电力交易市场，Hyperledger Fabric 本质上是一个具有模块化架构的分布式账本，与其他区块链平台相比，具有隐私保护、高效处理的特点，适用场景也更加丰富[52]。根据 Hyperledger Fabric 官方文档中的使用要求和示例，使用 Java 编写 8.2.4 节中设计的智能合约，在 Hyperledger Fabric 平台上实现所提的 P2P 电力交易流程。在基于联盟区块链的 P2P 电力交易平台搭建结束后，监管机构首先在联盟区块链平台上进行注册，成为交易平台的管理员、证书授权中心。监管机构使用系统合约配置基于联盟区块链的 P2P 电力交易系统的基本信息，如排序节点、通信通道的数量和位置等。其次，监管机构调用注册合约，审核用户提交的材料，验证资质，并为审核通过的用户分配包含虚拟身份、公钥和私钥的资质证明证书。在加入指定的通道后，用户通过记录合约将自己的分布式账本与通道中的账本同步，保证 P2P 电力交易市场中交易数据、用户资产的一致性。监管机构和用户使用注册合约进行注册后电力交易平台的反馈结果如图 8.5 所示。参与基于联盟区块链的 P2P 电力交易市场时，用户通过客户端向 Hyperledger Fabric 交易平台发送交易信息或调用计算合约预测自己的光伏发电量和负荷消耗，最小化用能成本，制订最优用能、交易计划，并通过通信合约将电力交易计划发送到背书节点。确定用户的用能和交易计划后，电力交易平台根据 CDBFT 机制调用记录合约存储数据，并将交易请求生成、合同签订、交易验证等结果反馈给用户。

```
root@iZ2ze9vpr16ix5vowsku1kZ:/opt/gopath/src/github.com/hyperledger/fabric-samples/fabcar/
javascript# node enrollAdmin.js
Wallet path: /opt/gopath/src/github.com/hyperledger/fabric-samples/fabcar/javascript/wallet
An identity for the admin user "admin" already exists in the wallet
root@iZ2ze9vpr16ix5vowsku1kZ:/opt/gopath/src/github.com/hyperledger/fabric-samples/fabcar/
javascript# node registerUser.js
Wallet path: /opt/gopath/src/github.com/hyperledger/fabric-samples/fabcar/javascript/wallet
An identity for the user "user1" already exists in the wallet
```

图 8.5　监管机构和用户在 Hyperledger Fabric 平台注册后的反馈结果

根据用户的实际需求，用户 1 在交易流程的初始化阶段调用通信合约提交了一个订单编号为 00001，售电量为 $0.9\,\text{kW·h}$，愿意支付的用能费用为 0.16 澳元，在 11：30 执行的购电信息，具体信息如图 8.6（a）所示。用户 1 和用户 2 在决策阶段的电力交易市场中对交易电力、支付的用能费用达成一致，调用记录合约签订交易合同，该过程使用的智能合约如图 8.6（b）所示；在达到交易合同指定的交易时间时，双方进入交易执行阶段并完成 P2P 电力交易，该过程用于统计交易结果的智能合约如图 8.6（c）所示。需要指出的是，上述交易信息中的电力交易量、用能费用等参数用户是可以选择自动输入或手动输入的，其中自动输入是指用户设置关键参数的范围，程序读取相关设备的数据，如储能装置的 SOC、光伏系统发电量等，调用计算合约在可行范围内计算最优值并将结果自动传入通信合约中发布购售电请求，而手动输入则是指所有参数都由用户根据实际情况和个人偏好亲自设定。为了便于理解用户在基于联盟区块链的 P2P 电力交易系统中调用通信、记录等智能合约参与电力交易的过程，在图 8.6 中将参数直接替换为计算合约优化用能和交易计划后得到的具体数值。上述智能合约在联盟区块链平台 Hyperledger Fabric 上执行后，平台反馈结果如图 8.7 所示。从实验结果可以看出，根据电力交易需求设计的智能合约在 Hyperledger Fabric 平台上实现所提的基于联盟区块链的 P2P 电力交易机制是可行的。

```
// Issue electricity request
System.out.println("Submit electricity issue transaction.");
byte[] response = contract.submitTransaction("issue", "user1", "00001",
                                            "0.900","11:30", "0.160");

// Process response
System.out.println("Process issue transaction response.");
TradingInfo info = TradingInfo.deserialize(response);
System.out.println(info);
```

（a）用户 1 的通信合约

```
// Buy electricity
System.out.println("Submit electricity buy transaction.");
byte[] response = contract.submitTransaction("buy", "user1", "00001",
                                            "user1", "user2", "0.150",
                                            "0.900");

// Process response
System.out.println("Process buy transaction response.");
TradingContract tc = TradingContract.deserialize(response);
System.out.println(tc);
```

（b）用户 1 和用户 2 签订合同的智能合约

```
// Redeem
System.out.println("Submit electricity redeem transaction.");
byte[] response = contract.submitTransaction("redeem", "user1", "00001",
                                            "user2", "0.900");

// Process response
System.out.println("Process redeem transaction response.");
TradingResult tr = TradingResult.deserialize(response);
System.out.println(tr);
```

（c）统计用户 1 和用户 2 交易结果的智能合约

图 8.6　基于联盟区块链的 P2P 电力交易流程中调用的智能合约

```
Connect to Fabric gateway.
Use network channel: mychannel.
Use org.electricity.trade smart contract.
Submit electricity issue transaction.
user1 request : 00001 successfully issued
Transaction complete.
Disconnect from Fabric gateway.
Issue program complete.
```

（a）用户 1 调用通信合约后得到的反馈结果

```
Connect to Fabric gateway.
Use network channel: mychannel.
Use org.electricity.trade smart contract.
Submit electricty buy transaction.
Process buy transaction response.
user1 request : 00001 successfully purchased by user2
Transaction complete.
Disconnect from Fabric gateway.
Buy program complete.
```

（b）用户 1 和用户 2 调用记录合约签订交易合同得到的反馈结果

```
Connect to Fabric gateway.
Use network channel: mychannel.
Use org.electricity.trade smart contract.
Submit electricity redeem transaction.
Process redeem transaction response.
user1 commercial paper : 00001 successfully redeemed with user1
Transaction complete.
Disconnect from Fabric gateway.
Redeem program complete.
```

（c）用户 1 和用户 2 调用记录合约统计交易数据后得到的反馈结果

图 8.7　智能合约在基于联盟区块链的 P2P 电力交易平台执行后的反馈结果

### 8.3.3　P2P 电力交易结果

用户在参与基于联盟区块链的 P2P 电力交易市场前后用能成本的变化情况，验证了设计的电力交易机制的有效性。用户在参与基于联盟区块链的 P2P 电力交易市场后，用能成本和收益相对于参与前的变化情况如图 8.8 所示。由于电力交易市场中不同用户的用能成本差异较大，直接展示用户节省的用能成本难以体现参与 P2P 电力交易给用户带来的收益。为了避免该问题，同时也为了便于展示用户参与 P2P 电力交易前后的变化，将参与交易后的用能成本与参与交易前的原始用能成本相除，通过百分比的形式展示用能成本的变化。所有用户都从参与基于联盟区块链的 P2P 电力交易中受益，购电用户的用能成本有不同程度的下降，而售电用户的收益显著提高。其中用户 38 是售电收益增长幅度最大的用户；用户 17 是用能成本降幅最大的用户，参与 P2P 电力交易市场后的用能成本仅为参与前的 6.0%，参与 P2P 电力交易市场后的用能成本是参与前的 97.28%。

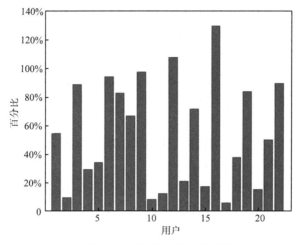

（a）用户 1~22 的用能成本和收益变化

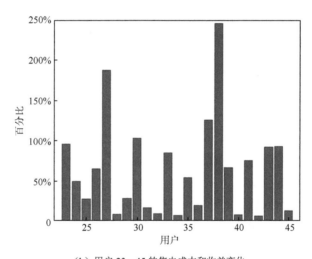

（b）用户 23~45 的售电成本和收益变化

图 8.8　参与基于联盟区块链的 P2P 电力交易前后用能成本和收益的变化情况

　　参与基于联盟区块链的 P2P 电力交易市场后，在满足能源需求时，用户的电力来源更加多元化，用户增加了与市场上其他用户的电力交易量，减少了与电网的电力交易，因此减少/增加了用能成本/收益。

　　构建基于联盟区块链的 P2P 电力交易市场不仅有利于提高用户的效用水平，还能帮助电网系统削峰填谷，减小可再生能源发电对电网系统的冲击。在 0：00~8：30，由于缺少太阳辐射、储能装置处于最低的 SOC，光伏发电系统不能正常工作、储能装置无法继续放电，用户只能提交购电请求。这就导致此时在基于联盟区块链的 P2P 电力交易市场中存在大量的购电请求，缺少售电请求，交易市场无法满足用户需求，在两种情境中用户都只能经由聚合商从电网公司购买所需电力，因此在该阶段用户向电网公司的购电量基本相同。然而，在8：30～20：30，光伏发电系统开始工作并且能在发电量富余的时间段给储能装置充电，部分用户能够提交售电请求。因此该阶段基于联盟区块链的P2P电力交易市场上同时出现了购电和售电的需求，该电力交易市场开始工作，用户大量的售电、购电需求在P2P电力交易市场中得到满足，显著减少了向电网的购售电量。基于联盟区块链的P2P电力交易市场在该时间段内平抑了电网负载波动，这就导致在该时段的两种情景中用户与电网公司的交易量差异明显。

由于P2P电力交易主要发生在8：30～20：30，在8：30～17：00，由于太阳辐射条件良好，市场上总的光伏发电量大于负荷消耗，用户在不参加P2P电力交易前，只能将富余电量存储在储能装置中或直接出售给电网公司，尤其是12：00～13：00出现了向电网售电的高峰。在用户参与基于联盟区块链的P2P电力交易后，可以选择将富余电量在P2P电力交易市场上出售给其他用户以获得更多的利润，从而减少了向电网的出售电量。除此之外，45个用户参与P2P电力交易后储能装置总充电功率大于参与前，说明在引入基于联盟区块链的P2P电力交易市场后部分原本没有富余电量的用户可以将低价购买的光伏发电量存储在闲置的储能装置中，在用电高峰时期供自己使用或出售，这既减少了用户的用能成本，也提高了储能装置的利用率。在14：30～15：30时间段内，P2P电力交易市场中交易电量达到最大。在17：00～20：30，随着太阳辐射的减弱，光伏系统发电量逐渐减少并趋于0，仅仅依靠光伏输出已经不能满足用户的用能需求。因此，部分用户通过对储能装置放电从而满足用能需求或在基于联盟区块链的P2P电力交易市场中出售，增加个人收益，这同样也会减少从电网公司的购电量，缓解用电高峰时电网的压力。20：30以后，多数用户能源消耗增加，达到用电峰值，对储能装置放电时需要首先满足自己的用能需求，只有少数用能需求较小或储能装置的额定容量较大、存储电量较多的用户愿意在基于联盟区块链的P2P电力交易市场上继续提交售电订单，因此，这个阶段P2P电力交易市场中电力交易量较小。从21：00～21：30，用户储能装置处于最小SOC不能继续放电，而且电网公司的售电价格降低，处于谷时电价，用户只能从电网公司购电以满足用电需求，因此向电网的购电量迅速增加。在21：30后，随着用户用能需求的减少，从电网的购电量也开始出现下降趋势。

## 8.4 结　论

在新型电力系统中，随着新能源渗透率的提高，新能源发电的间歇性、波动性和随机性对电网在负载均衡、电能质量和经济成本等方面的影响越来越大，因此需要建立一个有效、便捷的电力交易机制，以促进可再生能源的就近消纳。基于区块链的 P2P 电力交易有利于增加用户收益、缩短投资回收期、促进可再生能源的就近消纳、平抑电网峰谷差，从而促进分布式光伏的进一步推广。因此，提出了一种基于联盟区块链的 P2P 电力交易机制，并对其中的系统框架、交易方法和智能合约进行重点研究。首先，为了给用户提供一个安全、高效的交易环境，为基于联盟区块链的 P2P 电力交易设计了一个层次分明、分工明确的包含市场层、区块链层的双层框架。其次，针对基于联盟区块链的 P2P 电力交易机制中的定价问题，采用非合作博弈模型来研究在 P2P 电力交易市场中，用户如何制订用能计划和交易计划从而达到最小化用能成本的目标，并通过公式推导证明了该非合作博弈纳什均衡解的存在。最后，针对基于联盟区块链的 P2P 电力交易中的执行效率问题，设计了系统合约、注册合约、计算合约、通信合约、记录合约和支付合约六类智能合约，从而保障电力交易流程和分布式求解算法的自动执行，加快交易和求解的速度，缩短信息上链耗费的时间。

# 参 考 文 献

[1] Wang K, Xie Y, Zhang W, et al. Research on optimal dispatch of distributed energy considering new energy consumption[J]. Energy Reports, 2023, 10: 1888-1898.

[2] Liu L, Sheng J, Liang H, et al. Moth-flame-optimisation based parameter estimation for model-predictive-controlled superconducting magnetic energy storage-battery hybrid energy storage system[J]. IET Smart Grid, 2023, 1-10.

[3] Zhang Y, Robu V, Cremers S, et al. Modelling the formation of peer-to-peer trading coalitions and prosumer participation incentives in transactive energy communities[J]. Applied Energy, 2024, 355: 122173.

[4] Park S W, Zhang Z, Li F, et al. Peer-to-peer trading-based efficient flexibility securing mechanism to support distribution system stability[J]. Applied Energy, 2021, 285: 116403.

[5] Morstyn T, McCulloch M D. Multiclass energy management for peer-to-peer energy trading driven by prosumer preferences[J]. IEEE Transactions on Power Systems, 2019, 34(5): 4005-4014.

[6] Maeder M, Weiss O, Boulouchos K. Assessing the need for flexibility technologies in decarbonized power systems: a new model applied to central Europe[J]. Applied Energy, 2021, 282: 116050.

[7] Mišurović F, Mujović S. Numerical probabilistic load flow analysis in modern power systems with intermittent energy sources[J]. Energies, 2022, 15(6): 2038.

[8] Luo F, Dong Z, Liang G, et al. A distributed electricity trading system in active distribution networks based on multi-agent coalition and blockchain[J]. IEEE Transactions on Power Systems,

2019, 34(5): 4097-4108.

[9] Quijano D A, Vahid-Ghavidel M, Javadi M S, et al. A price-based strategy to coordinate electric springs for demand side management in microgrids[J]. IEEE Transactions on Smart Grid, 2023, 14(1): 400-412.

[10] 曹永吉, 张恒旭, 施啸寒, 等. 规模化分布式能源参与大电网安全稳定控制的机制初探[J]. 电力系统自动化, 2021, 45(18): 1-8.

[11] Lu R, Ding T, Qin B, et al. Multi-stage stochastic programming to joint economic dispatch for energy and reserve with uncertain renewable energy[J]. IEEE Transactions on Sustainable Energy, 2020, 11(3): 1140-1151.

[12] Azizivahed A, Arefi A, Ghavidel S, et al. Energy management strategy in dynamic distribution network reconfiguration considering renewable energy resources and storage[J]. IEEE Transactions on Sustainable Energy, 2020, 11(2): 662-673.

[13] Zhang S, Hou C. Model of decentralized cross-chain energy trading for power systems[J]. Global Energy Interconnection, 2021, 4(3): 324-334.

[14] Zhao W. Blockchain-based information security management: a brief review[J]. Journal of Electronics and Information Science, 2022, 7(2): 21-26.

[15] Heinisch V, Odenberger M, Göransson L, et al. Organizing prosumers into electricity trading communities: costs to attain electricity transfer limitations and self-sufficiency goals[J]. International Journal of Energy Research, 2019, 43(13): 7021-7039.

[16] Tushar W, Saha T K, Yuen C, et al. Peer-to-peer trading in electricity networks: an overview[J]. IEEE Transactions on Smart Grid, 2020, 11(4): 3185-3200.

[17] Zhou K, Chong J, Lu X, et al. Credit-based peer-to-peer electricity trading in energy blockchain environment[J]. IEEE Transactions on Smart Grid, 2022, 13(1): 678-687.

[18] Li Y, Yang W, He P, et al. Design and management of a distributed hybrid energy system through smart contract and blockchain[J]. Applied Energy, 2019, 248: 390-405.

[19] Yang J, Dai J, Gooi H B, et al. Hierarchical blockchain design for distributed control and energy trading within microgrids[J]. IEEE Transactions on Smart Grid, 2022, 13(4): 3133-3144.

[20] Hamouda M R, Nassar M E, Salama M M A. A novel energy trading framework using adapted blockchain technology[J]. IEEE Transactions on Smart Grid, 2021, 12(3): 2165-2175.

[21] Underwood S. Blockchain beyond Bitcoin[J]. Communications of the ACM, 2016, 59(11): 15-17.

[22] Ping J, Yan Z, Chen S. A privacy-preserving blockchain-based method to optimize energy trading[J]. IEEE Transactions on Smart Grid, 2023, 14(2): 1148-1157.

[23] Sharma P, Jindal R, Borah M D. Healthify: A blockchain-based distributed application for health care[J]. Applications of Blockchain in Healthcare, 2021: 171-198.

[24] Alao O, Cuffe P. Hedging volumetric risks of solar power producers using weather derivative smart contracts on a blockchain marketplace[J]. IEEE Transactions on Smart Grid, 2022, 13(6): 4730-4746.

[25] Liu J, Long Q, Liu R, et al. Privacy-preserving peer-to-peer energy trading via hybrid secure computations[J]. IEEE Transactions on Smart Grid, 2024, 15(2): 1951-1964.

[26] Lashkari B, Musilek P. A comprehensive review of blockchain consensus mechanisms[J]. IEEE Access, 2021, 9: 43620-43652.

[27] Sharma P, Jindal R, Borah M D. A review of smart contract-based platforms, applications, and challenges[J]. Cluster Computing, 2023, 26(1): 395-421.

[28] Ullah F, Pun C M. Deep self-learning based dynamic secret key generation for novel secure and efficient hashing algorithm[J]. Information Sciences, 2023, 629: 488-501.

[29] Lorenzon A F, de Oliveira C C, Souza J D, et al. Aurora: seamless optimization of OpenMP applications[J]. IEEE Transactions on Parallel and Distributed Systems, 2019, 30(5): 1007-1021.

[30] Pinto A M. An introduction to the use of zk-SNARKs in blockchains[C]. Mathematical Research for Blockchain Economy: 1st International Conference MARBLE 2019, Santorini, Greece. Springer International Publishing, 2020: 233-249.

[31] Doan T V T, Messai M L, Gavin G, et al. A survey on implementations of homomorphic encryption schemes[J]. The Journal of Supercomputing, 2023, 79(13): 15098-15139.

[32] 杨洵, 王景中, 付杨, 等. 基于国密算法的区块链架构[J]. 计算机系统应用, 2020, 29(8): 16-23.

[33] 吴俊宏, 谢胤喆, 王玥, 等. 基于改进 Gossip 算法的多微网孤岛系统分布式电力交易策略[J]. 现代电力, 2019, 36(2): 88-94.

[34] Wang J, Liu X, He Z, et al. An improved triggering updating method of interest message with adaptive threshold determination for directed diffusion routing protocol[J]. Journal of Sensors, 2021, 2021: 1-15.

[35] Xiong H, Chen M, Wu C, et al. Research on progress of blockchain consensus algorithm: a review on recent progress of blockchain consensus algorithms[J]. Future Internet, 2022, 14(2): 47.

[36] Lasla N, Al-Sahan L, Abdallah M, et al. Green-PoW: an energy-efficient blockchain proof-of-work consensus algorithm[J]. Computer Networks, 2022, 214: 109118.

[37] Li W, Feng C, Zhang L, et al. A scalable multi-layer PBFT consensus for blockchain[J]. IEEE Transactions on Parallel and Distributed Systems, 2021, 32(5): 1146-1160.

[38] Gao S, Yu T, Zhu J, et al. T-PBFT: An EigenTrust-based practical Byzantine fault tolerance consensus algorithm[J]. China Communications, 2019, 16(12): 111-123.

[39] Gough M B, Santos S F, AlSkaif T, et al. Preserving privacy of smart meter data in a smart grid environment[J]. IEEE Transactions on Industrial Informatics, 2022, 18(1): 707-718.

[40] Foti M, Vavalis M. Blockchain based uniform price double auctions for energy markets[J]. Applied Energy, 2019, 254: 113604.

[41] Gai K, Wu Y, Zhu L, et al. Privacy-preserving energy trading using consortium blockchain in smart grid[J]. IEEE Transactions on Industrial Informatics, 2019, 15(6): 3548-3558.

[42] Li Y, Hu B. An iterative two-layer optimization charging and discharging trading scheme for electric vehicle using consortium blockchain[J]. IEEE Transactions on Smart Grid, 2020, 11(3): 2627-2637.

[43] Wang Y, Cai S, Lin C, et al. Study of blockchain's consensus mechanism based on credit[J].

IEEE Access, 2019, 7: 10224-10231.

[44] Wang L, Gu W, Wu Z, et al. Non-cooperative game-based multilateral contract transactions in power-heating integrated systems[J]. Applied Energy, 2020, 268: 114930.

[45] Wang H, Huang J. Incentivizing energy trading for interconnected microgrids[J]. IEEE Transactions on Smart Grid, 2018, 9(4): 2647-2657.

[46] Maschler M, Zamir S, Solan E. Game Theory[M]. Cambridge: Cambridge University Press, 2020.

[47] Cui S, Wang Y, Shi Y, et al. A new and fair peer-to-peer energy sharing framework for energy buildings[J]. IEEE Transactions on Smart Grid, 2020, 11(5): 3817-3826.

[48] Kou X, Li F, Dong J, et al. A scalable and distributed algorithm for managing residential demand response programs using alternating direction method of multipliers (ADMM)[J]. IEEE Transactions on Smart Grid, 2020, 11(6): 4871-4882.

[49] 冯昌森, 谢方锐, 文福拴, 等. 基于智能合约的绿证和碳联合交易市场的设计与实现[J]. 电力系统自动化, 2021, 45(23): 1-11.

[50] Ratnam E L, Weller S R, Kellett C M, et al. Residential load and rooftop PV generation: an Australian distribution network dataset[J]. International Journal of Sustainable Energy, 2017, 36(8): 787-806.

[51] 杨龙杰, 李华强, 余雪莹, 等. 计及灵活性的孤岛型微电网多目标日前优化调度方法[J]. 电网技术, 2018, 42(5): 1432-1440.

[52] Androulaki E, Barger A, Bortnikov V, et al. Hyperledger fabric: a distributed operating system for permissioned blockchains[EB/OL]. [2018-04-18]. https://dl.acm.org/doi/pdf/10.1145/3190508. 3190538.

# 第9章　P2P电力交易的信用管理策略

微网作为一种由光伏、风力发电机组、电力存储系统（energy storage system，ESS）和可控负载所构成的新型发电组织，有效实现了分布式电源的灵活、高效应用，解决了数量庞大、形式多样的分布式电源并网问题[1-3]。微网具有孤岛和并网两种运行方式，能够协调能源设备满足需求并将富余的电能出售至配电网，从而提高可再生能源的利用效率，减少弃风弃光行为[4-6]。但这种不规则的购售电行为给配电网线路功率带来了极大的冲击，降低了配电网供电安全性[7-9]。P2P电力交易是在具备生产和消费能力的产消者之间就近实现能源直接交易的一种手段，能够提高可再生能源的就地消纳水平、减少电网峰谷差、保障电网安全[10-12]。参与P2P电力交易的微网构成了一个完全竞争市场，相较于和配电网交易，该平台内的产消者具有较强的议价能力，能够满足微网多样化的能源需求[13, 14]。电能以现货的方式进行交易，交易双方必须相互信任，聚合商、系统能源服务商等就是该类机构的代表[15, 16]。聚合商等一方面需要引导微网就地消纳能源，另一方面也需要配合配电网实现削峰填谷，且其需要自负盈亏，因此容易造成第三方机构与产消者间的利益冲突[17, 18]。但随着参与P2P电力交易的微网数量的增加，聚合商处理和存储电力交易信息的能力和安全性面临着巨大的挑战[19-21]，因此实现P2P电力系统的去中心化改造是十分必要的。区块链为P2P电力交易提供了一种去中心化的管理手段[22, 23]。电力交易信息被存储至所有微网的分布式账本中，被篡改的信息得不到共识，也不被承认，因此保障了交易数据不被篡改[24-26]。区块链将提供微网间的信任基础，为P2P电力交易持续向好发展提供了技术支持[27, 28]。

可再生能源不确定性、微网逐利等导致的违约行为使得P2P电力交易系统处于不可信的环境中[29, 30]。参与P2P电力交易却遭受违约的微网不得不向配电网购电以满足自身需求，这不仅损害了微网的利益，也降低了其他微网参与P2P电力交易的积极性。大量违约行为可能引发P2P电力交易系统的信用危机[31, 32]。因此，为解决P2P电力交易中存在的信用危机问题，以电网为核心，设计基于区块链的多微网间P2P电力交易的信用管理策略是本领域研究的当务之急。

在基于区块链的P2P电力交易中，已通过多种方式进行了信用管理。可引入信用评级积分[33]、市场信誉指数（market reputation indicator，MRI）[34]、节点信誉值（node reputation value，NRV）[35, 36]以及MRI和NRV的变式NRV/MRI[34, 36]

来作为评估用户信誉的指标。一般而言，用户的信誉越高，信用等级越高，用户交易的选择就多，而信誉较低的用户，则可能会被处罚甚至禁止进行交易。另外，还有一种订单优先级选择机制[37]，可以通过信誉因素[38]、与贸易伙伴的距离[39]、售价[40]等因素来决定。在价格相同的情况下，信誉值高的用户就具有优先选择订单的优势。尽管上述研究在共识或能源交易中引入了信誉，但大多数信誉机制的区块链实现都被视为黑盒，其可行性和适用范围均存在限制。

　　本章主要研究基于区块链的多微网电力交易信用管理策略，首先，确定了基于区块链的多微网电力交易基本架构；其次，分析了微网产生违约行为的原因，并从微网追求利益最大化和多微网 P2P 电力交易系统维护平台可信度的角度出发，分别提出了电力调度信用管理模型和电力交易信用管理模型，为实现多微网 P2P 电力交易的可持续发展提供理论支持。最后，实施了区块链环境下的多微网电力交易信用管理的方案，实验结果证明了所提信用管理方案的有效性。

# 9.1　基于区块链的多微网电力交易架构

## 9.1.1　区块链原理与关键技术

　　区块链是一个由非对称加密技术、分布式共识算法、智能合约等技术构成的不可篡改的分布式数据库系统。区块链上的各节点存储达成共识的区块信息可以维护数据的一致性和不可篡改性，从而创造了交易主体间去中心化的可信环境[41]。

　　区块是区块链中数据传输和存储的数据结构，由区块头和区块体两部分构成，如图 9.1 所示。区块头中包含有上一个区块的区块头哈希值、本区块默克尔树（Merkle tree）的根哈希、时间戳、挖矿难度值、随机数等。区块体是一个由所有交易信息作为叶子节点并通过逐级哈希构建的默克尔树。区块链中使用的哈希函数可以视为实现了碰撞避免（collision resistance），即不同的信息经过哈希后一定会得到不同的哈希值，且不能由哈希值反推得到原有信息。因此，区块头中上一个区块的区块头哈希作为"链"实现了链上区块信息的不可篡改，恶意节点想要修改区块链上的信息就会导致被修改区块现有哈希值与原有哈希值不一致，想要成功修改信息就必须将该区块及其之后相连的所有区块全部修改完成并达成分布式共识。上述工作被称为"51%算力攻击"，完成这项工作需要超强的算力，常被视作不可能完成的工作，因此这种数据结构有效地保障了区块链的不可篡改性。区块体默克尔树数据结构保障了交易数据的篡改，可以直观地反映在默克尔根节点上，可以将其看作所有交易数据的摘要[42]。这种设计一方面保证了交易数据不易篡改，另一方面可以支持轻节点简单支付验证。由于不是所有参加区块链的节点都具备较高的数据存储能力，而为了让更多的用户能够参与区块链交易，所以区分了全节点和轻节点。全节点存储区块中的所有信息，轻节点仅仅保存区块头信息。轻节点验证交易是否完成共识的过程被称为简单支付验证，即轻节点向全节点发送默克尔证明（Merkle Proof）请求就可以得到验证交易的哈希值路径，经过计算后的哈希值与区块头默克尔树根哈希值一致，就可以认为该交易达成分布式共识。

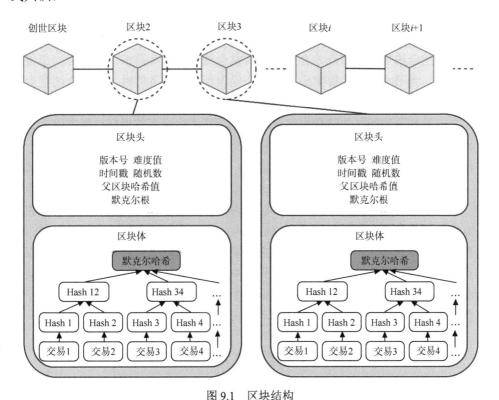

图 9.1　区块结构

Hash 12、Hash 34、Hash 1、Hash 2、Hash 3、Hash 4 均为哈希值

非对称加密技术用于确保区块链环境中节点间相互通信的真实性，包括交易主体不被冒充、交易内容不被篡改两个部分。区块链中的节点拥有公私钥来唯一地标识一个主体，公钥由私钥生成，且二者互为加密和解密的条件，即公钥加密则私钥解密，私钥加密则公钥解密。各节点保存私钥不被其他节点获取并在参与交易时广播自己的公钥。节点之间的通信由发起方对交易信息进行加密，加密时采用接收方的公钥加密；加密后的交易信息被广播至区块链中，但只有接收方才能查看交易信息，因为只有经过相应的私钥解密才能获取交易信息，这种方式确保了交易内容的真实性。同时为防止节点冒充其他节点发送交易信息，只有经过数字签名的交易信息才能被认可。数字签名技术是发起方节点采用自己的私钥对

公钥加密后的交易信息进行加密的方法。由此，接收方可以在收到数据报文后采用发送方公钥解密以验证发送方是否为冒充的节点。

智能合约是区块链技术由单纯的加密货币逐步扩展为应用于金融、医疗、能源等各个领域的核心技术，其由密码学家尼克·萨博（Nick Szabo）提出并定义为：一组以数字形式规定的承诺及其承诺方履行义务的协议。智能合约是图灵完备的，因此可以支持复杂的业务逻辑。区块链上的任意节点都可以发布智能合约，但只有实现了共识的智能合约才能被使用；联盟链中引入了通道的概念，可以更好地隔离不同需求的区块链节点，智能合约以通道的作用范围为边界。只有遵守和同意智能合约规则的节点才会使用该智能合约满足自身需求。智能合约部署在区块链后，当节点提交的提案满足智能合约设置的触发条件时，智能合约就会自动调用相应的函数并执行相关的交易协议[43]。

共识机制是保障区块链数据安全的重点，其将达成各节点交易账本的一致。区块链环境中，节点间能达成交易并将交易信息广播至区块链各节点，但由于网络传输时延、路由选择等各类因素的影响，各节点监听和记录的交易信息无法保持一致，为防止恶意节点进行双花攻击、重放攻击，需要区块链各节点保持账本的一致性，这类问题在分布式网络中被称为"拜占庭将军"问题[44]。该问题的解决方案有工作量证明共识算法、权益证明共识算法、授权股权证明共识机制、实用拜占庭容错算法等，这些共识算法主要解决记账权归属的问题。拥有记账权的节点将自己选择的交易序列打包发布到区块链上，区块链上所有的节点认同最长合法链上的交易信息并同步到本地数据库中，没有被打包的交易信息等待下一次打包过程，直到交易信息上链才完成"钱货两清"。

## 9.1.2　基于区块链的多微网 P2P 电力交易系统

区块链主要分为公有链、私有区块链和联盟链三种。公有链开放程度最高，任意用户随机生成一组公私钥对就可以参与交易，以比特币、以太坊为代表。私有区块链开放程度最低，记账权由特定机构拥有，常用于企业内部。联盟链以 Hyperledger Fabric 为代表，开放程度介于公有链与私有区块链之间，通常设置了成员准入机制、通道等技术以更好地支持企业间、特定组织团体内开展项目。微网代表不同的个体，同时需要资质审查以防止恶意节点的攻击。因此可以采用联盟链构建多微网 P2P 电力交易系统平台。

### 1. 系统框架

基于联盟链的多微网 P2P 电力交易系统框架如图 9.2 所示，其由物理层、信息层、应用层三部分组成。物理层通过配电网实现电流的转移，包括参与和监管多微网 P2P 电力交易的各类实体：微网、聚合商、配电网。接入配电网传输线路的微网协调自身发用电设备实现用能成本最小化，智能电表记录微网间的电流传输数据；聚合商负责检验微网间电能传输的潮流分布和安全校验，对潮流越界的不安全电力交易进行阻塞，同时整合微网未满足的电力需求；配电网提供余量平衡以满足微网的用电需求。

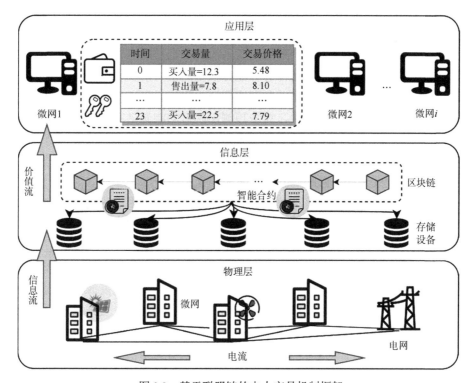

图 9.2　基于联盟链的电力交易机制框架

信息层采用联盟链构建分布式电力交易环境，实现多微网间电力交易的协商和交易合约的签订。在联盟链网络中，首先，根据联盟链部署规则构建背书策略，设置相关的背书节点、排序节点、提交节点及共识算法策略；其次，通过管理服务提供商（management service provider，MSP）审查节点资质并建立微网实体对应的对等节点；最后，微网间完成协商与交易的信息将通过共识达成一致并被写入区块链中。各节点可以通过客户端部署智能合约以实现能源交易的自动强制执行。

应用层是微网与多微网 P2P 联盟链系统进行交互的接口。微网安装客户端程序，唯一标识微网的公私钥被安装在客户端程序钱包内。客户端提交交易提案以触发智能合约的自动执行，获得记账权的节点广播生成的新区块，交易信息被写入历史交易数据库、交易中出现的所有键值对应的最新值写入状态数据库存储，钱包中的余额信息也随之更新。可以说，配备有智能电表的微网将特定时间段记录的电流传输功率上传至智能合约后生成区块并获得最新的余额信息的过程实现了多微网 P2P 电力交易中电流、信息流和价值流的转换。

## 2. 交易主体

### 1）物理层

物理层的交易主体包括微网、聚合商和配电网。微网作为拥有发电设备、能量转换设备、电力存储系统和智能决策系统的小型发配电系统，有并网与孤岛两种运行方式。在物理层，微网将综合能源设备的出力情况和能源价格用来实现自身需求，具体描述如下：首先，微网根据历史用能记录、生产计划、可再生能源发电状况等信息，通过机器学习算法预测出次日的能源供需状况；其次，微网根据购售电价、天然气价格，结合发电设备出力情况及储能的能量转移特性得到微网的能源交易计划；最后，在实时结算后，微网将仍有富余或未被满足的能源需求提交至能源聚合商，由配电网实现余量平衡。

在联盟链环境下，多微网 P2P 电力交易系统支持去中心化的方式完成微网间的能源交易，各微网的逐利行为有较强的自驱力，本不需要其他机构的支持。但考虑到电力系统内各交易主体对电力交易时效性、安全性、经济性的追求，故而加入聚合商以保障微网获得及时且可靠的电能[45]。聚合商是多微网 P2P 电力交易系统的服务者，只提供各项能源交易服务，不参与多微网间能源交易的协商。能源交易服务主要包括：信息审核、潮流校验、安全阻塞和余量平衡。聚合商的主要工作是满足区域内微网能源的有效供给、促进用能主体能源就近消纳以保障电网安全，因此对参与多微网 P2P 电力交易系统的各类节点必须严加审核，以防止恶意节点持续作恶，扰乱 P2P 电力市场秩序。联盟链中设置了 MSP 来审查参与节点的资质，因此聚合商将作为 MSP 审核微网并颁发公私钥，以准许微网参与P2P 电力交易系统。聚合商资质审查的具体步骤是：聚合商对微网提交的能源设备、参与动机、经济水平、信用状况等信息进行调查与审核，只有通过了审核的微网才能加入多微网电力交易系统，并将其信用值赋值为 1；在后续的管理中，对于多次违约和故意扰乱多微网 P2P 电力市场秩序的微网，聚合商将锁定该微网账户，不允许其继续参与 P2P 电力交易市场。同时，聚合商需要对微网间的能源交易进行潮流分布计算及安全校验，对潮流越界的电路分支进行阻塞管理以保障配电网线路的安全。最后，聚合商将收集所有微网完成实时结算后仍有富余的电能和短缺的能源需求信息，作为代表与配电网进行余量平衡。

### 2）信息层

信息层部署联盟链环境，是实现多微网 P2P 电力交易去中心化的关键。联盟链开发者和维护者配置联盟链环境、设置 Fabric CA、初始化通道、管理链码生命周期,设置聚合商作为多微网 P2P 电力交易平台的 MSP,并负责资质审核。信息层节点与物理层实体间具有一一对应关系,微网在信息层被称为对等节点,在逻辑上可分为背书节点和记账节点,将完成交易提交、交易背书与验证、更新分布式账本等任务。聚合商能够完成微网资质审查、余量平衡和潮流安全校验的任务,拥有强大的计算能力和存储容量,在联盟链中将启用不同客户端以分别表示其担任的对等节点和排序节点。当其采用对等节点客户端时,可以提交余量平衡的交易信息,当其采用排序节点客户端时,可以对排序交易并发布区块到联盟链中。另外,智能合约是联盟链中通道内节点间的资产转移与数据通信的关键技术。在联盟链中智能合约被称为链码,其规定了对等节点间业务信息流间交互的组成、规则和流程,只有组织中的成员对链码达成共识后才能被部署到通道中,对等节点只有调用智能合约才能更新资产,且只有通过足够多背书节点的模拟执行才能将交易读写集提交至排序节点。以上各类节点具体功能与实现描述如下。

对等节点是联盟链中的最常见的节点,其由智能合约、交易分类账和信用分类账三个部分组成。智能合约包括通道中的所有完成了共识的智能合约;交易分类账用于记录用户发起和完成的所有交易;信用分类账作为信用管理的基础,由微网交易总量、违约信息和两类信用值构成。微网交易总量与违约信息用于统计微网的交易和违约状况。两类信用值分别为:①实时信用值 $r$,其基于各微网违约信息实时更新每日信用值;②风险信用值 $\hat{r}$,用于记录在特定时期内各微网的风险控制水平,是一段时间内信用值的最小值。$r$ 和 $\hat{r}$ 的取值范围均为[0,1]。

背书节点是达成 PBFT 共识的关键,其模拟交易执行并发送响应结果至提交提案的对等节点。因此,背书节点需要较高的存储和计算能力,更需要较高的信用值来确保响应结果的正确性,故而只有达到高于一定信用值的对等节点才能担任背书节点。背书策略决定了谁可以成为背书节点以及通道中多少节点可以成为背书节点,背书节点的选择是维持多微网 P2P 电力交易联盟链安全可靠的重要保障;默认背书策略规定只有绝大多数背书节点验证通过后,该提案才能被提交至排序节点,即对等节点收集到超过 $2f+1$ 个(其中 $f$ 是恶意节点的最大数量)背书响应信息。参考权益证明(proof of stack,PoS)机制要求网络节点提供代币作为争夺记账权的条件,持有越多代币的节点获得记账权的概率越高,即持有代币越多的节点越不容易造假以损害区块链的可信度。因此,同时考虑信用值、能源交易总量、账户余额三个要素作为节点能否成为背书节点的依据。背书节点接收对等节点提案交易请求,检查提案中数字签名、交易格式、账户余额、信用账本等数据的正确性后模拟执行链码,对模拟执行结果读写集(状态的变更、交易列表)进行签名背书,表示对模拟执行结果的认可,并将签名背书作为提案响应信息回复给对等节点,如图 9.3 所示。

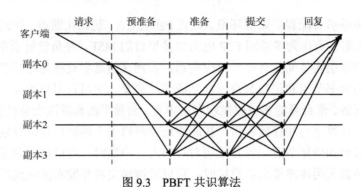

图 9.3　PBFT 共识算法

记账节点负责验证交易信息和同步通道内的账本，通道组织中所有的对等节点是记账节点。记账节点采用验证系统链码（the validation system chaincode，VSCC）检查背书信息是否满足联盟链部署时指定的背书策略，通过 VSCC 检查的信息执行多版本并发控制（multi-version concurrency control，MVCC）检查，对没有交易信息冲突的交易进行标记，最终根据有效交易记录更新世界状态，将所有交易信息记录到历史数据库中。

排序节点负责排序交易信息及区块分发。排序节点接收由背书节点提交的交易信息，过滤检查后提交共识组件进行排序，由于联盟链网络中存在多个通道且每个通道都有自己独立的账本数据，因此排序节点需要下载本通道的交易信息并添加至本地待处理存储交易列表中，最后按照联盟链出块规则切割打包生成新区块并将该区块以广播的形式分发到联盟链网络中。新生成的区块中包含状态数据、交易信息等，通道中的所有的记账节点将新区块添加至本地联盟链文件系统中。

3）应用层

应用层用来实现成员服务管理及电力交易价值流转。MSP 审查微网提交的能源设备、信用状况、账户金额的信息，排除了无实体微网虚假报价扰乱市场的行为。对审查通过的微网，MSP 采用椭圆曲线数字签名算法（elliptic curve digital signature algorithm，ECDSA）生成公私钥、采用 X.509 规范的身份证书实现对不同节点和组织的认证和权限管理，同一个组件内的所有成员拥有共同信任的根证书。对于持续违约的不诚信节点，MSP 会将其加入证书撤销列表中，被撤销的证书的节点是不可信的，无法参与联盟链环境下的多微网 P2P 电力交易。

微网客户端中装载钱包应用程序以存储公私钥对，应用程序是微网与联盟链网络间进行信息交互的接口，能实现表单数据与 JSON 数据的相互转化，为微网提供简洁的能源交易信息页面。当售电微网在规定时间内传输电能到相应的购电微网时，智能电表自动计量并触发智能合约的执行，在经过背书、共识和广播后，该条交易信息被记录到本地文件系统。此时，应用程序中也将新添加了一条交易记录，交易记录中保存有交易的时间、交易量、交易价格、交易对象等，且更新了交易双方的账户余额和信用值，因此实现了价值流的转移。

### 3. 交易流程

多微网 P2P 电力交易联盟链平台作为微网间电力交易的信息枢纽，有效地保障了微网间信息传递的真实性、交易合约的可执行性、分布式账本的不可篡改性。基于联盟链的多微网 P2P 电力交易流程如图 9.4 所示。

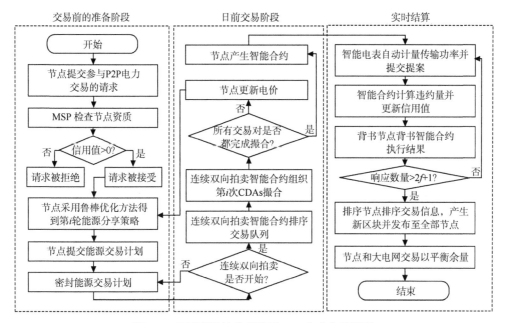

图 9.4　基于联盟链的多微网 P2P 电力交易流程

CDAs 的英文全称为 continuous double auctions，译为连续双向拍卖

微网参与多微网 P2P 电力交易联盟链平台的交易流程主要分为交易前的准备阶段、日前交易阶段和实时结算三部分，详细描述如下。

步骤 1：微网向聚合商提交参与多微网 P2P 电力交易的请求，聚合商对微网提交的材料进行评估，允许加入联盟链的节点地址被写入 MSP 组织单元列表，并授予一对公私钥对以唯一标识其在联盟链中的身份，此时微网信用值为 1、账户余额为 0。对于参加过多微网 P2P 电力交易的节点，MSP 将检查其信用值是否大于 0，MSP 不允许信用值小于 0 的节点参与后续的 P2P 电力交易。

步骤 2：联盟链中聚合商获取上网电价、售电电价广播至联盟链各节点。微网根据自身电能边际成本提出合理的 P2P 电力交易价格，结合自身能源供需状况，采用基于信用的鲁棒优化模型得到能源分享计划。

步骤 3：根据日前交易各时间段能源富裕和短缺情况，微网在客户端图形界面填写交易时间段、交易身份、交易数量、交易价格等信息。微网提交交易信息后，客户端应用程序自动调用钱包内的交易余额和信用值，验证交易信息的合法性。不合法交易无法提交至联盟链中，合法交易将采用数字签名和非对称加密技术加密后被广播。

步骤 4：密封报价智能合约验证各微网数字签名是否有效，丢弃数字签名伪造的报价信息。对有效的报价信息，智能合约统计购电、售电电量总量，并将该信息整合为数据报发送至联盟链所有节点。在报价阶段，微网可以根据市场购售电总量信息随时调整报价信息直到报价阶段截止。

步骤 5：交易匹配阶段，密封报价智能合约获取所有微网最新交易报价信息，解密密封价格并整理报价清单，将其发送至 CADs 智能合约和所有联盟链节点。CADs 智能合约按照 8.2.4 节设计的规则对购电和售电微网进行排序和基于信用值的 CDAs 撮合，达成交易的购售电交易方将交易信息写入日前交易智能合约。为了保证日前交易合约顺利地执行，购电微网对应账户余额被冻结至智能合约，售电微网则按照能源交易量和信用值缴纳保证金至智能合约中。没有达成交易的微网将根据本轮交易状况重新提交报价信息，等待下一轮交易匹配。考虑到微网能源设备复杂多样，为实现用电成本最小化，微网将在更新能源报价后重新优化能源交易计划，即返回步骤 2。

步骤 6：交易执行阶段，智能电表记录售电微网各时段的电路传输功率并将其按交易时段划分为不同的交易提案，自动提交至联盟链中。该提案触发日前交易智能合约进行自动结算，智能合约将计算违约量并更新各微网信用值。智能合约的执行结果被提交至背书节点，背书节点根据部署在通道中的智能合约模拟执行交易提案并签名背书。只有收集到超过 $2f+1$ 个背书响应的提案后，微网才能将智能合约模拟执行结果及所有背书签名信息打包并提交至排序节点；背书响应不满 $2f+1$ 个的提案将被否决，此举将尽可能地促使微网提交正确的交易提案。排序节点将该交易信息包生成为一个新区块，通过 Gossip 算法消息协议广播至所有联盟链节点。至此，在规定交易时间内完成日前交易智能合约的售电微网账户的余额增加，增加的金额包括购电微网被冻结的资金和售电微网保证金两部分；未在规定交易时间内完成交易的售电微网账户余额只会增加部分售电资金且保证金会按相应比例扣除。

步骤 7：购电微网发送在实时结算中被违约的电能需求信息至聚合商，聚合商将收集所有微网的需求，并作为代表向配电网购电以实现余量平衡。

## 9.2　区块链环境下面向电力交易的微网负荷优化调度

### 9.2.1　微网电力交易决策模型

园区内各微网工艺流程复杂多样，用能类型由其产品业务流程决定，因此不能将其简单地看作单一的能源微网，而应将其看作多能微网。金融、医疗、零售等第三产业相关企业主要采用电能满足自身用能需求，制造业、建筑业、交通等相关企业用能类型较为丰富，多采用电能、天然气、化石能源满足自身电能、冷能、热能需求。微网能源供给和负荷关系如式（9.1）所示。

$$\begin{bmatrix} L_1 \\ \vdots \\ L_n \end{bmatrix} = \begin{bmatrix} \eta_{11} & \cdots & \eta_{1m} \\ \vdots & & \vdots \\ \eta_{n1} & \cdots & \eta_{nm} \end{bmatrix} \times \begin{bmatrix} P_1 \\ \vdots \\ P_m \end{bmatrix} \tag{9.1}$$

其中，$m$ 为用能设备数量；$n$ 为负荷类型；$P$ 为用能设备额定输入；$L$ 为用户负荷量；$\eta$ 为用能设备转换效率。为使得所建立的微网模型更具有代表性，选取热电联产系统、ESS、光伏和风力发电机组构建微网综合能源系统，如图 9.5 所示。

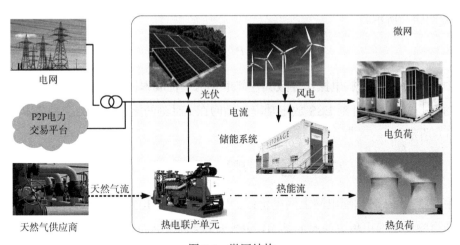

图 9.5　微网结构

微网装配热电联产系统、光伏和风力发电机组以满足电负荷和热负荷。微网满足自身需求后，可以将多余的电能存储至 ESS 中，从而实现能量在时间上的转移，降低用能成本；或者向电网或 P2P 交易平台售卖富余的电能以提高自身的收益。若微网自身设备产能不能满足微网负荷，则可以从电网或 P2P 电力交易平台上购买电能以满足自身需求。微网作为理性主体，总是追求调度周期内的经济利润最大化或成本最小化的用能策略，因此，提出的微网优化模型目标函数为微网总成本最小。微网总成本主要包括购气成本、ESS 充放电成本、与配电网间的电力交易成本、参与多微网 P2P 电力交易的交易成本四个部分，目标函数如式（9.2）所示。

$$\min \sum_{t=1}^{T} \left\{ C_t^{\text{CHP}} + C_t^{\text{ESS}} + C_t^{\text{Utility}} + C_t^{\text{da}} \right\} \tag{9.2}$$

其中，$t$ 为时间段编号；$T$ 为每日微网调度区间总数，$T=24$；$C_t^{\text{CHP}}$ 为 $t$ 时刻微网的购气成本；$C_t^{\text{ESS}}$ 为 $t$ 时刻 ESS 充放电成本；$C_t^{\text{Utility}}$ 为 $t$ 时刻微网与配电网进行电力交易的成本；$C_t^{\text{da}}$ 为 $t$ 时刻微网参与多微网 P2P 电力交易的成本。$t$ 时刻微网的购气成本如式（9.3）所示。

$$C_t^{\text{CHP}} = \sum_{t=0}^{T} c_t^{\text{gas}} \cdot G_t \cdot \Delta t \tag{9.3}$$

其中，$c_t^{\text{gas}}$ 为 $t$ 时刻单位天然气价格；$G_t$ 为 $t$ 时刻 CHP 天然气消耗总量；$\Delta t$ 为单位时间长度。CHP 能够同时产生热能和电能，运行模式有"以热定电"和"以电定热"两种方式，能够实现能量的梯级利用，因此 CHP 天然气消耗量是热负荷或电负荷的最大值，即 $G_t = \max\{P_t^{\text{heat}}(G_t), P_t^{g}(G_t)\}$。微网在 $t$ 时刻 ESS 运行维护成本如式（9.4）所示。

$$C_t^{\text{ESS}} = \varpi \sum_{t=0}^{T} (P_t^{\text{ch}} \cdot \Delta t + P_t^{\text{dis}} \cdot \Delta t) \tag{9.4}$$

其中，$\varpi$ 为 ESS 充放电操作导致其性能退化的单位成本；$P_t^{\text{ch}}$ 为 $t$ 时刻 ESS 的充电功率；$P_t^{\text{dis}}$ 为 $t$ 时刻 ESS 放电功率。微网在 $t$ 时刻的配电网电力交易成本如式（9.5）所示。

$$C_t^{\text{Utility}} = \sum_{t=1}^{T} (c_t^{\text{buy}} \cdot P_t^{\text{buy}} \cdot \Delta t - c_t^{\text{sell}} \cdot P_t^{\text{sell}} \cdot \Delta t) \tag{9.5}$$

其中，$c_t^{\text{buy}}$ 为 $t$ 时刻配电网上网电价；$c_t^{\text{sell}}$ 为 $t$ 时刻配电网售电电价；$P_t^{\text{buy}}$ 为 $t$ 时刻配电网向微网出售电能时的功率；$P_t^{\text{sell}}$ 为 $t$ 时刻微网向配电网售电能时的功率。微网在 $t$ 时刻参与多微网 P2P 交易的交易成本如式（9.6）所示。

$$C_t^{\text{da}} = \sum_{t=1}^{T} \left( (c_t^{\text{dabuy}} + \varphi) \cdot P_t^{\text{dabuy}} \cdot \Delta t - c_t^{\text{dasell}} \cdot P_t^{\text{dasell}} \cdot \Delta t \right) \tag{9.6}$$

其中，$c_t^{\text{dabuy}}$ 为 $t$ 时刻微网购买其他微网富裕电力的购电价格；$c_t^{\text{dasell}}$ 为 $t$ 时刻微网的售电电价；$\varphi$ 为配电网将根据线路负载状况调节的传输成本，但配电网鼓励多微网 P2P 电力交易行为，因此该值一般较小。为避免多微网交易双方重复收取传输成本，设定由购电微网承担此费用。$P_t^{\text{dabuy}}$ 为 $t$ 时刻售电微网向微网传输的电功率；$P_t^{\text{dasell}}$ 为 $t$ 时刻微网向购电微网传输的电功率。

微网最小成本模型中设备对应的约束条件如下所示。

### 1. CHP

CHP 的运行有两种模式：以电定热和以热定电。以电定热模式是指 CHP 从满足电负荷的角度出发来确定热能产出，热能作为一种副产品被收集和利用。热能难以存储和远距离传输以及用户对热能品质要求高等特性导致热能利用效率不高。以热定电是指 CHP 从满足热负荷的角度出发来确定电能的产出，电能作为一种副产品被收集和利用。产品制造工艺、居民供暖需求对热能品位值要求较高，加上电能传输、存储技术的成熟，以热定电模式能够实现电能和热能的高效利用。因而考虑 CHP 以热定电的运行模式。燃气轮机发热功率、发电功率及最大天然气输入约束如式（9.7）、式（9.8）和式（9.9）所示。

$$P_t^{\text{heat}} = \eta_h^{\text{chp}} \cdot \text{LHV} \cdot G_t \cdot \Delta t \tag{9.7}$$

$$P_t^g = \eta_p^{\text{chp}} \cdot \text{LHV} \cdot G_t \cdot \Delta t \tag{9.8}$$

$$0 \leqslant G_t \leqslant G_t^{\max} \tag{9.9}$$

其中，$P_t^{\text{heat}}$ 和 $P_t^g$ 分别为 CHP 在 $t$ 时刻的发热功率和发电功率；$\eta_h^{\text{chp}}$ 和 $\eta_p^{\text{chp}}$ 分别为 CHP 的产热效率和产电效率；LHV 为天然气低热值，为 $9.7\,\text{kW·h/m}^3$；$G_t$ 为 $t$ 时刻 CHP 天然气消耗总量；$G_t^{\max}$ 为 $t$ 时刻 CHP 天然气最大输入量。

### 2. ESS

ESS $t$ 时刻的电能容量 $S_t$ 如式（9.10）所示。

$$S_t = S_0 + \eta^c \sum_0^t P_t^{\text{ch}} \cdot \Delta t - \frac{1}{\eta^d \sum_0^t P_t^{\text{dis}} \cdot \Delta t} \tag{9.10}$$

其中，$S_0$ 为 ESS 初始储电量；$\eta^c$ 和 $\eta^d$ 分别为 ESS 充放电效率，表明 ESS 充放电过程中存在的电能的损耗，取值范围为 $(0,1)$；$P_t^{\text{ch}}$ 为 $t$ 时刻 ESS 充电功率；$P_t^{\text{dis}}$ 为 $t$ 时刻 ESS 放电功率。式（9.10）表明了 ESS 从初始时刻到 $t$ 时刻的充放电状态转移总量。ESS 储能容量过高和过低都会降低其可靠性，因此，ESS 容量需满足最大和最小 ESS 容量限制，满足约束式（9.11）。

$$S^{\min} \leqslant S_t \leqslant S^{\max} \tag{9.11}$$

其中，$S^{\min}$ 和 $S^{\max}$ 分别为 ESS 最小和最大储电量。为了防止 ESS 过度充放电对储能元器件造成的不可逆伤害，同时确保 ESS 不能同时充电和放电以延长 ESS 寿命，ESS 充电和放电功率应遵循约束式（9.12）和约束式（9.13）。

$$0 \leqslant P_t^{\text{ch}} \leqslant U_t^{\text{bat}} P^{\text{bat.max}} \tag{9.12}$$

$$0 \leqslant P_t^{\text{dis}} \leqslant [1 - U_t^{\text{bat}}] P^{\text{bat.max}} \tag{9.13}$$

其中，$P^{\text{bat.max}}$ 为 ESS 最大充/放电功率；$U_t^{\text{bat}}$ 为 0-1 变量，用于约束 ESS 不能同时充电和放电，其中 1 表示 ESS 处于充电状态，0 表示 ESS 处于放电状态。ESS 能够实现低电价时存储、高电价时释放，能够有效地消纳风电反调峰时段产生的大量可再生能源，因此为了提升 ESS 的利用效率，减少弃风弃光现象的发生，ESS 全天充放电总和约束为零，如式（9.14）所示。

$$\eta^c \sum_{t=0}^{24} P_t^{\text{ch}} \cdot \Delta t - \frac{1}{\eta^d \sum_{t=0}^{24} P_t^{\text{dis}} \cdot \Delta t} = 0 \tag{9.14}$$

### 3. 与配电网交易

多微网 P2P 交易的能源交易价格总是高于或接近于配电网发布的上网电价，低于配电网售电电价[46]。因此，在不考虑其他偏好的情况下，微网总是先参与多微网 P2P 交易并达成电力交易合约，其余富裕或短缺的电力需求采用余量平衡的方式被配电网满足。配电网上网电价远小于售电电价 $c_t^{\text{buy}} < c_t^{\text{sell}}$，因此微网不会在 $t$ 时刻同时向配电网购电和售电，如式（9.15）所示。

$$\begin{cases} 0 \leqslant P_t^{\text{buy}} \leqslant U_t^{\text{grid}} P^{\text{grid.max}} \\ 0 \leqslant P_t^{\text{sell}} \leqslant [1 - U_t^{\text{grid}}] P^{\text{grid.max}} \end{cases} \tag{9.15}$$

其中，$P^{\text{grid.max}}$ 为微网与配电网的最大传输功率；$U_t^{\text{grid}}$ 为 0-1 变量，约束微网不会在 $t$ 时刻同时向配电网购电和售电，1 表示微网向配电网购电，0 表示微网向配电网售电。

### 4. 多微网 P2P 交易

连续双向拍卖策略的价格机制中，只有微网售电电价低于购电电价时才能获得交易，因此微网不能同时购买和出售电力。多微网 P2P 电力交易的传输功率不得超过最大传输功率，其约束如式（9.16）所示。

$$\begin{cases} 0 \leqslant P_t^{\text{dabuy}} \leqslant U_t^{\text{da}} P^{\text{da.max}} \\ 0 \leqslant P_t^{\text{dasell}} \leqslant [1 - U_t^{\text{da}}] P^{\text{da.max}} \end{cases} \tag{9.16}$$

其中，$P^{\text{da.max}}$ 为微网间交易的最大功率；$U_t^{\text{da}}$ 为 0-1 变量，约束了微网不会在 $t$ 时刻同时向其他微网购售电，1 表示微网向其他微网购电，0 表示微网向其他微网售电。

## 5. 功率平衡约束

微网能源平衡约束如式（9.17）和式（9.18）所示。

$$P_t^h = L_t^h \tag{9.17}$$

$$\sum_n P_t^{\text{ren}} + P_t^g + P_t^{\text{ch}} - P_t^{\text{dis}} + P_t^{\text{buy}} - P_t^{\text{sell}} + P_t^{\text{dabuy}} - P_t^{\text{dasell}} = L_t^g \tag{9.18}$$

其中，式（9.17）为微网热力平衡约束，式（9.18）为微网电力平衡约束，微网在任意时刻都需要保持热力平衡和电力平衡。$P_t^h$ 为 $t$ 时刻 CHP 产热功率；$L_t^h$ 为 $t$ 时刻微网热负荷；$n$ 为分布式能源发电类别总数，只考虑光伏和风力发电机组，因此 $n=2$；$P_t^{\text{ren}}$ 为分布式发电设备 $t$ 时刻的发电功率；$L_t^g$ 为 $t$ 时刻的微网电负荷。

### 9.2.2　基于信用值的鲁棒优化模型

微网根据自身供需状况优化得到日前能源交易策略，但光伏、风力发电机组等受天气、季节等因素影响具有较强的不确定性，从而极易导致微网供需失衡，产生违约行为。因此，处理可再生能源不确定性成为微网违约风险识别和控制的主要工作。构建的多微网 P2P 交易联盟链系统能够记录微网的交易信息及违约状况，可以在一定程度上反映最近一段时间内微网电力交易的可靠性水平，因此被用作控制可再生能源不确定性的衡量因子。采用基于信用值的鲁棒优化方法来处理可再生能源不确定性造成的违约行为。鲁棒优化方法是在不确定性参数最坏情况下获得最优解的方法，其一般形式为 $\min\limits_{X} \max\limits_{s \in S} f(x, s)$，其中，$x$ 为决策变量；$X$ 为决策向量集合；$s$ 为不确定变量；$S$ 为不确定集合；$\max\limits_{s \in S} f(x, s)$ 为最坏的情况。因为其能精准地刻画不确定参数且求解简单，所以多面体不确定性集在工程领域广泛应用。因此采用多面体不确定性集描述微网风光发电功率不确定性的取值范围，如式（9.19）所示。

$$\sum_n P_t^{\text{ren}} \in [\bar{P}_t^{\text{ren}} - \beta_t^{\text{ren}} \cdot \hat{P}_t^{\text{ren}}, \bar{P}_t^{\text{ren}} + \beta_t^{\text{ren}} \cdot \hat{P}_t^{\text{ren}}] \tag{9.19}$$

$$0 \leqslant \beta_t^{\text{ren}} \leqslant 1 \tag{9.20}$$

$$\sum_t \beta_t^{\text{ren}} \leqslant \Gamma \tag{9.21}$$

其中，$\bar{P}_t^{\text{ren}}$ 为微网 $t$ 时刻可再生能源预测发电功率；$\hat{P}_t^{\text{ren}}$ 为微网 $t$ 时刻可再生能源实际发电功率与预测发电功率之间的最大偏差；$\beta_t^{\text{ren}}$ 为微网 $t$ 时刻可再生能源发电功率的不确定性程度，取值范围为[0,1]；$\beta_t^{\text{ren}} = 1$ 表示微网 $t$ 时刻可再生能源发电功率不确定性最大，$\beta_t^{\text{ren}} = 0$ 表示微网 $t$ 时刻可再生能源发电功率没有不确定性；

$\Gamma$ 为鲁棒因子，表示微网 $t$ 时刻可再生能源发电功率的不确定性总量，只考虑光伏和风力发电机组，因此 $\Gamma \in [0,2]$。考虑风光不确定性，微网电力平衡约束如式（9.22）所示。

$$\sum_n P_t^{ren} - \max\{\beta_t^{ren} \cdot \hat{P}_t^{ren}\} + P_t^g + P_t^{ch} - P_t^{dis} + P_t^{buy} - P_t^{sell} + P_t^{dabuy} - P_t^{dasell} \geqslant L_t^g \quad (9.22)$$

即在最大可再生能源不确定水平下，微网电力供应水平大于等于需求水平。因此，考虑可再生能源不确定性的微网电力交易决策鲁棒优化模型组织为如式（9.23）所示。

$$\min \sum_{t=1}^{T} \left\{ C_t^{CHP} + C_t^{ESS} + C_t^{Utility} + C_t^{da} \right\}$$

$$\text{s.t.} \begin{cases} \text{式(9.3)} \sim \text{式(9.17)} \\ \sum_n P_t^{ren} - \max\{\beta_t^{ren} \cdot \hat{P}_t^{ren}\} + P_t^g + P_t^{ch} - P_t^{dis} + P_t^{buy} - P_t^{sell} + P_t^{dabuy} - P_t^{dasell} \geqslant L_t^g \\ \sum_n P_t^{ren} \in [\bar{P}_t^{ren} - \beta_t^{ren} \cdot \hat{P}_t^{ren}, \bar{P}_t^{ren} + \beta_t^{ren} \cdot \hat{P}_t^{ren}] \\ 0 \leqslant \beta_t^{ren} \leqslant 1 \\ \sum_n \beta_t^{ren} = \Gamma \end{cases}$$

$$(9.23)$$

式（9.23）中微网目标函数电力成本最小与约束集可再生能源不确定性最大间构成了 min-max 模型，其间存在互斥关系，即可再生能源不确定性越大，微网电力成本越大。求解该问题的思路是在考虑最大可再生能源不确定性的状态下，微网的用能成本最小化，即寻找其帕累托最优解。最优解的寻找通常采用搜索算法，但该类方法受到初始状态的选择、搜索步长等因素的影响最终只能求得帕累托近似解。鲁棒优化中常采用对偶理论来更好地解决该类问题，对偶理论可以将式（9.23）中的非线性约束转化为式（9.24）。

$$\sum_n P_t^{ren} - \left\{ \lambda_t \cdot \Gamma + \sum_n q_{t,n} \right\} + P_t^g + P_t^{ch} - P_t^{dis} + P_t^{buy} - P_t^{sell} + P_t^{dabuy} - P_t^{dasell} \geqslant L_t^g \quad (9.24)$$

$$\lambda_t + q_{t,n} \geqslant \hat{P}_t^{ren} \quad (9.25)$$

$$q_{t,n} \geqslant 0 \quad (9.26)$$

其中，$\lambda_t$ 和 $q_{t,n}$ 为对偶因子，由此鲁棒模型由 min-max 问题转换为 min 问题，可以采用线性求解的方式直接求解。

## 9.2.3　基于信用值的风险偏好模型

鲁棒性和经济性往往相反，较高的鲁棒性水平会增加微网电力交易成本，追求电力成本最小化则会降低鲁棒性水平，因此设计一个恰当、动态调整的鲁棒因子是平衡微网用能成本经济性和电力交易可靠性的重点。鲁棒因子用于测量微网风险控制水平，鲁棒因子值越大表示对可再生能源不确定性的控制水平越高。多微网 P2P 电力交易联盟链中的信用账本作为衡量鲁棒因子的工具，提供了一种自适应的鲁棒水平调整手段：当微网信用值逐渐增加时，微网越倾向于适当降低风险控制水平来追求利益，即鲁棒因子值越小；相反，如果微网的信用值逐渐降低，微网认为当前风险控制水平较低，并适当提高鲁棒因子值以提高交易的可靠性。

此外，微网风险控制水平变化率也受到信用值的影响，在不同的信用水平下微网具有不同的风险敏感度。当微网信用值越接近 1 时，微网对鲁棒因子改变不敏感且更倾向于降低鲁棒因子以提高经济性；当信用值越接近 0 时，微网对于可再生能源不确定性造成的违约非常敏感，更希望通过尽可能地提高鲁棒因子的大小来降低违约行为，从而不被聚合商节点移出多微网 P2P 电力交易系统。因此，根据鲁棒性与经济性之间的单调递减性质，考虑微网决策的偏好，随机生成 300 组数据，这些数据包括微网决策的激进性偏好、中立性偏好和保守性偏好。采用 MATLAB 中的曲线拟合工具（curve fitting tool）拟合 $\Gamma(\hat{r})$ 函数。表 9.1 显示了各种模型的拟合效果，可以看出三次多项式函数具有良好的模型精度。

表 9.1　拟合函数的统计指标

| 函数名称 | SSE | $R^2$ | 调整的 $R^2$ | 均方根误差 |
|---|---|---|---|---|
| 指数函数 | 1.7920 | 0.9563 | 0.9550 | 0.1278 |
| 傅里叶函数 | 0.7194 | 0.9821 | 0.9815 | 0.0863 |
| 高斯函数 | 0.9981 | 0.9752 | 0.9746 | 0.1010 |
| 线性拟合函数 | 0.8561 | 0.9788 | 0.9783 | 0.0939 |
| 二次多项式函数 | 0.8752 | 0.9783 | 0.9778 | 0.0949 |
| 三次多项式函数 | 0.7126 | 0.9821 | 0.9815 | 0.0863 |
| 幂指函数 | 0.8066 | 0.9794 | 0.9790 | 0.0912 |

注：SSE 英文全称为 sum of squared error，翻译为误差平方和

因此，可以设计一个三次多项式函数来反映鲁棒因子和信用值之间的关系以衡量信用值变化下的自适应鲁棒优化策略，如式（9.27）所示。

$$\Gamma = 2.53\hat{r}^3 - 3.09\hat{r}^2 - 1.43\hat{r} + 1.99 \tag{9.27}$$

其中，$\Gamma$ 为自适应鲁棒因子，其取值范围为[0,2]；$\hat{r}$ 为风险信用值，其取值范

为 $[0,1]$。式（9.27）中，$\hat{r} \in [0,1]$ 时，$\partial \Gamma / \partial \hat{r}$ 总是小于 0；当 $\hat{r} \in [0,0.5)$ 时，$\partial^2 \Gamma / \partial \hat{r}^2$ 小于 0，表明微网对风险控制水平敏感；当 $\hat{r} \in [0.5,1]$ 时，$\partial^2 \Gamma / \partial \hat{r}^2$ 大于 0，表明微网对风险控制水平不敏感。三次多项式函数很好地描述了微网风险控制的过程。

另外，为了鼓励微网的诚实行为，当微网采用鲁棒优化后未发生违约时，系统会给予微网实时信用值加 0.1 的奖励。但信用值的提高将导致鲁棒因子降低，从而极大可能地引发电力交易违约行为。为了避免此类情况的发生，考虑了如下情况：若实时信用值 $r$ 持续增加，那么微网将认为某次较为严重的违约行为可能是偶然发生的，且鲁棒性越强经济效益越低，故而该微网将提高风险信用值 $\hat{r}$ 以降低鲁棒性水平；若实时信用值呈现波动或下降趋势，那么微网就必须寻找这段时间内风险信用值 $\hat{r}$ 的最小值以减少违约的发生，实时信用值 $r$ 的短暂增长只能说明风险控制水平的一次偶然成功，不能很好地衡量微网该阶段的可再生能源不确定性水平。采用实时信用值进行鲁棒优化，微网将产生周期性的违约。因此，本阶段采用风险信用值 $\hat{r}$ 进行计算，即选取一段时间内实时信用值的最小值作为鲁棒优化的依据，能够很好地规避微网某个时间段内违约行为的震荡。这种保守的决策行为是微网减少违约行为、维护多微网 P2P 电力交易系统可持续发展的表现。

## 9.3　区块链环境下的 P2P 电力交易信用管理模型

### 9.3.1　投标机制

微网参与连续双向拍卖首先需要提交报价信息。在联盟链平台中，各微网可以随时使用应用程序提交电力交易计划，但需要在规定时间段内进行撮合，以避免微网信息提交差异导致的用能成本增高，同时能够促使微网在某一时间段内汇聚更多的交易信息进行交易匹配。参考拍卖会，将多微网连续双向拍卖设置在下午 3：00~5：00，两个小时被划分为一系列并发的时间间隔，单个时间间隔时长为 20 min，各时间间隔包括微网投标阶段和连续双向拍卖执行阶段两部分，每个部分时长 10 min。因此，多微网连续双向拍卖的交易轮数最多为六轮，微网需要根据多微网电力交易市场供需状况及时调整报价以尽可能地在多微网 P2P 电力市场中出售富余能源和满足短缺能源。

相较于直接和配电网交易，微网参与多微网 P2P 电力交易拥有更多的议价能力。与配电网进行交易时，售电微网按上网电价出售富余电能至电网，购电微网按实时电价从电网购电，微网只能作为电价的接收方。参与多微网 P2P 电力交易时，只要购电微网购电电价高于上网电价，那么售电微网就愿意与其达成交易；只要售电微网售电电价低于实时电价，那么购电微网就愿意与其达成交易。因此，

售电微网报价 $c_t^{\text{dasell}}$ 满足 $c_t^{\text{dasell}} \in [\max(c_t^{\text{dasell,min}}, c_t^{\text{sell}}), c_t^{\text{buy}}]$，其中 $c_t^{\text{dasell,min}}$ 为售电微网发电边际成本；$c_t^{\text{buy}}$ 为配电网售电电价，$\max(c_t^{\text{dasell,min}}, c_t^{\text{sell}})$ 为售电微网最低报价是上网电价和发电边际成本的最大值，这样售电微网才不会亏损；购电微网报价 $c_t^{\text{dabuy}}$ 满足 $c_t^{\text{dabuy}} \in [c_t^{\text{sell}}, c_t^{\text{buy}}]$，即购电微网报价应该在上网电价和实时电价之间才能有机会匹配到售电微网。

多微网 P2P 电力交易联盟链平台中大多数情况下不能达到购售电供需平衡，因此售电微网不能按照 $c_t^{\text{buy}}$ 报价以匹配到交易，购电微网不能按照 $c_t^{\text{sell}}$ 报价以匹配到交易。多微网 P2P 电力交易联盟链平台供需状况和历史交易信息是购售电微网报价的重要依据，由于不讨论交易定价问题，所以各微网将根据历史信息及对市场供需状况的分析得出一个可接受的报价区间 $[c_t^{\text{da,min}}, c_t^{\text{da,max}}]$。根据交易轮数的限制，交易报价以 $(c_t^{\text{da,min}} - c_t^{\text{da,max}})/5$ 将间隔等分为六段，即微网的报价策略有 $c_t^{\text{da,min}}$，$c_t^{\text{da,min}} + (c_t^{\text{da,max}} - c_t^{\text{da,min}})/5, \cdots, c_t^{\text{da,max}}$。根据微网决策的风格（保守型或冒进型），微网首次报价策略表示为 $c_t(R) = c_t^{\text{da,min}} + R \cdot (c_t^{\text{da,max}} - c_t^{\text{da,min}})/5$，其中 $R \in [0,5]$ 为选择的报价区段。若微网上一轮提交的交易请求未完全匹配成功，则需更改报价以满足自身需求。更改报价的规则为：若微网在 $t$ 时刻为买方且 $R < 5$，那么该微网将提高 $t$ 时刻交易报价为 $c_t(R+1)$；若微网在 $t$ 时刻为买方但 $R = 5$，那么微网将只按 $c_t^{\text{da,max}}$ 报价；若微网在 $t$ 时刻为卖方且 $R > 0$，那么该微网将降低 $t$ 时刻交易报价为 $c_t(R-1)$；若微网在 $t$ 时刻为卖方但 $R = 0$，那么微网将只按 $c_t^{\text{da,min}}$ 报价。

多微网 P2P 电力交易联盟链中，对等节点采用密封报价智能合约提交能源交易信息。密封报价智能合约能够验证交易数字签名和权限，提交到密封报价智能合约的信息不能被修改，想要修改报价信息只能重新提交，能源交易报价以最新的报价信息为准。如果采用公开报价策略，则微网间的报价策略将演变为非合作博弈行为，但由于微网间单位边际成本各不相同，规模越大的微网边际成本越低，不利于不同规模微网间公平的能源交易，因此允许不同微网采用不同的能源报价有利于维护各类型微网参与 P2P 电力交易的公平性。同时为了尽可能地促使微网间能量共济，及时有效地反映 P2P 电力交易市场的供需状况是必要的，故而密封报价智能合约只对能源价格进行 SHA-256 算法加密，并根据买方和卖方统计对应的电能交易总量，广播至各联盟链各节点[47]。综上所述，能源交易信息格式为 $<\text{proposal}, r, <\text{time}, \text{identity}, p, q>>$，在密封报价智能合约中为 $<\text{proposal}, r, <\text{time}, \text{identity}, \text{SHA}-256(p), q>>$，其中 proposal 为提案消息；$r$ 为微网信用值；time 为交易时间；identity 为交易身份；$p$ 为交易价格；$q$ 为交易电量。

### 9.3.2　交易队列排序

进入连续双向拍卖阶段，密封报价智能合约对价格解密并将交易信息提交至连续双向拍卖智能合约中，该合约撰写了 sort（）函数和 match（）函数，分别用于微网交易队列排序和电力交易匹配。不诚信的微网违约风险概率大，违约行为将导致购电微网不得不向电网购电，从而增加了购电微网的成本，因此如果不对违约行为进行管理，那么必然导致多微网 P2P 电力交易内充满了不信任，考虑到用电的可靠性，更多的微网将不愿意参与多微网 P2P 电力交易。为解决该问题，多微网 P2P 电力交易联盟链平台采用三种措施来引导微网做出诚实的交易行为，包括微网权限审查、微网排队优先级转换、智能合约保证金。微网权限审查规定只有信用值高于零的微网被允许继续在联盟链中交易，一旦信用值不高于零那么就认为该微网企图扰乱多微网 P2P 电力交易秩序，从而撤销该微网证书列表，没有证书的节点无法进行数字签名，提交的交易信息也会被智能合约和背书节点所丢弃。

微网排队优先级转换规则的设计参考了经济学中"无形的手"的概念，在连续双向拍卖中排队的顺序决定了交易的顺序，参考信用值改变排队优先级能够影响微网交易收益。微网作为理性主体追求成本最小化，因此减少违约行为能够获得更多的收益，即排队优先级转换规则利用微网"自利"达成了多微网 P2P 电力交易系统的可信环境，有利于其可持续发展。连续双向拍卖智能合约首先根据交易身份（identity）将微网分为买方交易队列和卖方交易队列，队列的原始序列按照售电方升序和购电方降序的规则排列，原因是售电电价越低越受到购电微网的青睐、购电电价越高越受到售电微网的青睐。其次，通过等效价格转化改变队列顺序，以实现对高信用值节点的奖励和低信用值节点的惩罚。等效价格转换的原则是对于高信用值的节点给予更高的排队优先级，以此匹配到更低价格的卖方或更高价格的买方，实现该微网最小成本或最大收益的目标；对信用较差的节点给予较低的优先级，使其即使提交更适宜的报价也不能配对到最优的交易方，从而花费更多的成本作为惩罚。等效价格转换表达如式（9.28）和式（9.29）所示。

$$c_t^{\text{dasell}'} = c_t^{\text{dasell}} / r_t \tag{9.28}$$

$$c_t^{\text{dabuy}'} = c_t^{\text{dabuy}} \cdot r_t \tag{9.29}$$

其中，$c_t^{\text{dasell}'}$ 为等效售电价格；$c_t^{\text{dabuy}'}$ 为等效购电价格；$r_t$ 为实时信用值，$r_t$ 值越大，$c_t^{\text{dasell}'}$ 值越小，$c_t^{\text{dabuy}'}$ 值越大。可以看到设计的排序优先级考虑了价格和信用值两个因素，考虑到部分恶意节点可能通过过低的报价以逃避违约惩罚获得不正当的竞争优先级，因此，还设置了智能合约保证金作为补充。连续双向拍卖智能合约 sort（）函数展示如表 9.2 所示。

**表 9.2　连续双向拍卖智能合约 sort（）函数**

```
public class CDAs {
//Main 函数中定义的 Sells 和 Buys 队列
//static ArrayList<Record> Sells = new ArrayList（）;
    //static ArrayList<Record> Buys = new ArrayList（）;
    public void sort（ArrayList<Record> Sells,ArrayList<Record> Buys）{
    // 连续双向拍卖,交易队列排序
        for （int t = 0; t < 24; t++）{
            int round = 0; //2.4 每个交易时段进行 6 次撮合
            while （round < 6）{
//划分 t 时刻 buy 和 sell 队列
            CDAs.distinguishQueues（microgrids, t）;
            // 采用等效价格转换进行排序
            Collections.sort（Sells）; //买的价格越低越好
            Collections.sort（Buys）;
            Collections.reverse（Buys）;
            }
        }
}
    // 按照时间 t 加入不同队列
public void distinguishQueues（Microgrid[] mic, int t）{
        for （Microgrid k:mic）{
            if（k.volume[t]>0）{
                Record record = new Record（）;
                record.OriPrice = k.price[t];
                record.EquPrice = k.price[t]*k.repu;
                record.name = k.name;
                record.volume = k.volume[t];
                record.microgrid = k;
                Buys.add（record）;
            }else if（k.volume[t]<0）{
                Record record = new Record（）;
                record.OriPrice = k.price[t];
                record.EquPrice = k.price[t]/k.repu;
                record.name = k.name;
                record.volume = k.volume[t];
                record.microgrid = k;
                Sells.add（record）;
```

```
            }
        }
    }
}
// 交易记录 Record 的数据类型
class Record implements Comparable<Record>{
    public double OriPrice;
    public double EquPrice;
    public Microgrid microgrid;
    public String name;
    public double volume;
    public int compareTo（Record o）  { //Record 按照等效价格进行排序
        BigDecimal data1 = new BigDecimal（this.EquPrice）;
        BigDecimal data2 = new BigDecimal（o.EquPrice）;
        return data1.compareTo（data2）;
    }
}
```

### 9.3.3　交易对匹配

连续双向拍卖智能合约在 match（）函数中定义了售电队列与购电队列的匹配规则。购售电双方采用连续背包模型实现交易量的匹配，交易对的匹配从购电队列和售电队列队首开始，只有购电电价高于售电电价时，交易双方才能协商交易价格和交易量。连续背包模型中，购电微网购电量可以看作容量为 $V_j$ 的背包，售电微网售电量可以看作体积为 $v$ 的物品，物品可按 $1\,\mathrm{kW\cdot h}$ 为单位进行分割。物品体积 $v_i$ 小于背包容量 $V_j$ 时，售电微网队列中下一个售电微网继续匹配背包剩余容量空间 $V_j - v_i$，直到满足背包容量 $V_j = \sum_i v_i$；若物品体积 $v_i$ 大于背包容量 $V_j$，物品剩余体积 $v_i - V_j$ 将由下一个背包 $V_{j+1}$ 来装载。连续背包模型中交易量和交易价格具体描述如下。

当售电电价小于购电电价时，可以尝试背包；售电电价高于购电电价时，不允许背包。撮合成功的交易对成交量 $P_t^{\mathrm{datrans}}$ 为背包和物品体积的最小值，交易价格 $c_t^{\mathrm{datrans}}$ 为购售电实际报价的均值，如式（9.30）和式（9.31）所示。

$$P_t^{\mathrm{datrans}} = \min\{P_t^{\mathrm{dabuy}}, |\, P_t^{\mathrm{dasell}}\, |\} \tag{9.30}$$

$$c_t^{\text{datrans}} = (c_t^{\text{dabuy}} + c_t^{\text{dasell}}) / 2 \qquad (9.31)$$

连续背包模型中购售电匹配合约采用实际报价，而连续背包模型则采用等效价格进行排序，且交易队列的顺序决定了交易的顺序，这就有可能形成高信用值低报价购售微网的匹配。虽然此类情况的出现可能降低微网利益，但却充分体现了电能的可靠性水平，也将成为影响电力交易的重要因素，可以据此在之后开展异质性 P2P 电力交易的研究。

对背包未装满和商品未完全分配的微网，更新其剩余电力需求，继续与对方序列中的下一个微网匹配。更新交易量的规则为：若其为买方，则更新交易量为 $P_{t,i}^{\Delta\text{dabuy}'}$；若其为卖方，则更新交易量为 $P_{t,i}^{\Delta\text{dasell}'}$。表达式如式（9.32）和式（9.33）所示。

$$P_{t,i}^{\Delta\text{dabuy}'} = P_{t,i}^{\Delta\text{dabuy}} - \min\{P_t^{\text{dabuy}}, |P_t^{\text{dasell}}|\} \qquad (9.32)$$

$$P_{t,i}^{\Delta\text{dasell}'} = P_{t,i}^{\Delta\text{dasell}} - \min\{P_t^{\text{dabuy}}, |P_t^{\text{dasell}}|\} \qquad (9.33)$$

直至购电队列或售电队列中所有微网需求被满足或队列遍历完成才表示此轮连续双向拍卖完成，未完成交易的微网将调整投标策略并等待下一轮交易匹配。由于部分拥有储能的微网具备灵活的充放电能力，可以在低电价时存储电能，高电价时释放电能。所以当微网更新交易价格后，上一轮提交的交易计划不一定是微网用电成本最小的交易计划，因此在每轮连续双向拍卖前，微网都会根据更新的交易价格重新优化，新的优化会确保上一轮已经签订的交易合约是可实现的。由此提出的电力交易策略实现了交易量和交易价格的同步优化，以达成微网用电成本最小的目标，与非合作博弈相比，减少了不必要的迭代计算、操作简单。连续双向拍卖智能合约由计时器自动触发，生成的交易列表交由背书节点背书后生成日前交易合同并被保存至电力交易智能合约中。连续双向拍卖背包算法如表 9.3 所示。

表 9.3　连续双向拍卖背包算法

| |
| --- |
| 1：　**Step1**：购售电微网按照等效价格降序/升序排列。 |
| 2：　**Step2**：连续背包模型 |
| 3：　**for** 购电微网 $j \in [0, N_b]$，背包重量为 $P_{t,j}^{\text{dabuy}}$ |
| 4：　　**for** 从售电微网队首开始匹配 $i \in [0, N_s]$ |
| 5：　　　**if** 电价满足背包条件才能匹配，即 $c_{t,j}^{\text{dabuy}} \geq c_{t,i}^{\text{dasell}}$ |
| 6：　　　　购售电微网交易计划 $$P_t^{\text{datrans}} = \min\{P_t^{\text{dabuy}}, |P_t^{\text{dasell}}|\}$$ $$c_t^{\text{datrans}} = (c_t^{\text{dabuy}} + c_t^{\text{dasell}}) / 2$$ |
| 7：　　　　更新背包和商品体积 $$P_{t,i}^{\Delta\text{dabuy}'} = P_{t,i}^{\Delta\text{dabuy}} - P_t^{\text{datrans}}, \quad P_{t,i}^{\Delta\text{dasell}'} = P_{t,i}^{\Delta\text{dasell}} - P_t^{\text{datrans}}$$ |

| | |
|---|---|
| 8： | **if** 购电微网交易量为零，下一个购电微网开始匹配（返回步骤 3） |
| | $P_{t,i}^{\Delta \text{dabuy}'}=0, j=j+1, i=0;$ |
| 9： | **else** 购电微网交易量大于零，下一个售电微网开始匹配 $i=i+1$； |
| 10： | **else if** 电价不满足背包条件，即 $c_{t,j}^{\text{dabuy}}<c_{t,i}^{\text{dasell}}$ |
| 11： | 匹配下一个售电微网 $i=i+1$； |
| 12： | **end** |
| 13： | **end** |

注： $N_b$ 为购电微网的数量， $N_s$ 为售电微网的数量

### 9.3.4　智能合约生成

电力交易智能合约记录了日前交易合同、设置电力交易资金转移的规则，为电力交易"钱货两清"提供了保障。现代金融体系下，大多数商品交易采用现货方式进行交易，预付账款、应收账款的坏账将会损害交易方的利益。为了防止购电微网透支自身资产达成超额的电力交易，以及售电微网不能按时传输电能对购电微网造成经济损失，微网需要提交部分资金至电力交易智能合约中。可以通过研究微网信用值与保证金的关系，加快资金的流通和促进更多的电力交易，为智能合约保证金的设计提供了思路[48]。

在电力交易智能合约中，购电微网 $t$ 时段内总的交易价格被冻结至智能合约中，被冻结的账户资金不能随时取用，只能在电力交易结算完成后才能使用。考虑到售电微网存在违约的可能，发生违约时需要支付购电微网一定比例的违约金以补偿临时购电所带来的损失。售电微网缴纳保证金会对自身现金流产生影响，按照电能交易量和信用值设置不同的保证金额度能够促进资金利用率的提高，保证金 $c_t^{\text{dp}}$ 计算如式（9.34）所示。

$$c_t^{\text{dp}}=c_t^{\text{datrans}}(-100\hat{r}\cdot P_t^{\text{datrans}}+P_t^{\text{datrans}^2}) \tag{9.34}$$

其中， $\partial c_t^{\text{dp}}/\partial\hat{r}=-100c_t^{\text{datrans}}\cdot P_t^{\text{datrans}}$ ，且 $c_t^{\text{datrans}}>0, P_t^{\text{datrans}}>0$ ，即 $\partial c_t^{\text{dp}}/\partial\hat{r}<0$ 表示信用值越高的微网缴纳的保证金越少。 $\partial c_t^{\text{dp}}/\partial P_t^{\text{datrans}}=-100\hat{r}\cdot c_t^{\text{datrans}}+2c_t^{\text{datrans}}\cdot P_t^{\text{datrans}}$ ，当 $\hat{r}\in[0,1], P_t^{\text{datrans}}\in[0, P^{\text{da,max}}]$ ，即 $P_t^{\text{datrans}}>50\hat{r}$ 时， $\partial c_t^{\text{dp}}/\partial P_t^{\text{datrans}}>0$ 。

### 9.3.5　智能合约执行

多微网 P2P 电力交易在实时市场执行。智能电表自动计量微网各时间段电能的传输功率，以各时段时间节点为触发条件，智能合约自动提交时间及时段内总

的电能传输功率信息至背书节点,背书节点模拟执行电力交易智能合约 settlement
()函数。settlement()函数执行逻辑为:判断合约交易量 $P_t^{\text{datrans}}$ 与实际交易量 $P_t^{\text{trans}}$
间的差值,若 $|P_t^{\text{datrans}} - P_t^{\text{trans}}| = 0$,那么购电微网被锁定的资金被解锁并全部转移至
售电微网钱包账户余额中,售电微网保证金从智能合约转移回售电微网钱包账户
余额中;若 $|P_t^{\text{datrans}} - P_t^{\text{trans}}| > 0$,那么购电微网锁定资金解锁后按 $P_t^{\text{trans}}/P_t^{\text{datrans}}$ 比例
转移到售电微网钱包账户余额中,售电微网保证金按 $P_t^{\text{trans}}/P_t^{\text{datrans}}$ 的比例转移到购
电微网钱包账户余额中,剩余资金转移回售电微网账户中。背书节点执行
settlement()函数生成读写集,添加数字签名发送给提交提案的智能合约,只
有智能合约收到的背书、满足背书策略后才能提交至排序节点。排序节点组织
交易信息并生成一个新区块广播至联盟链中各节点,各节点将新区块保存至本
地数据库并更新微网信用值,微网实时信用值 $r$ 和风险信用值 $\hat{r}$ 计算公式如式
(9.35)和式(9.36)所示。

$$r = \begin{cases} r - \dfrac{\sum\limits_{t=1}^{T} P_t^{\text{default}}}{\sum\limits_{t=1}^{T} P_t^{\text{datrans}}}, & P_t^{\text{default}} > 0 \\[2ex] r + 0.1, & P_t^{\text{default}} = 0 \end{cases} \tag{9.35}$$

$$\hat{r} = \min(\hat{r}^{\tau-2}, \hat{r}^{\tau-1}, \hat{r}^{\tau}, r) \tag{9.36}$$

其中,当微网产生违约行为时,实时信用值减少,减少量为违约交易量占总交易
量的百分比;当微网不产生违约形式时,实时信用值增加 0.1 以鼓励微网的诚实
行为。风险信用值是实时信用值与三日内实时信用值的最小值。

## 9.4　实验结果分析与讨论

### 9.4.1　实验数据

采用江苏省某市一园区内六个拥有不同用能特点的微网作为区域内参与多微
网 P2P 电力交易的代表进行研究。这些微网地理位置相近,能够实现多微网间电
流、信息流和价值流快速有效的交换,六个微网分别为两个工厂、人才公寓、学
校、商业街和办公楼。选择六个微网 2019 年 6 月 1 日到 6 月 14 日共 14 天的源荷
数据,将其作为一个调度周期观察信用管理策略对微网违约状况的影响。每小时
的负荷、风电、光伏数据的预测值由现有的预测方法生成,可再生能源输出功率
的上下限设为预测值的 120% 和 80%。多微网间电力交易的调度和日前交易决策

时间段均为 1 h，微网用电的实时电价为电网售电电价，其中上网电价是电网售电电价的 40%[49]。多微网 P2P 电力交易的能量传输由电网公司承担，买方微网需缴纳一定的过网费给电网公司，电网公司为鼓励可再生能源就地消纳，仅收取少量的过网费。ESS 最小和最大能量水平分别为 ESS 额定容量的 30% 和 95%，其余参数的设置如表 9.4 所示。

表 9.4　实验参数

| 参数 | 单位 | 取值 | 参数 | 单位 | 取值 |
|---|---|---|---|---|---|
| $c_t^{\text{gas}}$ | 美分/m³ | 22 | $G_t^{\max}$ | kW·h | 0.45 |
| $\varpi$ | 美分/（kW·h） | 0.1 | $\eta_p^{\text{chp}}$ | — | 0.34 |
| $P^{\text{bat.max}}$ | kW·h | 100 | $\eta^c$ | — | 0.9 |
| $P^{\text{grid.max}}$ | kW·h | 1000 | $\eta^d$ | — | 0.9 |
| $P^{\text{da.max}}$ | kW·h | 150 | $\eta_h^{\text{chp}}$ | — | 0.45 |
| LHV | 美分/m³ | 9.7 | $\varphi$ | 美分/（kW·h） | 0.35 |

微网的能源供需状况是其参与多微网 P2P 电力交易的基础。工厂 1 和工厂 2 具备热电联产的能力，工厂 1 属于热负荷密集型产业，二者在可再生能源高峰时段均有出售电能的能力。人才公寓在白天处于低负荷状态，可再生能源在满足自身需求后仍有余量用于多微网间的交易。学校和办公楼仅安装了光伏，其负荷远高于电力需求。商业街在午间时刻达到使用可再生能源高峰，具备参与多微网间 P2P 电力交易售电的能力，但由于 ESS 的存在，商业街也可能不出售电能以最大化自身的利益。

## 9.4.2　基于 Hyperledger Fabric 的能源区块链平台

本节采用联盟链开发环境 Hyperledger Fabric 搭建多微网 P2P 电力交易区块链环境，撰写相应的智能合约以验证所提出的信用管理策略能够实现去中心化的多微网 P2P 电力交易。Hyperledger Fabric 环境搭建在虚拟机 VMware Workstation16 Pro 中的 Ubuntu 22.04 中，在安装完 Hyperledger Fabric 所需的基础工具 Docker、Docker-compose、go 后就可以生成微网对应的对等节点及证书文件[50]。MSP 审核微网提交的发电设备、历史电力交易信息以决定是否允许微网参与联盟链环境下的 P2P 电力交易平台，图 9.6 显示了 MSP 的审核结果。图 9.6（a）中显示了管理员和六个微网都通过了信息审查并获得了参与 P2P 电力交易的资质，图 9.6（b）中显示了 User 节点的信息没有通过 MSP 的审查，不能参与 P2P 电力交易。

```
root@adher-virtual-machine:/home/adher/Desktop/myFabric/fabric-samples/MSPqualification/javascript# node
 enrollAdmin.js
Wallet path: /home/adher/Desktop/myFabric/fabric-samples/MSPqualification/javascript/wallet
Successfully enrolled admin user "admin" and imported it into the wallet
root@adher-virtual-machine:/home/adher/Desktop/myFabric/fabric-samples/MSPqualification/javascript# node
 registerFactory1.js
Wallet path: /home/adher/Desktop/myFabric/fabric-samples/MSPqualification/javascript/wallet
Successfully registered and enrolled admin user "factory1" and imported it into the wallet
root@adher-virtual-machine:/home/adher/Desktop/myFabric/fabric-samples/MSPqualification/javascript/walle
t# ls
admin.id  apartment.id  commercial-street.id  factory1.id  factory2.id  Office-building.id  school.id
```

（a）通过 MSP 审核的节点

```
root@adher-virtual-machine:/home/adher/Desktop/myFabric/fabric-samples/MSPqualification/javascript# node
 registerUser1.js
Wallet path: /home/adher/Desktop/myFabric/fabric-samples/MSPqualification/javascript/wallet
Failed to register user "User": Failed to qualification
```

（b）User 未通过 MSP 审核

图 9.6　MSP 审查

联盟链提供了去中心化的 P2P 电力交易实施方案,任何参与其中的节点都可以部署智能合约到联盟链中,但只有经过背书共识的智能合约能够作为通道内 P2P 电力交易的规则,这将大大提高多微网 P2P 电力交易的自治能力。图 9.7（a）显示了办公楼节点发布智能合约的过程,图 9.7（b）显示了大多数节点背书办公楼节点发布的智能合约并由人才公寓节点将该智能合约提交到 mychannel 通道的过程。

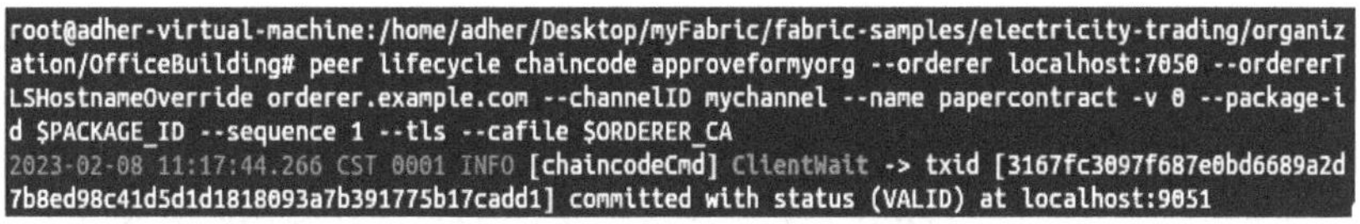

```
root@adher-virtual-machine:/home/adher/Desktop/myFabric/fabric-samples/electricity-trading/organiz
ation/OfficeBuilding# peer lifecycle chaincode approveformyorg --orderer localhost:7050 --ordererT
LSHostnameOverride orderer.example.com --channelID mychannel --name papercontract -v 0 --package-i
d $PACKAGE_ID --sequence 1 --tls --cafile $ORDERER_CA
2023-02-08 11:17:44.266 CST 0001 INFO [chaincodeCmd] ClientWait -> txid [3167fc3097f687e0bd6689a2d
7b8ed98c41d5d1d1818093a7b391775b17cadd1] committed with status (VALID) at localhost:9051
```

（a）办公楼发布智能合约

```
root@adher-virtual-machine:/home/adher/Desktop/myFabric/fabric-samples/electricity-trading/organiz
ation/Apartment# peer lifecycle chaincode approveformyorg --orderer localhost:7050 --ordererTLSHos
tnameOverride orderer.example.com --channelID mychannel --name papercontract -v 0 --package-id $PA
CKAGE_ID --sequence 1 --tls --cafile $ORDERER_CA
2023-02-08 11:23:18.954 CST 0001 INFO [chaincodeCmd] ClientWait -> txid [f54fd4b95859f08e10897e64e
8efcfe8a835ec26fec184b96d8a4d13ef30af55] committed with status (VALID) at localhost:7051
root@adher-virtual-machine:/home/adher/Desktop/myFabric/fabric-samples/electricity-trading/organiz
ation/Apartment# peer lifecycle chaincode approveformyorg --orderer localhost:7050 --ordererTLSHos
tnameOverride orderer.example.com --channelID mychannel --name papercontract -v 0 --package-id $PA
CKAGE_ID --sequence 1 --tls --cafile $ORDERER_CA
2023-02-08 11:23:18.954 CST 0001 INFO [chaincodeCmd] ClientWait -> txid [f54fd4b95859f08e10897e64e
8efcfe8a835ec26fec184b96d8a4d13ef30af55] committed with status (VALID) at localhost:7051
```

（b）人才公寓背书智能合约并将其提交至 mychannel 通道

图 9.7　智能合约部署过程

微网节点使用应用程序发起会话参与 P2P 电力交易,图 9.8（a）显示了办公楼节点发起的购电信息的过程:编号为 00287 的订单被生成,订单信息是计划交易时段是 2019 年 6 月 4 日 3:00～4:00,购电需求是 125 kW·h,购电电价为 6.10 美分/（kW·h）;另外该订单是办公楼节点在该时间段内的第一轮报价,此时办公楼节点的实时信用风险值为 1。图 9.8（b）显示了人才公寓发起的售电信息的过程：编号为 00293 的订单被生成，订单信息是计划交易时间是 2019 年 6 月 4 日 3∶00～4∶00，售电需求是 121.49 kW·h，售电电价为 6.00 美分/（kW·h）；该订单是人才公寓节点在该时间段内的第一轮报价，此时人才公寓的实时信用风险值为 0.7388。

```
// issue energy bidding
System.out.println("Submit energy bidding information.");
byte[] response = contract.submitTransaction("Buy", "Office Building", "00287", "2019-06-04 03:00:00",
                                             "125kWh", "6.10","1rounds","1");
```
```
Connect to Fabric gateway.
Use network channel: mychannel.
Use org.papernet.commercialpaper smart contract.
Submit energy bidding information.
Office Building commercial paper : 00287 successfully issued by Office Building.
Bidding information:{Volume:125kWh, Price:6.10cent/kWh, Rounds:1, Real-time credit value:1}
Submission completed.
Disconnect from Fabric gateway.
Issue program complete.
```

（a）办公楼节点提交能源购买交易计划

```
// issue energy bidding
System.out.println("Submit energy bidding information.");
byte[] response = contract.submitTransaction("Sell", "Apartment", "00293", "2019-06-04 03:00:00",
                                             "121.49kWh", "6.00","1rounds","0.7388");
```
```
Connect to Fabric gateway.
Use network channel: mychannel.
Use org.papernet.commercialpaper smart contract.
Submit energy bidding information.
Apartment commercial paper : 00293 successfully issued by Apartment.
Bidding information:{Volume:121.49kWh, Price:6.00cent/kWh, Rounds:1, Real-time credit value:0.7388}
Submission completed.
Disconnect from Fabric gateway.
Issue program complete.
```

（b）人才公寓提交能源售卖交易计划

```
// CDAs process
System.out.println('Generate a day-ahead trading contract.');
byte[] response = contract.submitTransaction("Generate contract", "00424","Office Building",
                                             "Apartment", "2019-06-04 03:00:00", "121.49kWh", "6.05");
```
```
Connect to Fabric gateway.
Use network channel: mychannel.
Use org.papernet.commercialpaper smart contract.
Generate a day-ahead trading contract.
00293 successfully issued by CDAs smart contract.
Transaction information:{Time:2019-06-04 03:00:00,Trading pair:{Seller:Apartment,Buyer:Office Building},Volume:121.49kWh, Price:6.05cent/kWh}
Transaction complete.
Disconnect from Fabric gateway.
Buy program complete.
```

（c）CDAs 过程

```
// Settlement triggered by automatic metering of smart meters
System.out.println("Calculate defaults and update credit values.");
byte[] response = contract.submitTransaction("Settlement", "2019-06-04", "00499",
                                             "{Name:Apartment, Defaults:3.51kWh, Real-timeCredi:0.7366}",
                                             "{Name:Office Building, Defaults:0kWh, Real-timeCredi:1}");
```
```
Connect to Fabric gateway.
Use network channel: mychannel.
Use org.papernet.commercialpaper smart contract.
Calculate defaults and update credit values.
Settlement response.
00499 successfully issued by settlement smart contract.
Settlement information:{Time:2019-06-04,Seller:{Name:Apartment, Defaults:3.51kWh, Real-time credit value:0.7366},Buyer:{Name:Office Building, Defaults:0kWh, Real-time credit value:1}
Disconnect from Fabric gateway.
Redeem program complete.
```

（d）实时结算

图 9.8　智能合约执行过程

　　节点提交的交易信息在日前交易市场通过连续双向拍卖智能合约进行撮合，并生成日前交易合约信息，如图 9.8（c）所示。日前交易合约信息为：编号为 00424 的订单被生成，订单信息为计划交易时间是 2019 年 6 月 4 日 3：00～4：00，交易双方为办公楼和人才公寓，交易量是 121.49 kW·h，电价为 6.05 美分/（kW·h）。进入实时结算阶段，智能电表自动计量售电微网的实时传输功率并据此生成提案，图 9.8（d）显示了智能合约统计交易和违约信息并计算信用值的过程，可以看到人才公寓在规定时刻仅向办公楼提供 117.98 kW·h 的电能，存在 3.51 kW·h 的违约量，其实时信用值变为 0.7366。联盟链内的节点在任意时刻都可以查询信用账本来了解所构建的 P2P 电力交易平台的信用管理水平，如图 9.9 所示。综上所述，可以看到所构建的基于联盟链的 P2P 电力交易平台能够完成 MSP 资质审查、部署智能合约、自动执行智能合约并完成分布式账本的共识，从而构建了去中心化、去信任的 P2P 电力交易实时方案。

root@adher-virtual-machine:/home/adher/Desktop/myFabric/fabric-samples/MSPqualification/javascript# node query.js
Wallet path: /home/adher/Desktop/myFabric/fabric-samples/MSPqualification/javascript/wallet
credit ledger is:[{"Time":"2019-06-01","factory1":{"Real-timeCV":"1","RiskCV":"1","SumOfVolume":"0","Defaults":"0","factory2":{"Real-timeCV":"1","RiskCV":"1","SumOfVolume":"0","Defaults":"0","Apartment":{"Real-timeCV":"1","RiskCV":"1","SumOfVolume":"0","Defaults":"0","School":{"Real-timeCV":"1","RiskCV":"1","SumOfVolume":"0","Defaults":"0","Commercial street":{"Real-timeCV":"1","RiskCV":"1","SumOfVolume":"0","Defaults":"0","Office building":{"Real-timeCV":"1","RiskCV":"1","SumOfVolume":"0","Defaults":"0"}},{"Time":"2019-06-02","factory1":{"Real-timeCV":"0.684","RiskCV":"0.684","SumOfVolume":"213.90","Defaults":"67.62","factory2":{"Real-timeCV":"0.693","RiskCV":"0.693","SumOfVolume":"762.84","Defaults":"234.20","Apartment":{"Real-timeCV":"0.747","RiskCV":"0.747","SumOfVolume":"361.351","Defaults":"91.52","School":{"Real-timeCV":"1","RiskCV":"1","SumOfVolume":"461.35","Defaults":"0","Commercial street":{"Real-timeCV":"1","RiskCV":"1","SumOfVolume":"91.46","Defaults":"0","Office building":{"Real-timeCV":"1","RiskCV":"1","SumOfVolume":"304.64","Defaults":"0"}}]

图 9.9　查询信用账本

### 9.4.3　不同信用管理策略分析

　　本章还讨论了不同信用管理策略对微网参与 P2P 电力交易的影响。采用缴纳保证金的方式[51]、基于等待时间的信用管理方案[52]、基于信用的共识算法[53]等方案均可以提高微网参与记账和交易的可靠性。设计的基于联盟链的多微网 P2P 电力交易中，采用 PBFT 共识就能够实现可靠的电力交易记录，因此只考虑交易决策和匹配过程中的信用管理策略。综上所述，现有的信用管理策略主要分为两类：①经典信用管理策略，即缴纳保证金；②传统信用管理策略，同时考虑缴纳保证金和交易优先级。本节将分别对比 CCMS（classic credit management strategy，经典信用管理策略）、TCMS（traditional credit management strategy，传统信用管理策略）和所提出的两阶段信用管理策略（two-stage credit management strategy，TSCMS）在减少微网违约率和降低微网用电成本方面的作用。考虑到连续双向拍卖策略中，微网交易优先级将决定微网的成本或收益，不同信用管理策略得到的微网排队优先级不同，为了减少多种 CDAs 排序方案对实验结果的影响，使用基于信用的连续双向拍卖信用管理策略代表传统信用管理策略，因此三种信用管理策略分别为：①CCMS，仅考虑缴纳保证金；②TCMS，考虑保证金和基于信用的等效价格转换排序策略；③TSCMS，同时考虑基于信用的自适应鲁棒优化策略、基于信用的连续双向拍卖策略和缴纳保证金。

### 1. 信用值变化

不考虑风光不确定性的 TCMS 中售电微网实时信用值快速下降至零，商业街微网实时信用值在 4~6 日和 9~14 日每天增加 0.1，原因是其在该时段内作为购电微网不存在违约行为。TSCMS 中实时信用值则呈现出"下降—上升"交替变化的趋势。两者的对比说明了可再生能源不确定性是造成违约的重要因素之一，且 TSCMS 相较于 TCMS 能更好地解决由可再生能源不确定性导致的违约行为。TSCMS 的信用管理策略具体描述如下：6 月 1 日时所有微网风险信用值为 1，即鲁棒因子为 0，各微网忽略可再生能源不确定性且不进行自适应鲁棒优化控制，因此违约行为与 TCMS 一致；6 月 2 日实时结算后，售电微网产生违约且实时信用值迅速下降，各微网开始意识到基于可再生能源预测值的电力交易决策受到可再生能源不确定性水平的影响，因此售电微网依据实时信用值决定鲁棒优化控制水平并采用鲁棒优化以产生新的能源交易计划。根据该策略，除人才公寓外的售电微网在 6 月 3 日的结算中都没有产生违约，它们的实时信用值通过智能合约获得增加 0.1 的奖励。人才公寓在 6 月 3 日仍然存在违约行为的原因是：尽管其进行了基于信用的鲁棒控制优化，但鲁棒控制水平明显低于 6 月 2 日可再生能源的不确定性水平，因此人才公寓继续加大风险控制以减少违约的发生，并在 6 月 6 日实现风险规避。

对 2019 年 6 月 3 日工厂 1 的日前交易量、可再生能源偏差值和违约量进行分析，与 TCMS 相比，TSCMS 中售电微网采用基于风险信用值的鲁棒优化后可再生能源偏差较小，甚至出现了过度鲁棒控制而导致销售量下降的情况。因此，当实时信用价值持续增加时，售电微网可以降低鲁棒控制水平以追求经济性。工厂 1 在 6 月 3 日降低其鲁棒性水平后，6 月 4 日工厂 1 日前交易的交易量变大且未发生违约行为，工厂 1 收入增加。因此，可以说基于信用的鲁棒控制优化方法是一种动态的信用管理策略，可以实现微网的风险识别和规避行为。

### 2. 平均购电成本的比较

假设能源需求是确定的，购电微网不会产生违约，因此仅探讨 P2P 电力交易中不同信用管理策略下售电微网的成本变化。以工厂 1 为例进行说明，TSCMS

的平均交易成本远低于 TCMS 和 CCMS,因为 TCMS 和 CCMS 存在更多的违约行为。6 月 3 日工厂 1 能够在 CCMS 中购买电能却不能在 TCMS 中购入电能,原因是 CCMS 中不记录信用值,因此微网电力交易队列仅根据电价进行排序,工厂 1 出价高即可购入电能;而在 TCMS 中工厂 1 在之前的电力交易中出现违约行为,信用值降低,因此在买方队列中的优先级较低,无法与售电微网匹配,从而在 P2P 电力交易市场中购入电能。这同时解释了工厂 1 在 CCMS 的收入高于 TCMS 的收入的原因。

最后,分析售电微网总成本的平均电价以验证是否存在由鲁棒优化导致微网成本增加的情况。TSCMS 实现了最低的平均电价,CCMS 的曲线高于 TCMS。综上所述,TSCMS 能够减少微网的违约行为并增加微网收入,CDAs 能在多微网电力市场中展现出"无形的手"以实现对多微网 P2P 电力交易的奖惩。

### 9.4.4　可再生能源不确定性差异分析

微网采用不同的预测方法,预测误差不同,能源预测值与实际值之间存在差异。同样分析了不同可再生能源不确定性水平下每个微网信用价值的变化,并假设六个微网对可再生能源的预测准确率分别为 87%、90%、93%、100%、100%和 90%。

#### 1. 信用价值变化

预测精度较低的微网实时信用值降低得更快,因此其在 CDAs 中的排队优先级最低。如果忽视由可再生能源不确定性导致的违约行为,仅依靠基于信用的排队优先级、市场准入等待时间等信用管理策略可能会引发基于预测准确性的信用管理歧视。

#### 2. CDAs 的匹配分析

6 月 4 日各微网的交易状况如表 9.5 所示,用以分析在不同可再生能源预测水平下,TSCMS 中 CDAs 的信用管理。凌晨 3 点,售电微网是人才公寓,购电微网是商业街和办公楼。在第一轮报价中,办公楼和人才公寓交易了 78.72 kW·h 的电力;商业街在第一轮报价中出价较低,第二轮报价上涨后,获得人才公寓向其出售 42.77 kW·h 的电力。早上 7 点,售电微网是工厂 1 和人才公寓,购电微网是学校和办公楼,所有微网在第一轮中成功匹配。根据报价售电排队顺序为(人才公寓、工厂 1),购电微网排队顺序为(学校、办公楼),等价价格转换后队列顺序保持不变,表明价格差异过大,基于信用的等效价格转换存在一定的范围。上午 10 点，售电微网是工厂 1 和工厂 2，购电微网是学校和办公楼。售电微网队列为（工厂 1、工厂 2），基于等效价格转换后队列顺序为（工厂 2、工厂 1），工厂 2 和工厂 1 此时的实时信用值分别为 0.693 和 0.603。工厂 2 与学校交易 63.51 kW·h 的电力，工厂 1 向学校提供剩余未满足的 20.14 kW·h 的电力需求，工厂 1 与办公楼交易 56.02 kW·h 的电力。实验结果显示，出价低且信用值合理的售电微网将会被购电微网优先考虑，TSCMS 在不同可再生能源预测水平上仍然可以实现 CDAs 奖惩，为 P2P 电力交易提供了一个公平的交易环境。

**表 9.5 2019 年 6 月 4 日各微网的交易状况**

| 时刻 | 编号 | 交易量/(kW·h) | 角色 | 交易价格/[美分/(kW·h)] | 等效价格 | 队列顺序 | 交易对 | 实际交易量/(kW·h) | 实际电价/[美分/(kW·h)] |
|---|---|---|---|---|---|---|---|---|---|
| 3：00 | 1 | | | | | | | | |
| | 2 | | | | | | | | |
| | 3 | 121.49 | 卖家 | 6.05, 5.48 | 7.35, 6.66 | 1 | 6 | (78.72, 42.77) | 7.08, 6.07 |
| | 4 | | | | | | | | |
| | 5 | 42.77 | 买家 | 6.66 | 8.91 | 1 | 3 | 42.77 | 6.07 |
| | 6 | 78.72 | 买家 | 8.10 | 8.10 | 1 | 3 | 78.72 | 7.08 |
| 7：00 | 1 | 38.35 | 卖家 | 5.51 | 6.86 | 2 | (4, 6) | (20.58, 17.77) | 6.65, 5.73 |
| | 2 | | | | | | | | |
| | 3 | 31.08 | 卖家 | 3.38 | 4.13 | 1 | 4 | 31.08 | 5.59 |
| | 4 | 51.66 | 买家 | 7.79 | 7.79 | 1 | (3, 1) | (31.08, 20.58) | 5.59, 6.65 |
| | 5 | | | | | | | | |
| | 6 | 17.77 | 买家 | 5.96 | 5.96 | 2 | 1 | 17.77 | 5.73 |
| 10：00 | 1 | 76.16 | 卖家 | 5.69 | 9.44 | 2 | (4, 6) | (20.14, 56.02) | 6.45, 7.10 |
| | 2 | 63.51 | 卖家 | 6.15 | 8.87 | 2 | 4 | 63.51 | 7.34 |
| | 3 | | | | | | | | |
| | 4 | 83.65 | 买家 | 8.52 | 8.52 | 1 | (1, 2) | (63.51, 20.14) | 7.33, 6.45 |
| | 5 | | | | | | | | |
| | 6 | 56.02 | 买家 | 7.22 | 7.22 | 2 | 2 | 56.02 | 6.45 |

## 9.5 结　论

微网、居民及电动汽车等从原有的电力消费者转变为产消者，即其不仅能够利用可再生能源满足自身需求还能将多余的能量出售给配电网。分布式能源大规模接入电网对电网负载产生了一定的冲击，解决此类问题的有效途径是构建分级的电能消纳管理者，从而实现区域内的能源调度，减少电网数据处理和能量传输的量级。P2P 电力交易策略允许微网间直接交易，拥有更高的议价能力，是分布式能源调度的重要手段之一。但可再生能源不确定性、微网逐利等导致的违约行为将损害其他微网的利益，因此设计一种信用管理策略以提高 P2P 电力交易中电能可靠性水平，将对维护 P2P 电力交易的可持续发展具有重要意义。首先，采用区块链技术构建 P2P 电力交易的信任基础，实现了多微网 P2P 电力交易的去中心化改造。其次，针对微网在电力结算中出现违约行为的问题，从微网内部电力优化和外部参与 P2P 电力交易两方面入手，提出了一套信用管理方案。在微网内部电力优化阶段，设计基于信用值的鲁棒优化模型，实现自适应的风险控制以平衡微网电力交易决策的经济性和可靠性。在多微网 P2P 电力交易阶段，设计基于信用值的连续双向拍卖模型以奖励诚实节点、惩罚违约节点。因此，提出的信用管理模型可以增强微网间的信任，为 P2P 电力交易创建一个可靠的交易环境。

# 参 考 文 献

[1] Chen B, Wang J, Lu X, et al. Networked microgrids for grid resilience, robustness, and efficiency: a review[J]. IEEE Transactions on Smart Grid, 2021, 12(1): 18-32.

[2] Dagar A, Gupta P, Niranjan V. Microgrid protection: a comprehensive review[J]. Renewable and Sustainable Energy Reviews, 2021, 149: 111401.

[3] Xia Y, Xu Q, Huang Y, et al. Preserving privacy in nested peer-to-peer energy trading in networked microgrids considering incomplete rationality[J]. IEEE Transactions on Smart Grid, 2023, 14(1): 606-622.

[4] Alvarez J A M, Zurbriggen I G, Paz F, et al. Microgrids multiobjective design optimization for critical loads[J]. IEEE Transactions on Smart Grid, 2023, 14(1): 17-28.

[5] Zhang G, Yuan J, Li Z, et al. Forming a reliable hybrid microgrid using electric spring coupled with non-sensitive loads and ESS[J]. IEEE Transactions on Smart Grid, 2020, 11(4): 2867-2879.

[6] Wang J, Appiah-Kubi J, Lee L A, et al. An efficient cryptographic scheme for securing time-sensitive microgrid communications under key leakage and dishonest insiders[J]. IEEE Transactions on Smart Grid, 2023, 14(2): 1210-1222.

[7] Niu S, Zhang Z, Ke X, et al. Impact of renewable energy penetration rate on power system transient voltage stability[J]. Energy Reports, 2022, 8: 487-492.

[8] Tushar W, Saha T K, Yuen C, et al. Peer-to-peer trading in electricity networks: an overview[J]. IEEE Transactions on Smart Grid, 2020, 11(4): 3185-3200.

[9] Córdova S, Lorca Á, Olivares D E. Aggregate modeling of thermostatically controlled loads for microgrid energy management systems[J]. IEEE Transactions on Smart Grid, 2023, 14(6): 4169-4181.

[10] Zhou Y, Wu J, Long C, et al. State-of-the-art analysis and perspectives for peer-to-peer energy

trading[J]. Engineering, 2020, 6(7): 739-753.

[11] Zhang C, Wu J, Zhou Y, et al. Peer-to-peer energy trading in a microgrid[J]. Applied Energy, 2018, 220: 1-12.

[12] Singh K, Gadh R, Singh A, et al. Design of an optimal P2P energy trading market model using bilevel stochastic optimization[J]. Applied Energy, 2022, 328: 120193.

[13] Soto E A, Bosman L B, Wollega E, et al. Peer-to-peer energy trading: a review of the literature[J]. Applied Energy, 2021, 283: 116268.

[14] Alfaverh F, Denai M, Sun Y. A dynamic peer-to-peer electricity market model for a community microgrid with price-based demand response[J]. IEEE Transactions on Smart Grid, 2023, 14(5): 3976-3991.

[15] Diaz-Londono C, Correa-Florez C A, Vuelvas J, et al. Coordination of specialised energy aggregators for balancing service provision[J]. Sustainable Energy, Grids and Networks, 2022, 32: 100817.

[16] Bertolini M, Morosinotto G. Business models for energy community in the aggregator perspective: state of the art and research gaps[J]. Energies, 2023, 16(11): 4487.

[17] Benioudakis M, Zissis D, Burnetas A, et al. Service provision on an aggregator platform with time-sensitive customers: pricing strategies and coordination[J]. International Journal of Production Economics, 2023, 257: 108760.

[18] Bruninx K, Pandžić H, Le Cadre H, et al. On the interaction between aggregators, electricity markets and residential demand response providers[J]. IEEE Transactions on Power Systems, 2020, 35(2): 840-853.

[19] Cai S, Matsuhashi R. Optimal dispatching control of EV aggregators for load frequency control with high efficiency of EV utilization[J]. Applied Energy, 2022, 319: 119233.

[20] Morstyn T, McCulloch M D. Multiclass energy management for peer-to-peer energy trading driven by prosumer preferences[J]. IEEE Transactions on Power Systems, 2019, 34(5): 4005-4014.

[21] Premakumari T, Chandrasekaran M. Soft computing approach based malicious peers detection using geometric and trust features in P2P networks[J]. Cluster Computing, 2019, 22: 12227-12232.

[22] Esmat A, de Vos M, Ghiassi-Farrokhfal Y, et al. A novel decentralized platform for peer-to-peer energy trading market with blockchain technology[J]. Applied Energy, 2021, 282: 116123.

[23] Kirli D, Couraud B, Robu V, et al. Smart contracts in energy systems: a systematic review of fundamental approaches and implementations[J]. Renewable and Sustainable Energy Reviews, 2022, 158: 112013.

[24] Guo J, Ding X, Wu W. An architecture for distributed energies trading in Byzantine-based blockchains[J]. IEEE Transactions on Green and Communications Networking, 2022, 6(2): 1216-1230.

[25] Aitzhan N Z, Svetinovic D. Security and privacy in decentralized energy trading through multi-signatures, blockchain and anonymous messaging streams[J]. IEEE Transactions on Dependable and Secure Computing, 2018, 15(5): 840-852.

[26] Chen S, Mi H, Ping J, et al. A blockchain consensus mechanism that uses proof of solution to optimize energy dispatch and trading[J]. Nature Energy, 2022, 7(6): 495-502.

[27] Veerasamy V, Sampath L P M I, Singh S, et al. Blockchain-based decentralized frequency control of microgrids using federated learning fractional-order recurrent neural network[J]. IEEE Transactions on Smart Grid, 2024, 15(1): 1089-1102.

[28] Gao J, Asamoah K O, Xia Q, et al. A blockchain peer-to-peer energy trading system for microgrids[J]. IEEE Transactions on Smart Grid, 2023, 14(5): 3944-3960.

[29] Jiang A, Wang H, Pan X. Two-stage energy auction model and strategy among multiple microgrids for trading incentives and default management[J]. Journal of Renewable and Sustainable Energy, 2021, 13(6): 065902.

[30] Khorasany M, Paudel A, Razzaghi R, et al. A new method for peer matching and negotiation of prosumers in peer-to-peer energy markets[J]. IEEE Transactions on Smart Grid, 2021, 12(3): 2472-2483.

[31] Zhao Z, Guo J, Luo X, et al. Energy transaction for multi-microgrids and internal microgrid based on blockchain[J]. IEEE Access, 2020, 8: 144362-144372.

[32] Yeo E, Jun J. Peer-to-peer lending and bank risks: a closer look[J]. Sustainability, 2020, 12(15): 6107.

[33] Yang J, Paudel A, Gooi H. Blockchain framework for peer-to-peer energy trading with credit rating[C]. 2019 IEEE Power & Energy Society General Meeting (PESGM), Atlanta: IEEE, 2019: 1-5.

[34] Bhatti B A, Broadwater R. Energy trading in the distribution system using a non-model based game theoretic approach[J]. Applied Energy, 2019, 253: 113532.

[35] Li Z, Bahramirad S, Paaso A, et al. Blockchain for decentralized transactive energy management system in networked microgrids[J]. The Electricity Journal, 2019, 32(4): 58-72.

[36] Qi B, Xia Y, Li B, et al. Photovoltaic trading mechanism design based on blockchain-based incentive mechanism[J]. Automation of Electric Power Systems, 2019, 43(9): 132-139.

[37] Wang T, Guo J, Ai S, et al. RBT: a distributed reputation system for blockchain-based peer-to-peer energy trading with fairness consideration[J]. Applied Energy, 2021, 295: 117056.

[38] Qin J, Sun W, Li Z, et al. Credit consensus mechanism for microgrid blockchain[J]. Automation of Electric Power Systems, 2020, 44(15): 10-18.

[39] Khorasany M, Dorri A, Razzaghi R, et al. Lightweight blockchain framework for location-aware peer-to-peer energy trading[J]. International Journal of Electrical Power & Energy Systems, 2021, 127: 106610.

[40] Khaqqi K N, Sikorski J J, Hadinoto K, et al. Incorporating seller/buyer reputation-based system in blockchain-enabled emission trading application[J]. Applied Energy, 2018, 209: 8-19.

[41] Soto E A, Bosman L B, Wollega E, et al. Peer-to-peer energy trading: a review of the literature[J]. Applied Energy, 2021, 283: 116268.

[42] Mohan A P, Gladston A. Merkle tree and blockchain-based cloud data auditing[J]. International Journal of Cloud Applications and Computing (IJCAC), 2020, 10(3): 54-66.

[43] Lin D, Chen J, Wu J, et al. Evolution of ethereum transaction relationships: toward

understanding global driving factors from microscopic patterns[J]. IEEE Transactions on Computational Social Systems, 2022, 9(2): 559-570.

[44] Samy A, Yu H, Zhang H, et al. SPETS: secure and privacy-preserving energy trading system in microgrid[J]. Sensors, 2021, 21(23): 8121.

[45] Yang J, Paudel A, Gooi H B. Compensation for power loss by a proof-of-stake consortium blockchain microgrid[J]. IEEE Transactions on Industrial Informatics, 2021, 17(5): 3253-3262.

[46] Jiang Y, Zhou K, Lu X, et al. Electricity trading pricing among prosumers with game theory-based model in energy blockchain environment[J]. Applied Energy, 2020, 271: 115239.

[47] Son Y B, Im J H, Kwon H Y, et al. Privacy-preserving peer-to-peer energy trading in blockchain-enabled smart grids using functional encryption[J]. Energies, 2020, 13(6): 1321.

[48] Li Z, Kang J, Yu R, et al. Consortium blockchain for secure energy trading in industrial internet of things[J]. IEEE Transactions on Industrial Informatics, 2018, 14(8): 3690-3700.

[49] Lu X, Liu Z, Ma L, et al. A robust optimization approach for optimal load dispatch of community energy hub[J]. Applied Energy, 2020, 259: 114195.

[50] Woo C K, Sreedharan P, Hargreaves J, et al. A review of electricity product differentiation[J]. Applied Energy, 2014, 114: 262-272.

[51] Zhou K, Chong J, Lu X, et al. Credit-based peer-to-peer electricity trading in energy blockchain environment[J]. IEEE Transactions on Smart Grid, 2022, 13(1): 678-687.

[52] Liu L, Li B, Qi B, et al. Reliable interoperation of demand response entities considering reputation based on blockchain[J]. IEEJ Transactions on Electrical and Electronic Engineering, 2020, 15(1): 108-120.

[53] Li M, Hu D, Lal C, et al. Blockchain-enabled secure energy trading with verifiable fairness in industrial internet of things[J]. IEEE Transactions on Industrial Informatics, 2020, 16(10): 6564-6574.

# 第 10 章　考虑用户偏好的 P2P 电力交易模型

　　用户在 P2P 电力交易中的需求和偏好各不相同，包括价格敏感度、环保意识、对分布式可再生能源的偏好等，充分考虑这些差异性，可以更好地支撑 P2P 电力交易中的供需匹配，提高 P2P 电力交易可靠性和效率[1,2]。现有考虑用户偏好差异的研究主要集中在两个方面：基于历史数据度量用户偏好和考虑实时用户偏好差异。对于前者，主要目的是优化电力交易市场，如将分布式人工智能和优化方法相结合，评估不同的产消者参与如何影响能源交易[3]；使用 $k$ 均值算法，根据历史用电量数据识别居民的用电量模式[4]。对用户实时偏好的研究主要考虑的是交易过程中的用户偏好差异性。例如，基于电力需求和发电量预测的 P2P 电力交易竞价模型中，用户可以根据自身对可再生能源电力的偏好进行竞价，实现电力交易[5]；基于社区的共享储能交易框架中，可以根据用户偏好确定用户容量分配和结算价格，以实现社会福利最大化[6]。然而，现有研究中较少同时考虑用户经济成本和环境影响方面的偏好[7, 8]。

　　本章介绍了一种区块链环境下考虑用户偏好的社区微网 P2P 电力交易模型，在交易过程中通过经济和环境指标衡量用户偏好差异。经济指标直接关系到用户的成本支出，是用户决策的核心因素之一，通过考虑用户的经济指标可以降低用户的电力成本，提高交易的经济效益；环境指标则反映了用户对绿色能源和环保的重视，具有环保偏好的用户更倾向于使用分布式可再生能源。本章提出了一种基于环境保护激励的拜占庭容错（environmental protection incentives-based Byzantine fault tolerance，EPIBFT）机制来执行共识过程，该机制在共识过程中使用环境指标值来选择背书节点，共识过程中的交易信息直接在客户端广播，以降低网络通信成本。此外，还设计了考虑用户偏好差异的 P2P 电力交易流程，规范交易过程中的信息记录。最后，通过算例验证了模型在降低用户用能成本和提高分布式可再生能源渗透率方面的有效性。

## 10.1　P2P 电力交易模型

　　社区微网中基于区块链的 P2P 电力交易基本架构如图 10.1 所示。用户和电力供应商在区块链平台上注册成为区块链节点。通过对用户的偏好差异进行衡量，实时收集和记录用户的交易数据、用电行为以及偏好信息，以提高用户参与 P2P 电力交易的积极性。同时，通过设计有效的交易机制，提高 P2P 交易的共识效率。

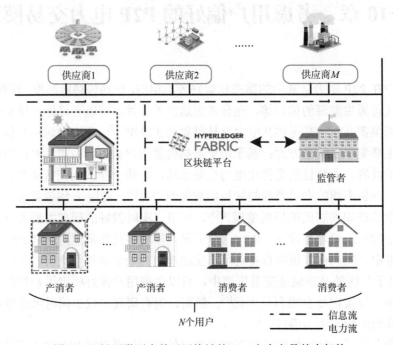

图 10.1　社区微网中基于区块链的 P2P 电力交易基本架构

## 10.1.1　参与者

### 1. 区块链平台

联盟区块链作为 P2P 交易的重要支撑技术，允许参与交易的节点在通过认证后成为区块链节点，以确保交易的安全和可靠性。同时，其能够实现更高效的交易处理和更低的运行成本[9-11]。参与交易的用户和电力供应商在区块链平台上注册，并通过监督者认证后成为区块链节点。区块链平台为每个节点 $i$ 分配唯一的身份 $ID_i$、公钥 $PK_i$、私钥 $SK_i$ 和钱包地址 $W_i$，其中 $PK_i$ 用于加密和认证，$SK_i$ 用于数字签名和解密，$W_i$ 用于交易的结算过程，该节点信息 $<ID_i, PK_i, SK_i, W_i>$ 存储在账号池中。在交易过程中，区块链平台通过调用不同的智能合约自动化执行，实现去中心化、自动化的交易流程，区块链平台不参与交易双方的交易过程，不托管用户资产。

### 2. 用户

根据用户配备光伏系统的不同情况，用户被分类为产消者或消费者。配备光伏系统的产消者可以灵活地选择售电者或购电者角色，在交易市场上进行 P2P 电力交易。当用户光伏系统产生的电力超过用电需求时，用户可以作为售电者将多余的电力出售给其他消费者或主电网。反之，当光伏系统的发电量不能满足用电需求时，可以作为消费者购买电力。消费者根据自身需求，在交易市场上进行电力交易。参与交易的用户和供应商都安装有智能电表，用于测量发电量、输电量和用电量[12]。考虑到用户分布式可再生能源输出的不确定性可能会给用户带来损失，在考虑用户偏好时，根据用户家用电器的运行时间和特点，将用户的负荷需求分为刚性负荷和柔性负荷，本章聚焦于用户的柔性负荷需求。

1）刚性负荷

刚性负荷是指不能随时调整的负荷，这些负荷通常具有固定的特征，不易受外部因素的影响而改变。刚性负荷通常包括一些基本生活设施和工业设备负荷，如照明、冰箱等。与柔性负荷不同，刚性负荷相对稳定，难以通过调节或控制手段进行实时调整。用户刚性负荷需求 $P^a$ 由式（10.1）计算。

$$P^a = \sum_{n^a=1}^{N^a} P_{n^a,t}^a \tag{10.1}$$

其中，$P_{n^a,t}^a$ 为刚性负荷电器在 $t$ 时的用电量；$n^a \in \{1,2,3,\cdots,N^a\}$；$t \in \{1,2,3,\cdots,T\}$；$N^a$ 为刚性负荷电器的数量；$T$ 为刚性负荷的运行时间。

2）柔性负荷

柔性负荷是指能够根据需求动态调整的负荷。与刚性负荷相比，柔性负荷具有更高的灵活性和可控性，通过调控柔性负荷可以支撑电力供需平衡，提高电力系统的稳定性和可靠性。柔性负荷的用能设备通常是一些可以通过智能控制系统或技术手段实现快速调控的设备，如充电桩、热水器、空调等。柔性负荷具有与主电网交互的能力，在特定时间范围内表现出灵活性和可变性。用户柔性负荷的负荷需求 $P^b$ 计算如式（10.2）所示。

$$P^b = \sum_{n^b=1}^{N^b} P_{n^b,t}^b \tag{10.2}$$

其中，$P_{n^b,t}^b$ 为柔性负荷电器 $n^b$ 在 $t$ 时的用电量；$n^b \in \{1,2,3,\cdots,N^b\}$；$N^b$ 为柔性负荷电器的数量。

### 3. 供应商

供应商分为分布式可再生能源供应商和主电网。分布式可再生能源供应商包括风力发电站（wind power station，WPS）和光伏发电站（photovoltaic power station，PVPS）等，主要依靠分布式可再生能源设备发电，分布式可再生能源供应商作为售电者参与电力交易以满足用户的电力需求。主电网依靠煤炭或石油等不可再生能源发电，主电网既是满足用户电力需求的售电者，又是有能力购买用户多余电力的购电者，在电力交易系统中扮演着双重角色。

### 4. 监管者

电力交易通常在监管者的指导下运作[13]。监管者为区块链平台提供证书授权服务，并在注册时向用户和供应商颁发证书 $\text{Cert}_i$，建立参与交易的唯一身份。此外，与传统监管机构相比，区块链应用需要关注经济行为规范、商业活动规范、交易可靠性等问题。在经济行为规范方面，需要制定相关的交易机制，维护交易秩序，如建立 P2P 电力交易的交易风险预警机制；商业活动规范涉及创造公平可信的交易环境，保护参与交易的节点权益；交易可靠性规范是指制定监管制度，确保系统在一些特殊情况下仍然可靠，具有防篡改性。此外，监管者有能力指定特定用户为经批准的背书节点，允许其参与 EPIBFT，与传统监管机构相比，可以有效降低单点故障造成的潜在损失。

## 10.1.2　用户偏好差异

与传统基于调度计划的完全分布式电力交易相比，单向潮流调度难以适应能源互联网的双向交互。如果考虑用户偏好，给用户一定的购电选项，用户可以根据实际的用电类型和电价选择最优的，可以充分调动市场的积极性。本章采用了用户关注度较高的经济和环境指标，经济指标直接关系到用户的电力成本，是用户决策的核心因素之一，通过考虑经济指标，可以降低用户的电力成本，提高交易的经济效益。环境指标则反映了用户对绿色能源和环保的重视，具有环保偏好的用户更倾向于使用可再生能源。因此，通过考虑这两类指标，P2P 电力交易系统能够更有效地匹配用户需求，实现资源的优化配置，提升用户满意度和系统整体效率。本章将用户分为四类：不关注环境影响和经济性（第一类用户）、只关注经济性（第二类用户）、只关注环境影响（第三类用户）和同时关注环境影响和经济性（第四类用户）。

### 1. 第一类用户

用户在选择交易订单时，其决策主要集中在满足自身用电需求上，而不直接涉及经济或环境影响的考量。对于这些用户而言，尽管经济性和环境影响是重要因素，但在基本电力需求得到满足的情况下，这些因素通常被视为次要的。确保电力供应稳定性和连续性是选择电力交易订单的首要标准，用户更倾向于选择那些能够在需要时提供足够稳定电力的交易，以避免任何可能的供电中断及其带来的不便。

### 2. 第二类用户

当用户选择交易订单时，唯一考虑的是电力交易的经济性。在选择交易订单时，决策主要基于用电成本的考量。这类用户希望通过交易获得最具成本效益的电力供应，以最大程度地降低用电成本。虽然他们可能也关心所获取电力的环境影响，但这些因素对于其决策来说是次要的。订单的经济指标值通过交易周期内的实际电价和主电网电价来体现。经济指标值反映了用户在 P2P 交易中的竞价习惯，其值越小，经济性越高，用户偏好越高，用户的经济指标值 $\varphi^{\mathrm{fin}}$ 由式（10.3）计算。

$$\varphi^{\mathrm{fin}} = \frac{\sum_{n^{\mathrm{fin}}=1}^{N^{\mathrm{fin}}} \dfrac{\omega_{n^{\mathrm{fin}}}^{t,\mathrm{grid}} - \omega_{n^{\mathrm{fin}}}^{t,\mathrm{real}}}{\omega_{n^{\mathrm{fin}}}^{t,\mathrm{grid}}}}{N^{\mathrm{fin}}} \tag{10.3}$$

其中，$\omega_{n^{\mathrm{fin}}}^{t,\mathrm{real}}$ 为第 $n$ 次交易 $t$ 时的实际电价；$\omega_{n^{\mathrm{fin}}}^{t,\mathrm{grid}}$ 为相应的主网电价；$n^{\mathrm{fin}} \in \{1,2,3,\cdots,N^{\mathrm{fin}}\}$；$N^{\mathrm{fin}}$ 为交易总次数。

### 3. 第三类用户

当用户选择交易订单时，唯一考虑的是订单的环境影响，而不考虑经济指标。在选择交易订单时，用户更倾向于选择那些提供分布式可再生能源电力的交易，以减少对环境的不利影响。经济性对于第三类用户并不是主要的考虑因素，他们更愿意支付额外的成本来体现环保偏好。环境影响指标值通过交易周期内分布式可再生能源电力占总用电量的比例体现。环境影响指标值反映了 P2P 电力交易中用户的环境友好度，该值越大，说明环境友好度越高，用户的偏好越高，用户的环境影响指标值 $\varphi^{\mathrm{env}}$ 由式（10.4）计算。

$$\varphi^{\mathrm{env}} = \frac{\sum_{n^{\mathrm{env}}=1}^{N^{\mathrm{env}}} \dfrac{\sum_{\chi \in \phi} P_{n^{\mathrm{env}}}^{t,\chi}}{P_n^t}}{N^{\mathrm{env}}}, \quad \phi \in \{p,w\} \tag{10.4}$$

其中，$p$ 和 $w$ 分别为光伏和风力发电源的发电量；$P_{n\text{env}}^{t,\chi}$ 为用户在 $t$ 时刻的个人用电从 $\chi$ 中获取的电量；$P_n^t$ 为用户在 $t$ 时刻的总用电量；$\phi$ 为发电类型的集合；$N^{\text{env}}$ 为交易总次数。

### 4. 第四类用户

当用户选择交易订单时，会同时考虑订单的经济性和环境影响性。在选择交易订单时，用户会权衡分布式电力的使用以及价格等因素，这类用户可能会愿意为清洁的电力支付较高的价格，但也会尽量在经济上实现控制。不同的用户对于经济指标和环境指标的偏好度也不同，根据不同用户的差异，确定环境偏好影响系数 $\alpha$ 和经济偏好影响系数 $\beta$，用户的偏好影响系数需要满足式（10.5）的约束条件。用户选择交易订单通过综合指标值 $\varphi^{\text{com}}$ 来判断，该值越大，满足用户经济和环境满意度的程度越高，用户的偏好越高，订单的综合指标值 $\varphi^{\text{com}}$ 由式（10.5）计算。

$$
\begin{aligned}
\varphi^{\text{com}} &= \alpha\varphi^{\text{env}} + \beta\varphi^{\text{fin}}, \\
0 &\leqslant \alpha \leqslant 1 \\
0 &\leqslant \beta \leqslant 1 \\
\alpha &+ \beta = 1
\end{aligned}
\tag{10.5}
$$

## 10.1.3　共识机制

EPIBFT 共识机制中，用户的历史购电量是背书节点选择的基础。首先，为了激励用户优先考虑环境指标并为环境保护做出贡献，根据交易过程中的环境影响指标值，选择环境影响指标值高的用户作为共识的背书节点。随后，监管机构考虑其信用记录、影响力和其他相关因素，选择主要背书节点 $N_{\text{master}}$。其次，为了回报背书节点对共识过程的贡献，他们在参与电力交易期间获得激励，以减少等待时间。这可能包括诸如订单验证中的优先地位等好处，从而促进用户之间的竞争，成为背书节点。最后，假设大多数节点在收到客户端的请求时不会广播到其他副本背书节点，而是由客户端直接广播给所有背书节点，从而降低了网络通信成本[14]，图 10.2 展示了这一共识过程。

第一步：如果卖方 1 和买方 2 达成协议，一旦买方 2 的电交易数量、时间、价格等细节确定，卖方 1 通过客户端向所有背书节点广播 $<< \text{Request}, o, t, c, n_0, d_0 >, m_0 >$。

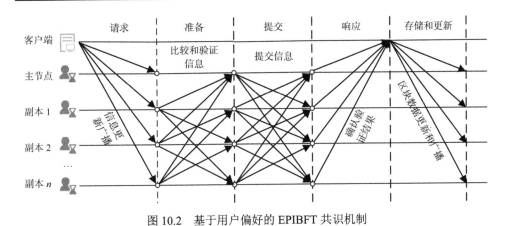

图 10.2　基于用户偏好的 EPIBFT 共识机制

第二步：所有背书节点接收到客户端发送的验证消息。如果消息是正确的，并且没有被恶意篡改，它们将对消息进行签名，并附上时间戳，然后接收消息，并进行广播 $<\text{Verity}, n_0, d_0, D(m_0), i>$。

第三步：主背书节点 $N_{\text{master}}$ 在接收到超过三分之二的副本背书节点的验证信息后，向全网广播 $<\text{Commit}, v, n_0, d_0, i>$。

第四步：所有背书节点对消息进行验证，并向客户端广播确认信息 $<\text{Reply}, v, t, c, i, r>$。客户端等待超过三分之二的背书节点的响应。然后，验证完成，卖家 1 向排序节点提交交易信息。

第五步：排序节点将交易信息按顺序组织成块，并传播到区块链。随后，区块链内的节点进行相应的账本存储和更新。

上述过程的表示中，$o$ 是请求的指令；$t$ 是时间戳，确保客户端的请求只会执行一次；$c$ 是请求者，指的是需求方；$n_0$ 是分配给被请求信息的序列号，便于在共识过程中方便检索；$m_0$ 是卖方 1 和买方 2 之间交易的预提案信息；$d_0$ 是 $m_0$ 的总结；$D(m_0)$ 是节点对 $m_0$ 的验证签名；$i$ 为卖家 1 编号；$v$ 为主背书节点的数量；$r$ 为回复结果。

如果在共识过程中订单信息被篡改，该过程将自动停止。如果在背书节点发生篡改，则该背书节点将被取消背书节点资格，并且不允许再次成为背书节点；如果在非背书节点发生篡改，则参与交易的默认行为将被广播到所有节点并记录，该节点也不允许成为背书节点。

与传统的拜占庭容错机制相比，所提共识机制具有更多的优势。首先，所提机制能够有效提升用户的参与度和满意度，通过优先选择使用环境友好型电力的用户作为背书节点，激励更多用户选择可再生能源，提升分布式可再生能源的利用率。其次，通过优先处理环境友好型电力交易，该机制优化了系统资源配置，提高了共识过程的效率，降低了用户的等待时间，提升了交易速度和用户体验。最后，该机制还在推动环境保护和可持续发展方面发挥重要作用，通过提升分布式可再生能源的使用，有效降低碳排放，促进可持续发展。

## 10.2　P2P 电力交易流程

基于区块链的 P2P 电力交易包括订单生成、市场分类、交易匹配、合约履行、交易验证、交易结算，交易过程通过调用不同的智能合约自动化执行，基于区块链的 P2P 电力交易流程如图 10.3 所示。

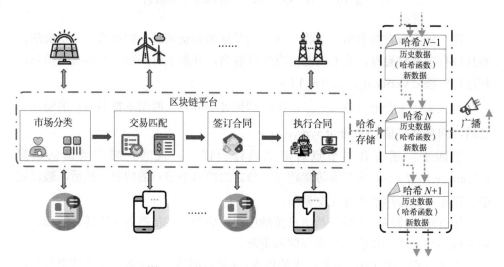

图 10.3　基于区块链的 P2P 电力交易流程

### 10.2.1　订单生成

以节点 $A$ 的发布顺序为例。如果 $P_{\mathrm{PV}}^{t,A} > P_{\mathrm{Load}}^{t,A}$，节点 $A$ 有剩余电量，则使用交易平台的公钥将售电信息进行加密并发送到交易平台。$P_{\mathrm{PV}}^{t,A}$ 和 $P_{\mathrm{Load}}^{t,A}$ 表示节点 $A$ 在 $t$ 时刻的 PV 发电量和负荷需求，订单信息格式如式（10.6）所示。

$$M_{s \cdot A} = <\mathrm{ID}_A \| H^A \| N^{\mathrm{sell}} \| [t_0, t_1] \| P_s^A \| C_s^A > \tag{10.6}$$

其中，$\mathrm{ID}_A$ 为节点 $A$ 的身份信息；$H^A$ 为节点 $A$ 的偏好；$N^{\mathrm{sell}}$ 为提交订单信息的序号；$[t_0, t_1]$ 为订单的时间段；$P_s^A$ 为节点 $A$ 售出的电量，单位为 kW·h；$C_s^A$ 为节点 $A$ 所设定的销售价格。

反之，如果节点 $A$ 需要购电，则使用交易平台的公钥将购电信息进行加密并发送到交易平台。订单信息格式如下：

$$M_{b \cdot A} = < \text{ID}_A \| H^A \| N^{\text{buy}} \| [t_0, t_1] \| P_b^A \| C_b^A > \qquad (10.7)$$

其中，$N^{\text{buy}}$ 为节点 $A$ 提交的购买信息的序号；$P_b^A$ 为节点 $A$ 购买的电量，单位为 kW·h；$C_b^A$ 为节点 $A$ 设定的购买价格。

### 10.2.2　市场分类

在收到所有参与节点的交易订单后，交易平台使用私钥对交易信息进行解密，以获取所有交易内容，然后比较签名内容以验证用户发布信息的真实性。将参与交易的节点按照其偏好和订单信息对交易市场进行分类。根据购电节点的偏好，通过交易信息验证的售电节点组成售电市场 <SH_Market>；根据购电节点的预期购买量，从 <SH_Market> 中选择电量匹配列表 <SP_Market>；结合售电节点的历史交易数据，通过式（10.3）～式（10.5）计算这些节点的偏好指标值；从 <SP_Market> 中为购电节点选择并推荐高偏好值的售电节点交易订单，由购电节点选择售电节点和确定订单信息。

### 10.2.3　交易匹配

以购电节点 $B$ 和售电节点 $C$ 之间的交易为例，节点 $B$ 从 <SP_Market> 中选择售电节点 $C$ 并发送交易请求，创建智能合约。请求信息的格式如下：

$$\text{Trade}_{BC} = < \text{ID}_B \| \text{ID}_C \| N^{\text{trade}} \| [t_0, t_1] \| P_0 \| H \| C_0 > \qquad (10.8)$$

其中，$\text{ID}_B$ 和 $\text{ID}_C$ 分别为购电节点 $B$ 和售电节点 $C$ 的 ID 信息；$N^{\text{trade}}$ 为节点 $B$ 提交的交易信息序号；$P_0$ 为交易的用电信息；$H$ 为交易的偏好类型；$C_0$ 为电力交易的价格。

接收到请求信息后，售电节点 $C$ 接受交易请求。交易自动转换为标准合约，交易双方自动存储以进行验证和最终结算。交易合约以交易区块的形式呈现，合约信息格式如下：

$$\text{Contract}_{BC} = < \text{ID}_B \| \text{ID}_C \| N^{\text{contract}} \| T^{\text{contract}} \| ([t_0, t_1], P_0, H, C_0) > \qquad (10.9)$$

其中，$N^{\text{contract}}$ 为合约信息序号；$T^{\text{contract}}$ 为交易确认时间。

### 10.2.4　合约执行

在合约约定时间，根据合约中约定的交易计划，按时交易约定的电力，以履行合同。在这个过程中，用户的智能电表自动统计实际电力传输数据，并自动签名将数据发送给排序节点，排序节点将收集的电力数据整理收集，并按照订单号分类，通过利用哈希函数将数据打包成新区块后全网广播。当用户接收这一新区块信息后，将交易信息在分布式账本上记录，实现交易结果和信息的更新。交易结束时，根据智能电表存储的数据生成实际交易信息进行验证。以交易匹配阶段的购电节点 $B$ 和售电节点 $C$ 为例。验证信息的格式如下：

$$\text{Verify}_{BC} =< N^{\text{contract}} \parallel N^{\text{Verify}} \parallel T^{\text{Verify}} \parallel ([t_0, t_1], P_1, H) > \tag{10.10}$$

其中，$N^{\text{Verify}}$ 为验证订单的序号；$T^{\text{Verify}}$ 为验证订单的时间。

在约定的交易期内，实际交易电量与合约金额有任何偏差，都将构成交易过程中的违约行为。如果交易违约是由程序错误或设备故障造成的，则有过错的一方将是电力交易平台。如果交易违约是由用户节点造成的，查询比较违约方是购电节点还是售电节点，结算时对违约方进行处罚，以补偿未违约方。合约损害赔偿 $C^{\text{pen}}$ 由式（10.11）计算。

$$C^{\text{pen}} = \gamma c^{\text{pen}} |P_1 - P_0| \tag{10.11}$$

其中，$\gamma$ 为处罚系数；$c^{\text{pen}}$ 为单位电量的处罚价格。

同时，如果在交易过程中实际的 PV 发电量或用户用电量偏离预测，导致交易结束时部分用户电量剩余或不足，则需要从主电网购买不足的电量或将多余的电量出售给主电网。这样既维持了供需平衡，又保证了电力系统的稳定运行。

### 10.2.5 交易结算

交易结算通过调用智能合约自动进行，结算金额从购电节点账户转入售电节点账户。如果没有违约方，交易结算成本由式（10.12）计算。若违约方为售电节点，则交易结算成本由式（10.13）计算，若违约方为购电节点，则交易结算成本由式（10.14）计算。

$$C^{\text{total}} = C_0 \cdot P_0 \tag{10.12}$$

$$C^{\text{real}} = C^{\text{total}} - C^{\text{pen}} \tag{10.13}$$

$$C^{\text{real}} = C^{\text{total}} + C^{\text{pen}} \tag{10.14}$$

支付完成后，排序节点收集一定时段内所有的支付信息，然后按照预设的规则将交易信息进行排序，这些信息通过层层哈希处理，最终转化为一个固定长度的字符串，然后形成包含该时间段内所有支付信息的新区块，将新区块广播至整个交易市场的所有用户，实现区块链分布式账本的更新，记录电费支付信息。

# 10.3　实验结果分析与讨论

## 10.3.1　实验设置

选择 Hyperledger Fabric 作为区块链平台进行实验验证[15]，参与电力交易的用户身份信息需要被验证。Hyperledger Fabric 以链代码的形式为智能合约提供支持，通过 Go、Java 等编程语言编写完成。参与交易的每个节点都在 Ubuntu 20.04 虚拟机上使用 Docker，该虚拟机具有虚拟 CPU 和 4 GB 随机存取存储器，以配置 Hyperledger Fabric v2.0 所需的环境。

在模拟实验中选取了 20 个节点，其中节点 1~12 代表用户，节点 13~18 代表分布式可再生能源供应商，包括 3 家光伏发电站供应商和 3 家风力发电站供应商；节点 19 表示主电网；节点 20 则作为监管者。考虑到光伏系统在夜间不发电，假设光伏发电站在 07:00~19:00 参与电力交易市场，所有用户均配备光伏设备。交易价格均为分时电价，用户与主电网之间电力交易的价格为 $c^{Grid}$，如表 10.1 所示；用户与风力发电站之间电力交易的价格为 $c^{WPS}$，如表 10.2 所示；用户与光伏发电站之间的电力交易价格为 $C^{pvps}$，如表 10.3 所示。为了激励用户间的 P2P 电力交易，提高用户对日间光伏发电的消纳，用户间的 P2P 电力交易价格在区间内 $[C^{pv}, C^{pvps}]$，其中 $C^{pv}$ 为用户光伏单位电力生产成本。为确保用户用电的稳定和降低对用户用电的影响，将用户的柔性负荷比例设置为 30%，刚性负荷比例设置为 70%。

表 10.1　用户与主电网的交易电价

| 时间段 | 价格/（元/kW·h） |
| --- | --- |
| 7:00~18:00 | 0.253 |
| 19:00~22:00 | 0.346 |
| 0:00~6:00，23:00~24:00 | 0.182 |

表 10.2　用户与风力发电站之间的交易电价

| 时间段 | 价格/（元/kW·h） |
| --- | --- |
| 7:00~18:00 | 0.234 |
| 19:00~22:00 | 0.255 |
| 0:00~6:00，23:00~24:00 | 0.186 |

**表 10.3　用户与光伏发电站之间的交易电价**

| 时间段 | 价格/（元/kW·h） |
| --- | --- |
| 7：00～18：00 | 0.183 |
| 0：00～6：00，18：00～24：00 | 0 |

为了评估模型的有效性，将本章的模型与传统模型进行了环境影响和经济性的对比分析。在传统模型中，用户随机从供应商处购买所需的电力，并将多余的电力直接出售给主电网，而不考虑用户的偏好。反之，考虑到用户的偏好，用户可以通过与其他用户或供应商的 P2P 电力交易获得所需的电力，同时也可以将剩余的电力卖给主电网。用户的用电成本 $C^{\text{cost}}$ 由式（10.15）计算。

$$C^{\text{cost}} = \sum_{t=1}^{T}\left(c^{\text{UPV}}\cdot Q^{\text{UPV},t} + c^{\text{PVPS},t}\cdot Q^{\text{PVPS},t} + c^{\text{WPS},t}\cdot Q^{\text{WPS},t}\right)$$
$$+ \sum_{t=1}^{T}\left(c_{\text{buy}}^{\text{Grid},t}\cdot Q_{\text{buy}}^{\text{Grid},t} - c_{\text{sell}}^{\text{Grid},t}\cdot Q_{\text{sell}}^{\text{Grid},t}\right) \tag{10.15}$$

其中，$c^{\text{UPV}}$ 为光伏单位电力生产成本；$Q^{\text{UPV},t}$ 为用户在 $t$ 时刻的发电量；$c^{\text{PVPS},t}$ 为光伏发电站在 $t$ 时刻的单位电价；$Q^{\text{PVPS},t}$ 为光伏发电站在 $t$ 时刻的购电量；$c^{\text{WPS},t}$ 为风力发电站在 $t$ 时刻的单位电价；$Q^{\text{WPS},t}$ 为风力发电站在 $t$ 时刻的购电量；$c_{\text{buy}}^{\text{Grid},t}$ 为 $t$ 时刻从主电网购买的单位电价；$Q_{\text{buy}}^{\text{Grid},t}$ 为 $t$ 时刻向主电网购买的电量；$c_{\text{sell}}^{\text{Grid},t}$ 为 $t$ 时刻向主电网出售的单位电价；$Q_{\text{sell}}^{\text{Grid},t}$ 为 $t$ 时刻向主电网出售的电量。

### 10.3.2　区块链执行结果

P2P 电力交易过程在 Hyperledger Fabric 平台上执行。参与交易过程的节点通过注册成为 Hyperledger Fabric 平台的节点。根据用户偏好，节点 1～3 为第一类用户（user 1～3），节点 4～6 为第二类用户（user 4～6），节点 7～9 为第三类用户（user 7～9），节点 10～12 为第四类用户（user 10～12），风力发电站 1～3 为风力发电站节点 13～15，光伏发电站 1～3 为光伏发电站节点 16～18，节点 19 为主电网，节点 20 为监管者。用户向 Hyperledger Fabric 平台提供交易信息，包括其个人电力供应和需求信息，平台通过 EPIBFT 共识机制将结果返回给用户，包括订单生成、合约执行、交易结果验证等。

为了更好地理解，选择 user 1 和 WPS 1 的交易过程来说明。图 10.4 为 user 1 和 WPS 1 的交易信息，图 10.5 为 Hyperledger Fabric 上的交易过程。图 10.5（a）显示，user 1 在 19：30～20：00 以 0.22 美元/（kW·h）的价格向第四类用户交易

市场提交了 1.5 kW·h 的电力购买需求。在图 10.5（b）中，user 1 在 19：30～20：00 以 0.22 美元/（kW·h）的价格向第四类用户交易市场出售 1.5 kW·h 的电力。图 10.5（c）为 user 1 和 WPS 1 的电力交易订单验证信息。结果表明，利用 Hyperledger Fabric 平台，智能合约可以在考虑用户偏好在区块链环境中实现 P2P 电力交易。

```
// Purchase commercial paper
console.log('Submit commercial paper purchasing transaction.');
const purchasingResponse = await contract.submitTransaction('Buy', 'user1', 'user1-3','00012',
                                        '19:30-20:00', '1.5kWh','0.22');

// process response
console.log('Process purchasing transaction response.'+purchasingResponse);
```

（a）user1 的购电信息

```
// sell commercial paper
console.log('Submit commercial paper selling transaction.');
const sellResponse = await contract.submitTransaction('Sell', 'WPS1', 'user1-3', '00021',
                                        '19:30-20:00', '1.5kWh', '0.22');

// process response
console.log('Process selling transaction response.'+sellResponse);
```

（b）WPS 1 的售电信息

```
// verify commercial paper
console.log('Submit commercial paper verification transaction.');
const verifyResponse = await contract.submitTransaction('user1', 'WPS1', '00010', '19:30-20:00',
                                        '1.5kWh', 'user1-3','0.22');

// process response
console.log('Process verification transaction response.'+issueResponse);
```

（c）user 1 和 WPS 1 的电力验证信息

图 10.4　user1 和 WPS1 的交易信息

```
Connect to Fabric gateway.
Use network channel: mychannel.
Use org.papernet.commercialpaper smart contract.
Submit commercial paper purchasing transaction.
Process purchasing transaction response: Buy, user1, user1-3, 00012, 19:30-20:00, 1.5kWh, 0.22
user1 commercial paper : 00012 successfully published by user1
Transaction complete.
Disconnect from Fabric gateway.
Purchasing program complete.
```

（a）user 1 的订单生成

```
Connect to Fabric gateway.
Use network channel: mychannel.
Use org.papernet.commercialpaper smart contract.
Submit commercial paper selling transaction.
Process selling transaction response: Sell, WPS1, user1-3, 00021,19:30-20:00, 1.5kWh, 0.22
WPS1 commercial paper : 00021 successfully published by WPS1
Transaction complete.
Disconnect from Fabric gateway.
Sell program complete.
```

（b）WPS 1 的订单生成

```
Connect to Fabric gateway.
Use network channel: mychannel.
Use org.papernet.commercialpaper smart contract.
Submit commercial paper verification transaction.
Process verification transaction response:user1, WPS1, 00010, 19:30-20:00, 1.5kWh, user1-3,0.22
user1 commercial paper : 00010 successfully verified by user1
Transaction complete.
Disconnect from Fabric gateway.
Verify program complete.
```

（c）交易验证

图 10.5　使用 Hyperledger Fabric 的交易过程

### 10.3.3　用电量分析

为验证所提模型在提高分布式可再生能源电力消纳水平方面的表现,首先对所提出的模型与传统模型之间的用户总用电量进行比较分析。实验结果表明,在考虑用户偏好后,用户风力发电站和光伏发电站用电量大幅增加,在 13：00 时最大增幅为 183%,23：00 时最小增幅为 45%。这种变化表明用户在选择电力交易订单时,更倾向于使用环境友好型电力,从而大幅度提高了分布式可再生能源电力和用户自有 PV 电力的消纳水平。经测算,提出的模型可以有效减少 83.363 kg 的碳排放[16]。与传统模型相比,有效管理用户的用电偏好有助于提高分布式可再生能源电力的利用率,降低碳排放。

当用户产生的电力无法满足用电需求时,不同于传统的单纯依靠从主电网购买电量的方式,用户可以通过 P2P 电力交易、风力发电站、光伏发电站或主电网获得电力。然而,不同的 PV 普及率可能导致用户用电类型和交易频率的变化,用户偏好差异的影响也有所不同。在 PV 普及率较低的场景下,用户通过 PV 产生的电量有限,导致外部购电需求增加,考虑用户偏好差异可以促进用户选择分布式可再生能源电力,从分布式可再生能源电力供应商购电,减少对主电网的依赖。同时,随着 PV 普及率的不断提高,用户通过 PV 系统产生大量电力,其并网容易导致电力系统出现波动,提高分布式可再生能源电力的利用率是有效平抑电网波动性的有效手段,在高 PV 普及率的场景下,通过有效管理用户偏好,鼓励用户在日间使用更多的 PV 电力,可以减少电力系统的波动。由于晚间 PV 设备不发电,选取 07：00～19：00 的数据进行实验,实验结果显示,与 100%PV 普及率的场景相比,50%PV 普及率下,用户日间向分布式可再生能源电力供应商购电的电量更多,通过管理用户偏好,用户在日间使用更便宜、更清洁的分布式可再生能源电力,特别是 PV 电力,这能够有效提高分布式可再生能源电力的利用率,降低了对主电网的依赖。

### 10.3.4　用电成本分析

为验证所提模型的经济性,计算所提模型与传统模型的用电成本,对比分析所提模型在降低用户用电成本方面的有效性。假设所有用户在交易过程中都参与电力 P2P 交易,没有任何违约行为。实验结果表明,考虑用户偏好可以显著降低用户的用电成本,用户 8 的成本降低幅度最大,为 15.61%,而用户 9 的成本降低幅度最小,为 6.61%。通过考虑用户偏好差异,当发电量超过用电量时,用户会将多余的电量以高于并网电价的价格出售给优先考虑环境影响的用户,目的是增加售电收入。当发电量低于电力需求时,优先考虑环境指标的用户通过 P2P 电力交易从其他用户、风力发电站或光伏发电站购买更多的电力，这比从主电网购买的电力更清洁。优先考虑经济指标的用户则实时购买低成本电力，降低用电成本。实验结果表明，与传统模型相比，所提模型能够有效降低用户的用电成本，提高经济效益，为用户参与 P2P 电力交易提供了更多的经济激励。

# 10.4　结　　论

本章针对社区微网中用户参与 P2P 电力交易中的用电偏好差异，提出一种考虑用户偏好差异的基于区块链的 P2P 电力交易模型。根据经济性和环境影响指标衡量的用户偏好差异，将用户分为四类，并通过考虑不同用户参与 P2P 电力交易设计了详细的交易流程，包括订单生成、市场分类、交易匹配、合约履行、交易验证、交易结算阶段。在 Hyperledger Fabric 平台上进行实验验证，选取由 20 个节点组成的社区微网来评估所提出的模型对分布式可再生能源电力和用户成本的影响。结果表明，考虑用户偏好差异不仅可以提高分布式可再生能源电力消纳水平，还可以有效降低用户用电成本。

# 参 考 文 献

[1] Wallis H, Loy L S. What drives pro-environmental activism of young people? A survey study on the fridays for future movement[J]. Journal of Environmental Psychology, 2021, 74(2): 101581.

[2] 穆程刚, 丁涛, 董江彬, 等. 基于私有区块链的去中心化点对点多能源交易系统研制[J]. 中国电机工程学报, 2021, 41(3): 878-890.

[3] Reis I F, Gonçalves I, Lopes M A R, et al. Assessing the influence of different goals in energy communities' self-sufficiency: an optimized multiagent approach[J]. Energies, 2021, 14(4): 989.

[4] 吴相发, 齐林海, 王红. 基于聚类与协同过滤的居民用电推荐模型研究[J]. 电力信息与通信技术, 2020, 18(1): 80-88.

[5] Sagawa D, Tanaka K, Ishida F, et al. Bidding agents for PV and electric vehicle-owning users in the electricity P2P trading market[J]. Energies, 2021, 14(24): 8309.

[6] Zhu Z Y, Wang X L, Wu X, et al. Capacity allocation and pricing for energy storage sharing in a smart community[J]. IET Generation, Transmission & Distribution, 2022, 16(8): 1507-1520.

[7] Zhou K L, Xing H H, Ding T. P2P electricity trading model for urban multi-virtual power plants based on double-layer energy blockchain[J]. Sustainable Energy, Grids and Networks, 2024, 39: 101444.

[8] Zhou K, Chu Y, Yin H. Peer-to-peer electricity trading model for urban virtual power plants considering prosumer preferences and power demand heterogeneity[J]. Sustainable Cities and Society, 2024, 107: 105465.

[9] 张靖琛, 江全元, 耿光超, 等. 基于区块链的负荷聚合商及居民用户多方共治交易模式[J]. 电力系统自动化, 2024, 48(1): 109-118.

[10] Li Z, Kang J, Yu R, et al. Consortium blockchain for secure energy trading in industrial internet of things[J]. IEEE Transactions on Industrial Informatics, 2017, 14(8): 3690-3700.

[11] Zhou K, Guo J, Zhou J. Two-stage credit management for peer-to-peer electricity trading in consortium blockchain[J]. IEEE Transactions on Industrial Informatics, 2024, 20(3): 3868-3879.

[12] Ruan H B, Gao H J, Qiu H F, et al. Distributed operation optimization of active distribution network with P2P electricity trading in blockchain environment[J]. Applied Energy, 2023, 331: 120405.

[13] Foti M, Vavalis M. Blockchain based uniform price double auctions for energy markets[J]. Applied Energy, 2019, 254: 113604.

[14] Castro M, Liskov B. Practical Byzantine Fault Tolerance[EB/OL]. (1999-02-22)[2024-12-16]. https://www.scs.stanford.edu/nyu/03sp/sched/bfs.pdf.

[15] Androulaki E, Barger A, Bortnikov V, et al. Hyperledger fabric: a distributed operating system for permissioned blockchains[C]. Appears in proceedings of EuroSys 2018 conference, Porto: ACM SIGOPS, 2018, 30: 1-15.

[16] Lu X H, Liu Z X, Ma L, et al. A robust optimization approach for optimal load dispatch of community energy hub[J]. Applied Energy, 2020, 259: 114195